Python 程序设计项目教程

骆梅柳　主　编

郑习武　戚冬冬　副主编

夏正杰　陈晗阳　参　编

电子工业出版社

Publishing House of Electronics Industry

北京 · BEIJING

内 容 简 介

本书在知识编排上采用了以任务为导向的编写模式，尽可能使用通俗易懂的语言，采用实例法、类比法等多种适合学习者的讲解形式，全书分为 9 个项目，内容包含：Python 概述、Python 基础语法、Python 常用语句、序列、字典与集合等，由浅入深、循序渐进地介绍各项目内容，确保逻辑性和易读性，各项目任务中配套的实验内容围绕工作及生活中常见问题展开，具有趣味性及可读性，如实验案例有合理安排工资、绘制钢琴键等，同时为了提高学生"二级"考试通过率，在每个任务后设置"直击二级"，帮助学生理解"二级"考试考点，深化知识。全书项目紧扣任务需求展开，不堆积知识点，着重于解决思路的启发与解决方案的实施，通过从任务需求到实现这一完整工作流程的体验，使学习者对 Python 编程技术真正理解与掌握。

图书在版编目（CIP）数据

Python 程序设计项目教程 / 骆梅柳主编. —北京：电子工业出版社，2020.7
ISBN 978-7-121-37591-0

Ⅰ. ①P… Ⅱ. ①骆… Ⅲ. ①软件工具—程序设计—高等学校—教材 Ⅳ. ①TP311.561

中国版本图书馆 CIP 数据核字（2019）第 219789 号

责任编辑：贺志洪

印　　刷：北京捷迅佳彩印刷有限公司
装　　订：北京捷迅佳彩印刷有限公司
出版发行：电子工业出版社
　　　　　北京市海淀区万寿路 173 信箱　邮编　100036
开　　本：787×1092　1/16　印张：21.75　字数：556.8 千字
版　　次：2020 年 7 月第 1 版
印　　次：2023 年 3 月第 5 次印刷
定　　价：52.00 元

凡所购买电子工业出版社图书有缺损问题，请向购买书店调换。若书店售缺，请与本社发行部联系，联系及邮购电话：(010) 88254888，88258888。
质量投诉请发邮件至 zlts@phei.com.cn，盗版侵权举报请发邮件至 dbqq@phei.com.cn。
本书咨询联系方式：(010) 88254609 或 hzh@phei.com.cn。

前　言

Python 是一门功能强大的面向对象编程语言，它可以被应用于众多领域，如数据分析、网络服务、操作系统管理、科学计算和游戏等方面，未来它将被广泛地应用到人工智能领域。几乎所有大中型互联网企业都在使用 Python，如谷歌、Facebook、百度、阿里巴巴和腾讯等互联网公司，主要使用它完成自动化运维、自动化测试、大数据分析、Web 开发和爬虫等。

Python 语言作为一门面向对象、解释型的脚本语言，相比其他编程语言，Python 代码非常简单，上手非常容易。随着大数据行业发展越来越迅速及人工智能时代的来临，Python 成为编程者学习的首选。本书面向刚入学的零基础学生，让学生从最基础的知识学起，逐渐帮助学生建立编程思想。本书在讲解时，让学生带着任务学习知识点，将生活中的任务与知识点相结合的方式进行讲解，最大程度地提高学生的学习兴趣。同时引入"二级"考试知识点，学生在完成知识点的学习，直击 Python 计算机"二级"考试，最大程度地帮助学生掌握 Python 这门语言的核心基础，并能成功通过计算机"二级"考试。

本书的基本定位是将 Python 作为新入学学生的第一门程序设计语言，以项目任务驱动方式介绍 Python 语言程序实际应用，全书使用 Python 3.x 版本，PyCharm 作为实现工具，培养学生利用 Python 语言解决各类实际问题的开发能力，同时掌握 Python 计算机"二级"考试知识点。全书共分为 9 个项目，具体每个项目任务内容介绍如下所示。

项目一 Python 概述。介绍 Python 的特点，安装 Python，配置开发环境，安装集成开发工具，第一个程序的编写与发布。

项目二 Python 基础语法。认识 Python 语句，包括 Python 缩进规则、行与注释和语句换行；掌握 Python 的数据类型，认识 Python 表达式。

项目三 Python 流程控制语句。通过合理安排工资任务学习判断语句；通过打印九九乘法口诀表任务学习循环语句；通过回文数任务学习占位语句和中断语句。

项目四 学习序列数据。介绍字符串、列表、元组、集合等常用序列数据，通过任务冒泡排序、今天是今年的第几天等实例深入讲解序列数据的应用。

项目五 函数与模块。介绍函数的基本使用方法、函数的参数和返回值、递归函数和匿名函数、模块的创建和使用。

项目六文件操作。介绍文件的概念、文件打开操作、读操作、关闭操作、写操作和指针操作；介绍 os 模块。通过本任务的学习，学生可以掌握文件的相关操作，能够熟练使用相关方法来实现功能。

项目七面向对象编程。介绍面向对象的知识，学习面向对象的三大特性，包括继承、多态和封装等知识。

项目八介绍两个常用库，分别为 turtle 库和 jieba 库。学习使用 turtle 库画各种有趣的图形；介绍 jieba 分词库，学习分词的三种模式及跟分词有关的词性和关键字。

项目九趣味 Python 项目实训。通过编辑 Python 语言，不仅可以解决一些科目学习中遇到的难题，还可以编写一些小游戏或通过编程解决生活中的常见例子。介绍跟数学相关的实例，包括判断闰年、判断三角形类型、求最大公约数和最小公倍数；使用 Python 编写趣味小游戏，包括猜拳游戏、射击游戏和绘制钢琴键；任务三解决生活常见例子，包括生活万年历和计算个人所得税。

在学习过程中，同学们一定要跟着项目任务完成知识点学习，在每个项目后面都会有"直击二级"。因此，大家在提高 Python 编程能力的同时，紧跟"二级"考试知识点的学习，争取在学习过程中能通过 Python 计算机"二级"考试。

本书可作为专科院校计算机程序设计课程的教材，提高学生解决实际问题的能力。本书项目一至项目四由江苏财会职业学院骆梅柳编写，项目五和项目六由江苏财会职业学院郑习武编写，项目七由江苏财会职业学院戚冬冬编写，项目八由江苏财会职业学院陈晗阳编写，项目九由江苏省连云港工贸高等职业技术学校夏正杰编写，全书由骆梅柳统稿。全体人员在这近一年的编写过程中付出了很多辛勤的汗水，在此一并表示衷心的感谢。

由于作者学识水平有限，书中难免存在疏漏或不妥之处，恳请广大读者批评指正。欢迎各界专家和读者朋友们来信给予宝贵意见，我们不胜感激。您在阅读本书时，如发现任何问题或有不认同之处可以通过电子邮件与我们取得联系。请发送电子邮件至：2643425062@qq.com。

骆梅柳

2020 年 4 月

目　录

项目一　Python 概述

【知识目标】

➤ 认识 Python
➤ 了解 Python 语言的特点和运行机制
➤ 了解 Python 在不同领域中的应用

【能力目标】

➤ 能够根据不同系统正确安装 Python 并配置环境变量
➤ 掌握 Python 的特点
➤ 可以使用 pip 命令语句进行软件的下载、升级和卸载
➤ 能够编写简单的 Python 程序

【情景描述】

　　代码君是立志成为一名优秀程序员的大学生，也是一位计算机程序语言的爱好者，他想通过学习各种计算机程序语言来实现成为优秀程序员的梦想。如今，他正在刻苦钻研一门强大并且实用的计算机语言——Python。代码君不仅对 Python 进行了简单的了解，还学习了 Python 的环境开发、Python 的简单编辑及强大的包管理器，让我们跟随代码君学习的步伐，一起来认识学习这门神奇的语言吧！

 任务一　认识 Python

【任务描述】Python 具有强大的科学计算能力，它不但具有以矩阵计算为基础的强大数学计算能力和分析功能，而且还具有丰富的可视化表现功能和简洁的程序设计能力。那么了解 Python 的起源、认识 Python 是怎么样的一门语言是学习 Python 的第一步。

【任务分析】紧跟下面的步伐，可以学习得更快呦！

（1）认识什么是 Python

（2）了解 Python 的特点

（3）了解 Python 的应用

1.1.1 Python 简介

Python 是一门面向对象的解释型计算机程序设计语言，由荷兰人 Guido van Rossum 于 1989 年开发。Guido 为了打发圣诞节的无趣，决心开发一个新的脚本，作为 ABC 语言的一种继承。之所以选中 Python 作为该编程语言的名字，是因为他是一个叫 Monty Python 喜剧团体的爱好者。

1. Python 是一门语言

Python 是一门语言，但是这门语言跟现在印在书上的中文、英文这些自然语言不太一样，它是为了跟计算机"对话"而设计的，所以相对来说，Python 作为一门语言更加结构化，表意更加清晰简洁。

2. Python 是一个工具

工具是让我们完成某件特定的工作更加简单高效的一类东西，比如中性笔可以让书写更加简单，鼠标可以让计算机操作更加高效。Python 也是一种工具，它可以帮助我们完成计算机日常操作中繁杂重复的工作。比如把文件批量按照特定需求重命名，再比如去掉手机通讯录中重复的联系人，或者把工作中的数据统一计算一下等，Python 都可以把我们从无聊重复的操作中解放出来。

3. Python 是一瓶胶水

胶水是用来把两种物质粘连起来的东西，但是胶水本身并不关注这两种物质是什么，Python 也是一瓶这样的"胶水"。比如现在有一个数据文件 A，需要将它上传到服务器 B 处理，最后存到数据库 C 中，这个过程就可以用 Python 来轻松完成（别忘了 Python 是一个工具）。而且我们并不需要关注这些过程背后系统做了多少工作，有什么指令被 CPU 一一执行，这一切都被放在了一个黑盒子中，我们只要把想实现的逻辑告诉 Python 就够了。

1.1.2 Python 的特点

Python 语法主要用来精确表达问题逻辑，接近自然语言，其中只有 33 个保留字，十分简洁。实现相同程序功能，Python 语言的代码行数仅相当于其他语言的 1/10 至 1/5。更少的代码行数、更简洁的表达方式可以减少程序错误及缩短开发周期。

1. 生态丰富

Python 解释器提供了几百个内置类的数据库，此外，世界各地程序员通过开源社区贡献了几十万个第三方数据库，几乎覆盖了计算机技术的各个领域，编写 Python 程序可以大量利用已有内置的或第三方代码。

2. 多语言集成

程序员不仅可以使用 Python 语言编写程序，还能够将 C 或 C++等其他编程语言代码封装后以 Python 语言方式使用，达到了对多种编程语言的集成。不仅可以结合已有其他语言生态扩大 Python 计算生态规模，也可以借助其他语言特点显著提高 Python 程序的执行速度。多语言集成为 Python 计算生态结构和持久良性发展提供了重要的技术保障。

3. 平台无关

Python 程序可以在任何安装了 Python 解释器的计算机环境中执行，因此，可以不经修改地实现跨操作系统运行。

4. 强制可读

Python 通过强制缩进（类似文章段落的首行空格）来体现语句间的逻辑关系，显著提高了程序的可读性，进而增强了 Python 程序的可维护性。

5. 支持中文

Python3.x 版本采用了 Unicode 编码表达所有字符信息。Unicode 是一种国际通用的字符编码体系，这使得 Python 程序可以直接支持英文、中文、法文、德文等各类自然语言字符，在处理中文时更加灵活且高效。

6. 类库便捷

用好函数库是利用 Python 语言开发的核心，Python 类库从安装到使用都非常便捷，使用 pip 命令可以用一行代码安装类库，使用 import 保留字可以用一行语句引用并使用类库中的函数。

此外，更需要认识到 Python 语言是通用语言。它不仅可以用于几乎任何与程序设计相关应用的开发，训练编程思维，而且更适合诸如数据分析、机器学习、人工智能、Web 开发等具体的技术领域。Python 语言的通用性与 C 语言、Java 语言等一致，且应用更为广泛。

1.1.3 Python 的应用

1. Web 开发

Python 拥有很多免费数据函数库、免费 Web 网页模板系统及与 Web 服务器进行交互的库，可以实现 Web 开发，搭建 Web 框架，目前比较有名气的 Python Web 框架为 Django。从事 Web 开发工作应从数据、组件、安全等多领域进行学习，从底层了解其工作原理并可驾驭任何业内主流的 Web 框架。

2．爬虫开发

在爬虫领域，Python 几乎处于霸主地位，Python 可以将网络一切数据作为资源通过自动化程序进行有针对性的数据采集和处理。从事该领域应学习爬虫策略、高性能异步 IO、分布式爬虫等，并针对 Scrapy 框架源码进行深入剖析，从而理解其原理并实现自定义爬虫框架。

3．云计算开发

Python 是从事云计算工作需要掌握的一门编程语言，目前很火的云计算框架 OpenStack 就是由 Python 开发的，如果想要深入学习并进行二次开发，就需要具备使用 Python 的技能。

4．人工智能

MASA 和 Google 早期大量使用 Python，为 Python 积累了丰富的科学运算库，当 AI 时代来临后，Python 从众多编程语言中脱颖而出，各种人工智能算法都基于 Python 编写，尤其在 PyTorch 之后，Python 作为 AI 时代头牌语言的位置基本确定。

5．自动化运维

Python 是一门综合性的语言，能满足绝大部分自动化运维需求，前端和后端都可以做，从事该领域应从设计层面、框架选择、灵活性、扩展性、故障处理及如何优化等层面进行学习。

6．金融分析

金融分析包含金融知识和 Python 相关模块的学习，学习内容囊括 Numpy、Pandas、Scipy 数据分析模块等，以及常见金融分析策略，如"双均线""周规则交易""羊驼策略""Dual Thrust 交易策略"等。

7．科学运算

Python 是一门很适合做科学计算的编程语言，从 1997 年开始，NASA 就大量使用 Python 进行各种复杂的科学运算，随着 Numpy、Scipy、Matplotlib、Enthought librarys 等众多程序库的开发，使得 Python 越来越适合做科学计算、绘制高质量的 2D 和 3D 图像。

8．游戏开发

在网络游戏开发中，Python 也有很多应用，相比于 Lua 和 C++，Python 比 Lua 有更高阶的抽象能力，可以用更少的代码描述游戏业务逻辑，Python 非常适合编写 1 万行以上的项目，而且能够很好地把网游项目规模控制在 10 万行代码以内。

【即学即练】

1．下面不属于 Python 特性的是（　　　）。

A．简单易学　　　　　　　　　　B．开源的、免费的

C．属于低级语言　　　　　　　　D．生态丰富

2．关于对 Python 语言的描述，下面选项中不正确的是（　　　）。

A．Python 是一门高级语言　　　　B．Python 是一门胶水语言

C．Python 可以应用于很多领域　　D．Python 语言复杂难懂

3．简述 Python 的特性。

 任务二　搭建开发环境

【任务描述】 安装和配置 Python 开发环境：作为一个开发者在使用 Python 语言进行开发工作之前需要安装和配置 Python 开发环境，在此次任务中，将通过搭建 Python 开发环境，掌握集成开发环境的基本使用方法。

【任务分析】 紧跟下面的步伐，可以学习得更快呦！

（1）在不同系统中下载 Python 及安装

（2）Python 环境变量的配置

（3）下载部署 PyCharm 集成开发环境

1.2.1　获取 Python

1．在 Windows 系统中安装 Python 开发环境

（1）在 Windows 系统平台上安装 Python，访问 Python 官网网址为 https://www.python.org，如图 1-2-1 所示。再根据计算机的系统选择合适的 Windows 版本，如图 1-2-2 所示。同时下载安装包，如 Windows x86-64 executable installer 和 Windows x86 executable installer，如图 1-2-3 所示。

（2）下载完成后勾选"Add Python 3.6 to PATH"选项框，如图 1-2-4 所示，再单击"Install Now"。在打开的界面中，选中所有选项，如图 1-2-5 所示，单击"Next"按钮，在打开的界面中，可更改安装目录，如图 1-2-6 所示，设置后单击"Install"按钮。

（3）安装完成之后，会弹出如图 1-2-7 所示的提示界面。单击"Close"按钮。

（4）安装完成后，打开 Windows 自带的 cmd 命令提示符，输入 python，若出现图 1-2-8 所示界面则说明安装成功，出现">>>"符号，说明已进入 Python 交互编程环境，此时输入"exit()"即可退出，否则安装失败。

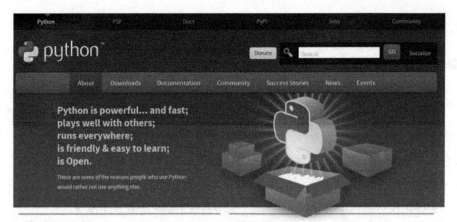

图 1-2-1　Python 官网

图 1-2-2　选择 Windows 版

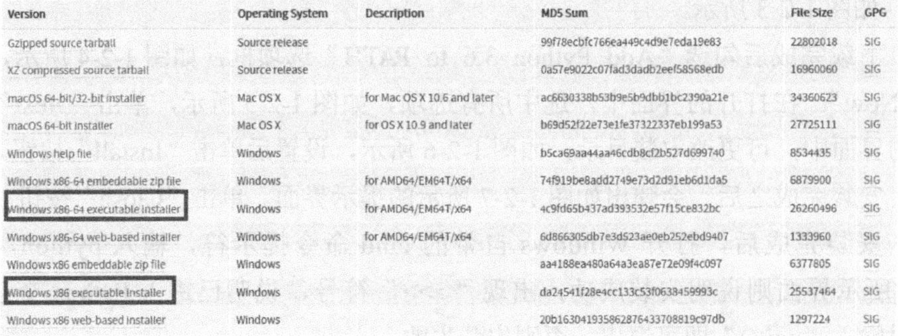

Version	Operating System	Description	MD5 Sum	File Size	GPG
Gzipped source tarball	Source release		99f78ecbfc766ea449c4d9e7eda19e63	22802018	SIG
XZ compressed source tarball	Source release		0a57e9022c07fad3dadb2eef58568edb	16960060	SIG
macOS 64-bit/32-bit installer	Mac OS X	for Mac OS X 10.6 and later	ac630338b53b9e5b9dbb1bc2390a21e	34360623	SIG
macOS 64-bit installer	Mac OS X	for OS X 10.9 and later	b69d52f22e73e1fe37322337eb199a53	27725111	SIG
Windows help file	Windows		b5ca69aa44aa46cdb8cf2b527d699740	8534435	SIG
Windows x86-64 embeddable zip file	Windows	for AMD64/EM64T/x64	74f919be8add2749e73d2d91eb6d1da5	6879900	SIG
Windows x86-64 executable installer	Windows	for AMD64/EM64T/x64	4c9fd65b437ad393532e57f15ce832bc	26260496	SIG
Windows x86-64 web-based installer	Windows	for AMD64/EM64T/x64	6d866305db7e3d523ae0eb252ebd9407	1333960	SIG
Windows x86 embeddable zip file	Windows		aa4188ea480a64a3ea87e72e09f4c097	6377805	SIG
Windows x86 executable installer	Windows		da24541f28e4cc133c53f0638459993c	25537464	SIG
Windows x86 web-based installer	Windows		20b163041935862876e433708819c97db	1297224	SIG

图 1-2-3　下载安装包

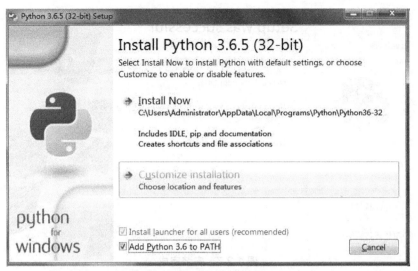

图 1-2-4　安装向导窗口

图 1-2-5　"Optional Features" 设置

图 1-2-6　根据需要，可修改安装路径

图 1-2-7　安装完成

图 1-2-8　命令提示符

2. 在 Mac OS 系统平台上安装 Python

访问 Python 官网（https://www.python.org），下载 macOS 64-bit/32-bit installer 或者 macOS 64-bit installer，根据计算机具体情况自己选择，具体操作如图 1-2-9～图 1-2-12 所示。安装后若出现图 1-2-13 所示界面，表示安装成功，也可以在菜单中查看是否安装成功，如图 1-2-14 所示。

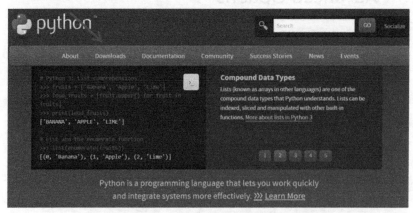

图 1-2-9　单击"Downloads"

图 1-2-10　选择"Mac OS"

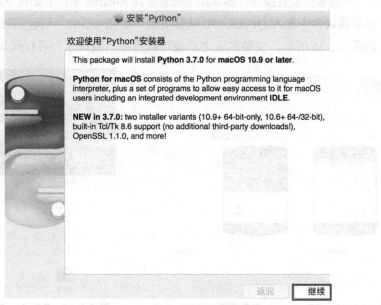

图 1-2-11　下载后单击安装

图 1-2-12　单击"继续"按钮

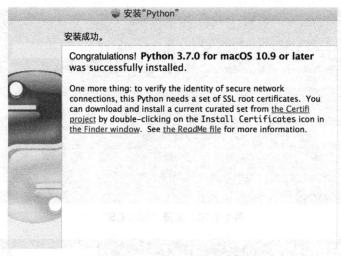

图 1-2-13　Python 安装成功界面

图 1-2-14　查看是否安装成功

3. 在安卓手机系统中安装 Python

Python 不仅可以在计算机上编写代码，还可以在手机上进行编辑。Python 在手机上下载方便简单，不需要多余配置操作，那么接下来看看在 Android 手机上如何下载 Python。

（1）在下载软件中输入 QPython3L 选择安装，如图 1-2-15 所示，下载后安装。

（2）如图 1-2-16 所示，安装完成之后就可以选择"编辑器"进行代码编辑。

图 1-2-15　QPython3L 下载界面

图 1-2-16　QPython3L 主页界面

4. 在 iOS 系统中下载 Python

（1）在搜索环境中搜索 QPython，单击"获取"按钮，如图 1-2-17 所示。

（2）下载安装好之后进入 App，就会出现如图 1-2-18 所示界面，单击"编辑器"就可以进行代码编辑。

图 1-2-17　QPython 搜索界面

图 1-2-18　QPython 主页界面

1.2.2　环境变量的配置

环境变量（Environment Variables）一般是指在操作系统中用来指定操作系统运行环境的一些参数，如：临时文件夹位置和系统文件夹位置等。环境变量是在操作系统中一个具有特定名字的对象，它包含了一个或者多个应用程序所要使用到的信息。例如 Windows 和 DOS 操作系统中的 path 环境变量，当要求系统运行一个程序而没有告诉它程序所在的完整路径时，系统除了在当前目录下寻找此程序，还会到 path 中指定的路径去找，用户通过设置环境变量来更好地运行进程。

在安装 Python 以后，打开命令提示符窗口（见图 1-2-8），出现如图 1-2-19 所示的界面，这是因为 Windows 系统会根据一个 path 环境变量设定的路径去查找 python.exe，如果没有找到就会报错。

图 1-2-19　找不到 Python

11

图 1-2-20　选择"高级系统设置"

出现上述情况，则需要将 python.exe 所在路径添加到 path 中，我们将以 Win7 为例进行 Python 环境变量的配置，具体步骤如下。

（1）右击计算机图标，在弹出的快捷菜单中选择"属性"选项，会出现如图 1-2-20 所示的界面。

（2）单击"高级系统设置"选项。

（3）打开"系统属性"对话框，单击"环境变量"按钮，如图 1-2-21 所示。在系统变量中，找到 PATH 后双击，在"变量值"文本框中的字符串的末尾加一个分号（;），然后再输入你安装 Python 的路径，设置完成后单击"确定"按钮，具体操作如图 1-2-22 所示。

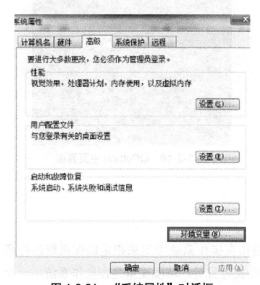

图 1-2-21　"系统属性"对话框

图 1-2-22　编辑环境变量配置

（4）打开 cmd 命令行，输入 Python，出现如图 1-2-23 所示的提示即为配置成功。

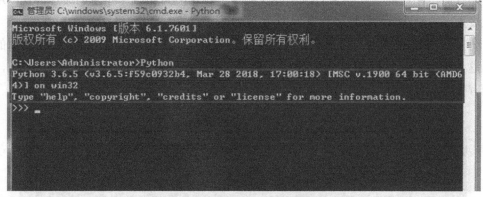

图 1-2-23　验证 Python 是否配置成功

这里需要提醒的是，在选择安装方式时，最下面有个选项"Add Python 3.6 to PATH"，如果勾选了这个选项，那么上面的配置环境变量的步骤可以省略。配置环境变量的时候需要注意的是，在 Path 路径的最后加上英文的分号，后面紧跟 Python 的安装路径。

1.2.3　集成开发工具

集成开发工具（Integrated Development Environment，IDE），是一种辅助程序开发人员进行开发工作的应用软件，在开发工具内部就可以辅助编写代码，并编译打包成为可用的程序，有些甚至可以设计图形接口。IDE 是集成了代码编写功能、分析功能、编译功能、调试功能等一体化的开发软件服务套。

在 Python 的学习过程中少不了 IDE，这些工具可以帮助开发者加快开发速度，提高效率。在 Python 中常见的 IDE 有 Python 自带的 IDLE、PyCharm、Jupyter Notebook、Spyder 等，接下来，我们将针对几种主流的开发工具与环境进行介绍。

1.　Python 自带开发环境（IDLE）

Python 的开发环境十分简单，登录官网直接下载 Python 程序包，在短短几分钟内就可以完成安装，在 Windows 的启动菜单中就可以看到 Python 3.6 的启动菜单，如图 1-2-24 所示，启动 Python 3.6 就可以看到 Python 命令行界面，其中">>>"后面就是输入命令的地方。

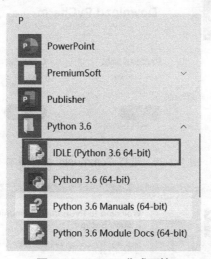

图 1-2-24　IDLE 集成环境

2.　在 Windows 系统下安装 PyCharm

PyCharm 是一种 Python IDE，带有一整套可以帮助用户在使用 Python 语言开发时提高其效率的工具。此外，该 IDE 提供了一些高级功能，用于支持 Django 框架下的专业 Web 开发。PyCharm 可以跨平台使用，分为社区版和专业版，其中社区版是免费的，专业版是付费的，在使用 PyCharm 之前首先需要进行安装，具体安装步骤如下：

（1）打开 PyCharm 官网（https://www.jebrains.com/pycharm），如图 1-2-25 所示。选择

"Community"版本并下载，如图 1-2-26 所示，下载后进入安装界面，单击"Next"按钮，如图 1-2-27 所示。

图 1-2-25　PyCharm 官网

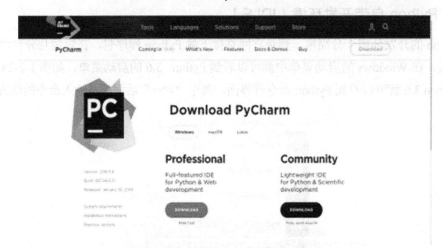

图 1-2-26　选择 Community 社区版本

图 1-2-27　进入安装界面，单击"Next"按钮

（2）在打开的界面中自定义软件安装路径，建议不要使用中文字符，如图 1-2-28 所示，单击"Next"按钮。

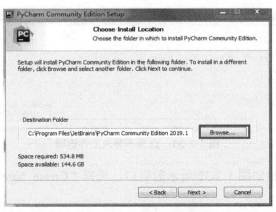

图 1-2-28　选择安装路径

（3）在打开的界面中根据自己计算机的系统选择位数，创建桌面快捷方式并关联.py文件，如图 1-2-29 所示，单击"Next"按钮，进入安装过程，安装完成如图 1-2-30 所示。单击"Finish"按钮。

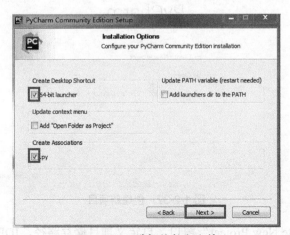

图 1-2-29　选择位数和文件

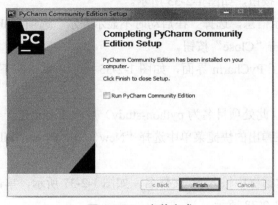

图 1-2-30　安装完成

（4）双击桌面上的快捷方式，在弹出的对话框中选择"不导入开发环境配置文件"选项（Do not import settings），如图 1-2-31 所示，单击"OK"按钮。

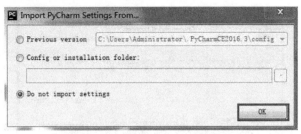

图 1-2-31　选择不导入文件选项

（5）打开后会弹出如图 1-2-32 所示的窗口，选择"Create New Project"选项创建新项目。

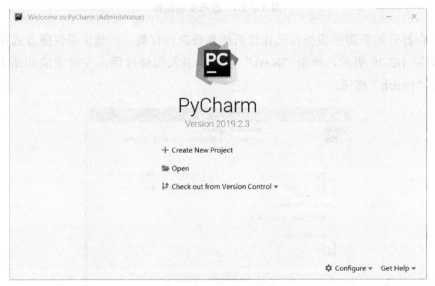

图 1-2-32　创建新项目

（6）打开"Create New Project"窗口，自定义项目储存路径，IDE 默认关联 Python 解释器，单击"Create"按钮，如图 1-2-33 所示。

（7）此时弹出提示信息，选择"在启动时不显示提示"选项（Show tips on startup），如图 1-2-34 所示，单击"Close"按钮。

（8）这样就进入了 PyCharm 界面，如图 1-2-35 所示，单击左下角的图标可显示或隐藏功能侧边栏。

（9）新建好项目（此处项目名为 python-study）后，还要新建一个.py 文件。右击项目名"python-study"，在弹出的快捷菜单中选择"New"→"Python File"命令，如图 1-2-36 所示。

（10）在弹出的对话框中输入.py 文件名，如图 1-2-37 所示，单击"OK"按钮即可打开此脚本文件，如图 1-2-38 所示。

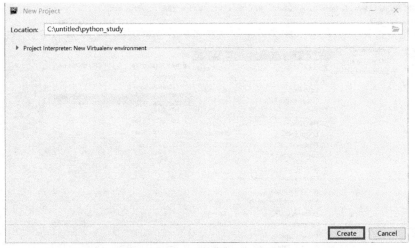

图 1-2-33　自定义项目存储路径

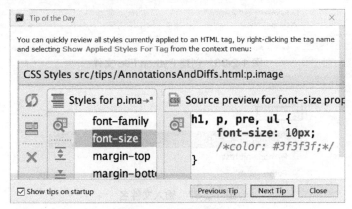

图 1-2-34　IDE 提示

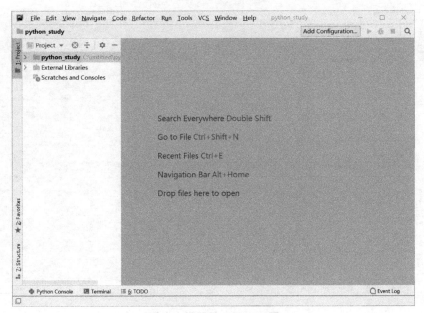

图 1-2-35　PyCharm 界面

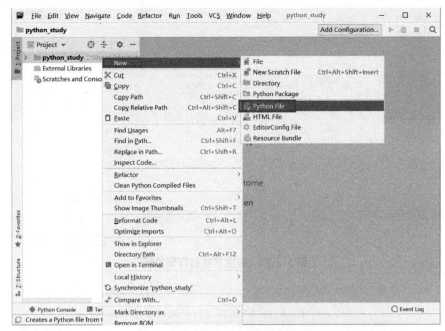

图 1-2-36　创建 Python File 文件

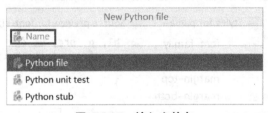

图 1-2-37　输入文件名

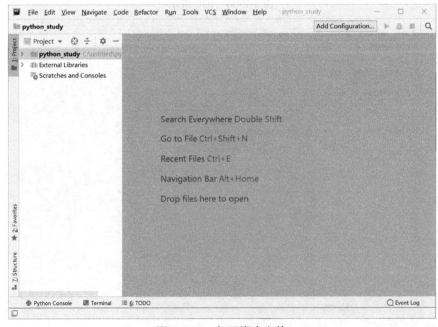

图 1-2-38　打开脚本文件

3. Anaconda 与 Spyder 开发工具

（1）什么是 Anaconda。Anaconda 是另一个比较流行的集成开发工具，其能够便捷获取包且对包能进行治理，同时对环境可以统一管理的发行版本，包含 Conda、Numpy、Pandas 等 180 多个科学包及依赖项，同时 Anaconda 还是一个开源的包，环境管理器可以用于在同一个机器上安装不同版本的软件及其依赖，并且能在不同环境之间切换。

Anaconda 该程序比较庞大，是一个十分强大的 Python 开发环境，其自带 Python 的解释器，也就是说，安装 Anaconda 时就自动安装 Python 了，同时它还带有一个功能强大的 IDE 开发工具 Spyder，使得 Python 的开发十分方便与高效。另外，Anaconda 对 Windows 用户十分有用，因为 Python 的一些开发库在 Windows 环境下安装常常出现这样那样的问题，而 Anaconda 能顺利解决这些问题。

（2）Anaconda 的优势。开源且安装过程简单，高性能使用；Anaconda 附带了一大批常用的数据包，不需要用 pip 进行下载；自带的 Conda 管理包和环境能减少在处理数据的过程中遇到的各种库和版本冲突的问题。

（3）Anaconda 的下载与安装。我们知道，基本的 Python 环境只包含常用的编程模块，基本不包括数据分析和科学计算块，所以，作为数据分析工作者，我们需要选择一个方便的 Python 编译环境，这里推荐一款用于科学计算和数据分析的 Python 发行版 Anaconda，可从 https://www.anaconda.com/下载其安装包（其下载界面如图 1-2-39 和图 1-2-40 所示），建议下载 3.6 及以上版本。具体安装过程本书不再讲述，可自行安装。

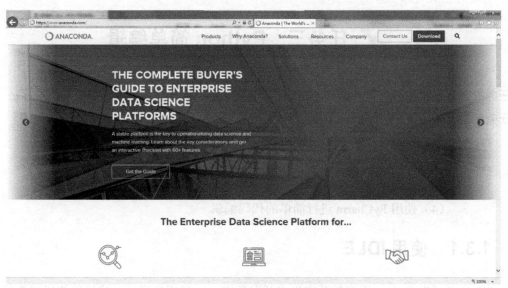

图 1-2-39　安装包下载界面（1）

图 1-2-40　安装包下载界面（2）

【即学即练】

1．Python 程序的文件扩展名是（　　）。

A．.python　　　　　B．.p　　　　　　　C．.py　　　　　　　D．.pyty

2．Python 最常用的集成开发环境是（　　）。

A．EditPlus　　　　　B．JetBrains　　　　C．PyCharm　　　　　D．cmd

3．简述什么是环境变量。

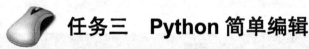 **任务三　Python 简单编辑**

【任务描述】在本次任务中，使用交互编辑器及 Python 集成开发环境编写简易的程序。

【任务分析】紧跟下面的步伐，可以学习得更快呦！

（1）使用 IDLE 编写简单欢迎程序

（2）下载安装 IPython 并学习其使用方法

（3）多方法使用 cmd

（4）使用 PyCharm 进行简单的代码编辑

1.3.1　使用 IDLE

IDLE 是开发 Python 程序的基本集成开发环境，一般用来演示一些简单的代码执行效果。在下载好 Python 后可以在"开始"菜单中找到 IDLE，其中">>>"是 IDLE 的命令提示符，命令输入完成后需要按回车键进行换行，如图 1-3-1 所示。

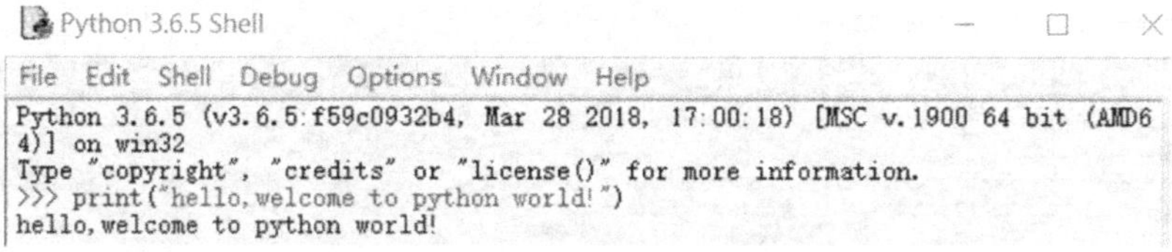

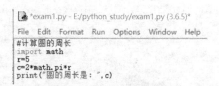

图 1-3-1 进入 IDLE 编辑环境

此外，可以通过 Python Shell 中的"File"菜单的"New File"命令或者快捷键 Ctrl+N 创建文件的方式来编写 Python 程序，如图 1-3-2 所示。

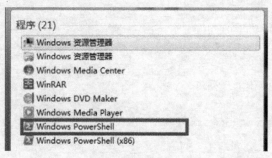

图 1-3-2 计算圆的周长

选择"Run"菜单中的"Run Module"命令或按快捷键 F5 来运行程序。这里要注意的是，运行程序前必须要先保存文件，然后运行，就可以看到运行结果了。

1.3.2 使用 IPython

IPython 是一个 Python 的交互式解释器，也被称为 Shell。比默认的 Python Shell 好用得多，支持变量自动补全，自动缩进，支持 bash shell 命令，内置了许多很有用的功能和函数。Shell 提供了一种能够快速实现灵感、检验特性的方法，以及交互式的模块界面，能够将一些需要两三行才能完成的任务一次性完成。通常我们编写代码的时候，会采用同时运行文本编辑器和 Python 的方式。

下面我们就先介绍一下 IPython 的下载操作。

（1）在"菜单"中打开"Windows PowerShell"，如图 1-3-3 所示。

图 1-3-3 "Windows PowerShell" 选项

（2）先简单查看一下 pip，当你安装好 Python 环境之后会带有一个小工具 pip，pip 就是 Python 的包管理工具（任务四中详细讲解）。

（3）利用 pip 下载安装 IPython，输入"pip install Ipython"，如图 1-3-4 所示，注意 Ipython 的首字母要大写。

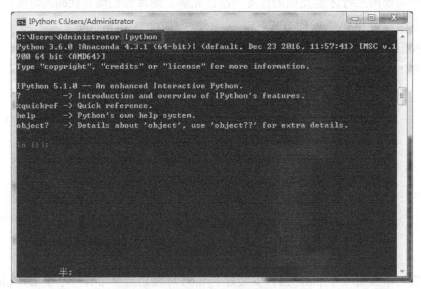

图 1-3-4　使用 pip 命令下载 Ipython

（4）首次安装的时候会显示如图 1-3-5 所示的进度条。

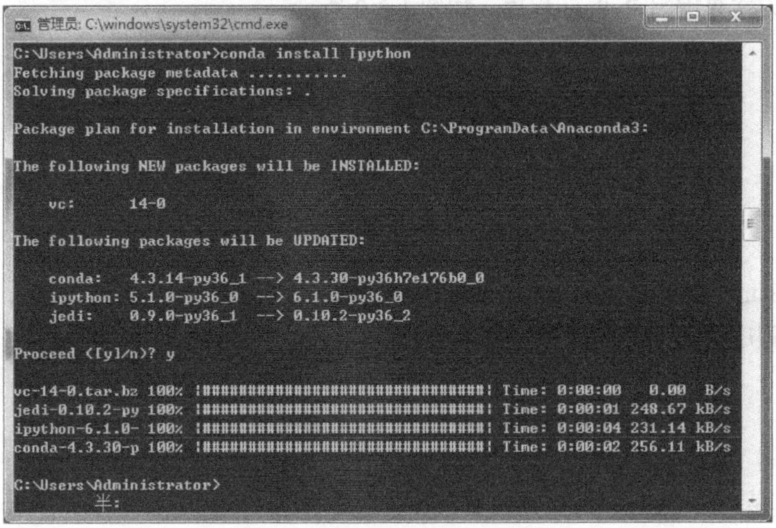

图 1-3-5　安装时显示的进度条

（5）上述安装完成之后，输入"Ipython"，显示如图 1-3-6 所示界面则表明安装成功。

图 1-3-6　查看 IPython 是否安装完成

（6）简单使用 IPython，在 in 行中输入"print("hello")"，随后输出了"hello"，如图 1-3-7 所示。

图 1-3-7　使用 IPython 进行简单的编辑

到这一步我们就下载和安装好了 IPython。

1.3.3　使用 cmd

cmd 即计算机命令行提示符，是 Windows 环境下的虚拟 DOS 窗口。在 Windows 系统下打开 cmd 有以下三种方法。

（1）按 Win+R 组合键，其中 Win 键是键盘上的"开始"菜单键，打开后输入"cmd"，如图 1-3-8 所示。

（2）通过"所有程序"列表查找并搜索到 cmd，如图 1-3-9 所示，选择"cmd.exe"选项或按回车键即可打开 cmd。

图 1-3-8　"运行"窗口　　　　　　　　　　　　图 1-3-9　选择 cmd.exe

（3）在 C:\Windows\System32 路径下找到 cmd.exe，如图 1-3-10 所示，双击"cmd.exe"文件。

图 1-3-10　双击 cmd.exe

打开 cmd，输入"python"，按回车键，如果出现">>>"符号，说明已经进入 Python 交互式编程环境了，如图 1-3-11 所示，此时输入"exit()"即可退出。

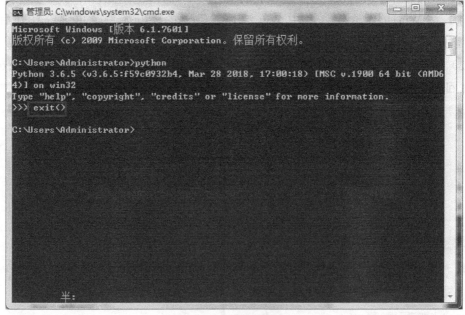

图 1-3-11　退出命令

1.3.4 使用 PyCharm

在任务二中我们已经下载并安装了集成开发工具的 PyCharm，新建好项目后，还要建一个 .py 文件，右击项目名，在弹出的快捷菜单中选择"Python"→"New"→"Python File"命令，下面我们就来简单地介绍一下它的使用方法。

【例 1-1】简单的 Python 程序

```
x=input("first word:")
y=input("second word:")
print(x+y)
```

在 Python 程序中可以通过 input 函数从键盘输入数据，input 函数用于提示用户输入数据，返回值的类型为字符串，而 print 是 Python 的输出函数，是最常用的语句之一，print 语句的格式为：print（输出项 1，输出项 2，……），它一次可以输出很多项目，每个输出项可以是字符串、数值等，本例运行结果如图 1-3-12 所示。

```
例 1 - 1 ×
E:\python_study\venv\Script
first word:hello
second word: world
hello  world
```

图 1-3-12　简易程序代码运行结果

【即学即练】

1．Python 内置的集成开发工具是（　　）。

A．IDLE　　　　　　B．PyCharm　　　　　　C．Spyder　　　　　　D．Anaconda

2．采用 IDLE 进行交互式编程，其中"＞＞＞"符号表示（　　）。

A．运算操作符　　　B．命令提示符　　　C．文件输入符　　　D．程序控制符

3．Python 的输出函数是_____。

任务四　雪花程序

【任务描述】冬季虽然寒冷但却是个美丽的季节，满空的雪花飘落而下，透明的雪花在天空中飞舞。本次任务，借助 Python 包管理工具 pip 及 PyInstaller 库制作雪花程序。

【任务分析】紧跟下面的步伐，可以学习得更快哟！

（1）将雪花程序放在自定义的文件夹中

（2）打开 cmd 命令程序，进入到程序所在的文件夹下

（3）输入雪花程序的执行命令并运行

1.4.1 认识包

在 Python 语言中，一个 .py 文件就可以叫作一个模块（model）。如果 a.py 中有一个功能在 b.py 中被引用，那么 a.py 就算是一个模块。

　　如果不同的人编写的模块名相同怎么办？为了避免模块名冲突，Python 引入了按目录来组织模块的办法，称为包（package），图 1-4-1 所示为包示意图。

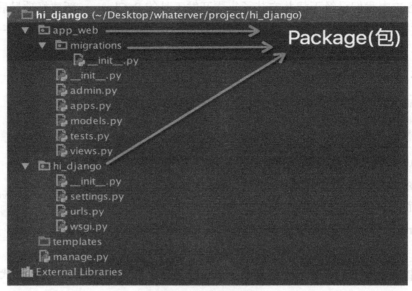

图 1-4-1　包示意图

　　举个例子，一个 abc.py 的文件就是一个名字叫 abc 的模块，一个 xyz.py 的文件就是一个名字叫 xyz 的模块。现在，假设我们的 abc 和 xyz 这两个模块名字与其他模块冲突了，于是我们可以通过包来组织模块，为避免冲突，我们可以选择一个顶层包名。

　　引入了包以后，只要顶层的包名不与别人冲突，那所有的模块都不会与别人冲突。

　　需要注意的是，每一个包目录下面都会有一个__init__.py 文件，这个文件是必须存在的，否则，Python 就把这个目录当成普通目录（文件夹），而不是一个包。__init__.py 可以是空文件，也可以有 Python 代码，因为__init__.py 本身就是一个模块，而它的模块名就是对应包的名字。

1.4.2　pip 包管理工具

　　pip 是一个 Python 包管理工具，在 Python 开发中必不可少，该工具提供了对 Python 包的查找、下载、安装、卸载的功能，Python2.7 或 Python3.4+以上版本都自带 pip 工具。可以在 cmd 命令行方式中通过"pip –version"命令来判断是否已安装，如图 1-4-2 所示。

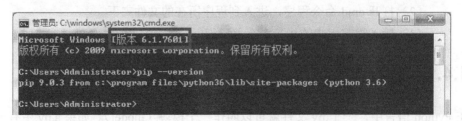

图 1-4-2　查看 pip 版本

如果没有正确显示 pip 的版本，有可能是在安装 Python 的时候没有勾选将安装路径放置在环境变量中的选项，这时可以通过手动的方式增加 pip.exe 所在的路径至系统环境变量。

如果系统提示 pip 版本过低，可以使用"pip install-U"命令为 pip 工具进行升级。

常用的 pip 命令见表 1-4-1。

表 1-4-1　常用的 pip 命令

pip 命令	功　能
pip install PackageName[==version]	在线安装指定版本的第三方库
pip install PackageName.whl	离线安装第三方库
pip install --upgrade PackageName	在线升级第三方库
Pip uninstall PackageName[==version]	卸载指定版本的第三方库
pip list	列出系统中安装的第三方库
pip download PackageName	可以下载第三方库的安装包
pip show PackageName	列出指定第三方库的详细信息
pip search PackageName	联网搜索第三方库
pip help	列出 pip 所有的命令

下面我们将介绍 pip 的常用命令语句。

1. 安装包

格式：

```
pip install Packagename              #最新版本
pip install Packagename==1.0.4       #指定版本
pip install 'Packagename>=1.0.4'     #最小版本
```

例如，输入"pip install resquests"，其结果如图 1-4-3 所示。

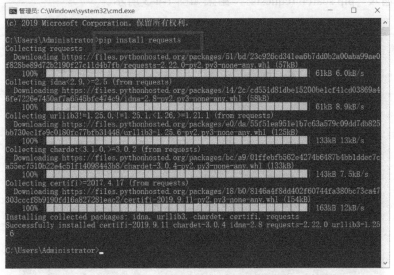

图 1-4-3　输入"pip install resquests"（网络爬虫常用库）

2. 升级、卸载包

格式：

```
pip install --upgrade Packagename
pip uninstall Packagename
```

例如，输入"pip uninstall requests"，结果如图 1-4-4 所示。

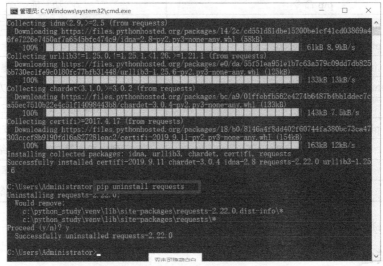

图 1-4-4　输入"pip uninstall requests"

3. 搜索包

格式：

```
pip search Packagename
```

例如，输入"pip search requests"，结果如图 1-4-5 所示。

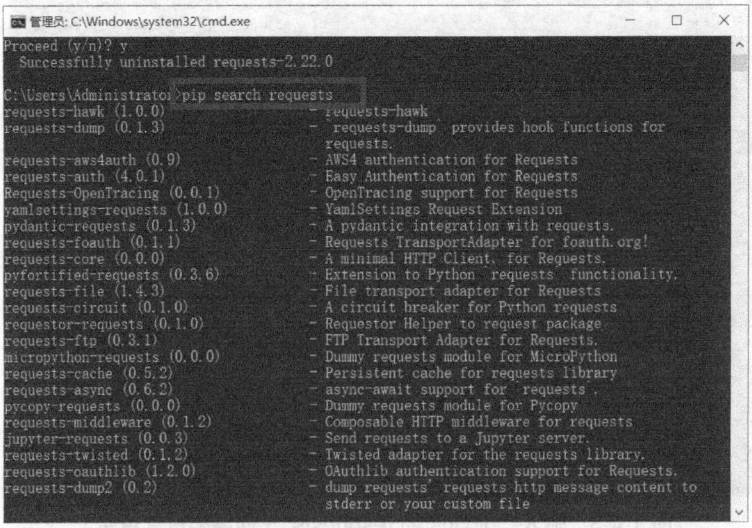

图 1-4-5　输入"pip search requests"

4. 显示安装包的信息

格式：

```
pip show Packagename
```

例如，输入"pip show idna"，结果如图 1-4-6 所示。

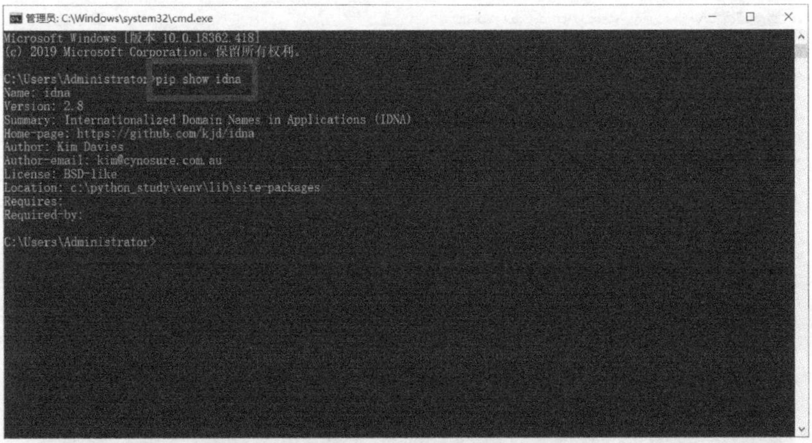

图 1-4-6 输入"pip show idna"

5. 查看指定包的详情

格式：

```
pip show -f Packagename
```

例如，输入"pip show -f idna"（注：idna 是指国际化域名），结果如图 1-4-7 所示。

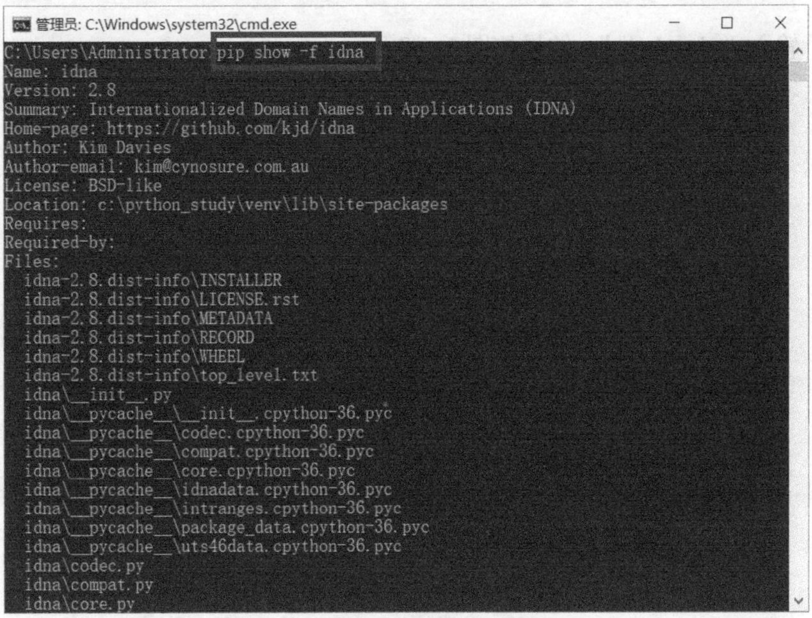

图 1-4-7 输入"pip show -f idna"

6. 列出已安装的包

格式：

```
pip list
```

例如，输入"pip list"，结果如图 1-4-8 所示。

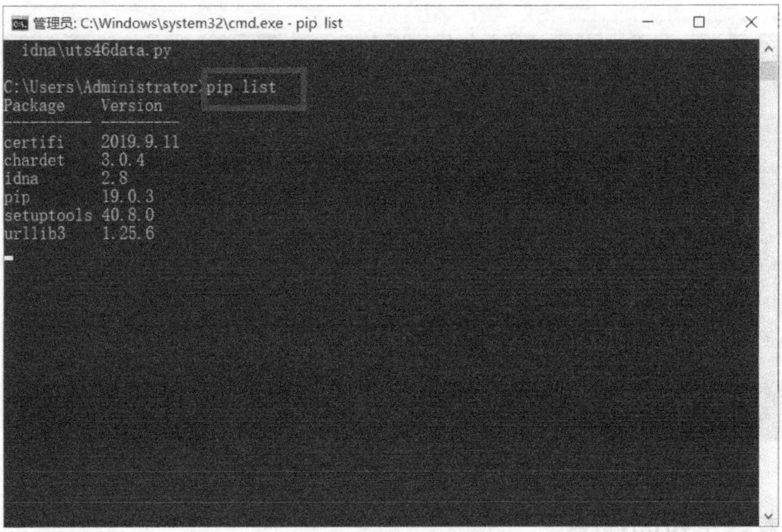

图 1-4-8　输入"pip list"

7. 获取帮助

格式：

```
pip --help
```

例如，输入"pip --help"，结果如图 1-4-9 所示。

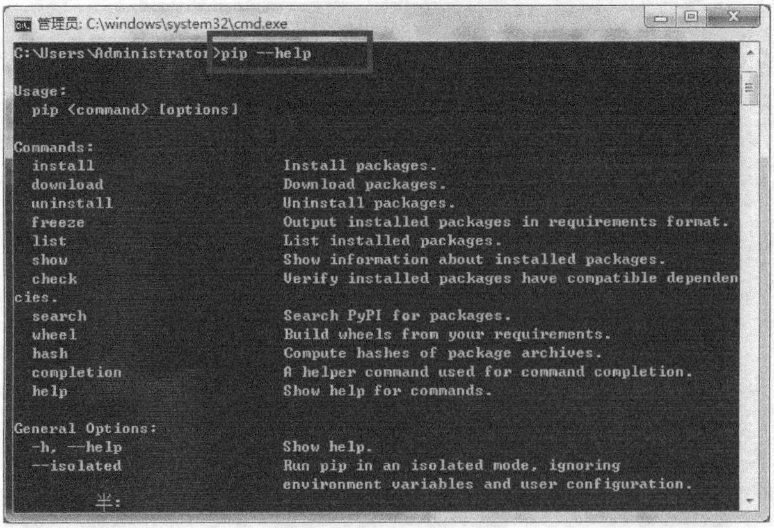

图 1-4-9　输入"pip --help"

1.4.3 库的导入和使用

Python 默认安装仅包含基本模块，在使用前需要显式导入和加载标准库及第三方扩展库。系统标准库可以直接导入，第三方扩展库则需要先安装再导入。

导入模块有下列三种方法。

1. import 模块名 [as 别名]

使用这种方式导入时需要在对象前加上模块名作为前缀。如果想为导入的模块设置一个别名，则采用"别名.对象名"的方式来使用其中的对象，模块中包含的对象在输入"模块名."后系统自动列出。具体示例如下：

```
>>>import math                      #导入标准库 math
>>> x =9
>>>math.sqrt(x+16)                  #调用 math 库中求平方根函数 sqrt()
5.0
>>>import random as r               #导入标准库 random,别名 r
>>>n1=r.random()                    #调用别名为 r 的 random 库中的随机函数 random
>>>n1
0.658688675779171
>>import os. Path as path           #导入标准库 os.path,别名 path
>>>import numpy as np               #导入扩展库 numpy,别名 np，导入前需安装 numpy 库
```

2. from 模块名 import 对象名[as 别名]

使用这种方式仅能导入明确指定的对象，并且可以指定别名。因为该方式导入的部分，可以提高访问速度，使用时不需要将模块名作为前缀。具体示例如下：

```
>>>from math import sqrt            #只导入模块中的指定对象
>>>sqrt(25)
5.0
>>>from math import sqrt as sq      #只导入模块中的指定对象
>>>sq(25)
5.0
```

3. from 模块名 import *

使用这种方式可一次导入模块中通过 _ all_ 变量指定的所有对象，并可直接使用模块中的所有对象而不需要使用模块名作为前缀。具体示例如下：

```
>>>from math import *              #导入标准库 math 中的所有对象
>>>pi
3.141592653589793
>>>e
2.718281828459045
>>>sqrt(25)
5.0
```

这种方式虽然简单，但会降低代码的可读性，很难将自定义函数和从模块中导入的函数进行区分导致命名空间的混乱。如果多个模块中有同名的对象，只有最后导入模块的对象是有效的，其他模块的同名对象都无法访问。

1.4.4 PyCharm 中安装库

如果在安装的 PyCharm 环境中无法找到系统模块和安装的扩展模块，就需要在 PyCharm 环境中进行相关设置。

如图 1-4-10 所示，选择"File"→"Settings"命令，在窗口中选择单击"Project Interpreter"项，系统就会显示出当前 Python 已经安装的扩展库，如图 1-4-11 所示。

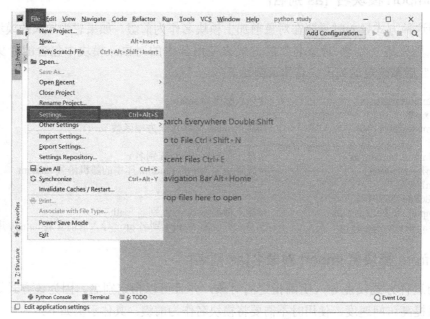

图 1-4-10　PyCharm 安装库操作

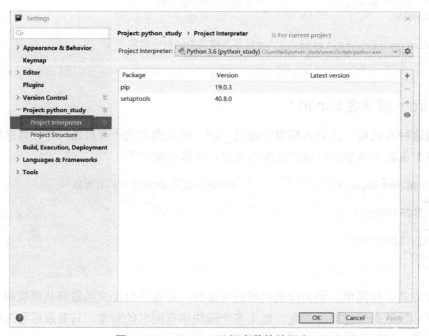

图 1-4-11　Python 已经安装的扩展库

单击"Apply"按钮后，再单击"OK"按钮，PyCharm 就会将 Python 安装的扩展库保存到自己的环境中，此后在 PyCharm 中编程就可以导入这些扩展库，并可直接使用"help（模块名）"命令查看该模块的帮助文档，如"help（numpy）"。

1.4.5 PyInstaller 库及程序发布

PyInstaller 是一个十分有用的 Python 第三方库，它能够完成程序发布的工作，使程序可以在没有 Python 环境的计算机中运行程序，打包后的程序为可执行文件（在 Windows 系统下文件的后缀名为.exe）。PyInstaller 需要在命令行下用 pip 工具安装，该命令会自动将 PyInstaller 库安装在 Python 的 Scripts 文件夹中，命令格式如下所示：

```
pip install PyInstaller
```

安装完成后，就可以使用 PyInstaller 命令将程序进行打包。使用 PyInstaller 命令的时候，要注意文件路径不要出现中文、空格和英文句号。PyInstaller 命令的常用参数见表 1-4-2。

表 1-4-2　PyInstaller 命令的常用参数

参数	功能
-F.-onefile	生成结果是一个 exe 文件，所有的第三方依赖、资源和代码均被打包在该文件中
-D. onedir	生成结果是一个目录，各种第三方依赖、资源和 exe 同时存储在该目录中
-icon=<File.ico>	将 file.ico 添加为可执行文件的资源（只对 Windows 系统有效），改变程序的图标可以写成：pyinstaller -i ico 路径 xxxx. py
-h.-helpd	查看帮助
-d.-debug	产生 debug 版本的可执行文件
-clean	在本次编译开始时，清空上一次编译生成的各种文件

1.4.6 任务实现

【例 1-2】发布雪花程序。

【任务步骤】

（1）首先在 cmd 命令中输入命令进入到该程序所在的文件夹 D:\code 中（根据自身文件位置选择路径，文件夹中需存放所需要的文件）。

```
C:\Users\Administrator>D:
D:\cd code
```

（2）在命令行中执行：

```
D:\code>PyInstaller -i snowflake.ico -F SnowView.py
```

【任务解析】

使用 PyInstaller 库需要注意以下问题：文件路径中不能出现空格和英文句号（.），源文件必须是 UTF-8 编码的，暂不支持其他编码类型。执行后在该文件中会生成 dist 和 build 两个文件夹。其中 dist 存放着和源程序同名的可执行文件，而 build 是 PyInstaller 存放的临时目录，可以安全删除。

【即学即练】

1．下列选项中，可以导入包的是（　　　）。

A．import　　　　　B．pip　　　　　C．cmd　　　　　D．idea

2．使用 pip 下载包的命令行是（　　　）。

A．pip list　　　　　　　　　　　　B．pip install Package

C．pip show Package　　　　　　　　D．pip search Package

3．显示安装包信息的命令行是（　　　）。

A．pip list　　　　　　　　　　　　B．pip install Package

C．pip show Package　　　　　　　　D．pip search Package

4．使用 pip 工具安装第三方库 Matplotlib。

直击二级

【考点】本次任务中，"二级"考试考察的重点在于 Python 语言提供 pip 工具进行第三方库的安装。Python 考纲考核 pip 命令的常用方法，用来获取和安装第三方库。

1．以下选项中，不是 pip 工具进行第三方库安装的作用的是（　　　）。

A．安装一个库　　　　　　　　　　B．卸载一个已经安装的第三方库

C．列出当前系统已经安装的第三方库　　D．脚本程序转变为执行程序

2．下载第三方库安装包但并不安装的命令格式是（　　　）。

A．pip search<拟查询库名>　　　　　B．pip -h

C．pip install<拟安装库名>　　　　　D．pip download<拟下载库名>

3．列出某个已经安装库详细信息的命令格式是（　　　）。

A．pip show<拟查询库名>　　　　　B．pip -h

C．pip install<拟安装库名>　　　　　D．pip download<拟下载库名>

 # 任务五　阶段测试

一、选择题

1．Python 是一门（　　　）类型的编程语言。

A．机器语言　　　B．解释　　　　C．编译　　　　D．汇编语言

2．Python 语句 print("世界，你好")的输出结果是（　　　）。

A．（"世界，你好"）　　　　　　　　B．"世界，你好"

C．世界，你好　　　　　　　　　　D．运行结果出错

3．以下不属于 Python 语言特点的是（　　　）。

A．语法简洁　　　　B．依赖平台　　　　C．支持中文　　　　D．类库丰富

4．Python 程序的文件扩展名是（　　　）。

A．Python　　　　　B．p　　　　　　　C．py　　　　　　D．pyth

5．以下不是 pip 合法命令的是（　　　）。

A．install　　　　　B．hash　　　　　　C．help　　　　　D．update

6．Python 中以下（　　　）不是 Python IDE。

A．PyCharm　　　　B．Spyder　　　　　C．Rstudio　　　　D．Jupyter Notebook

7．Python 的输入来源包括（　　　）。

A．文件输入　　　　B．控制台输入　　　C．网络输入　　　D．以上都是

8．关于 Python 版本，以下说法中正确是（　　　）。

A．Python3.x 是 Python2.x 的扩充，语法层无明显改进

B．Python3.x 代码无法向下兼容 Python2.x 的既有语法

C．Python2.x 和 Python3.x 一样，依旧不断发展和完善

D．以上说法都正确

9．下列关于 pip 命令的描述中错误的是（　　　）。

A．pip 几乎可以安装任何的 Python 第三方库

B．pip 的 download 命令可以下载并安装第三方库

C．pip 的 help 命令可以查看 pip 中的命令

D．pip 的 uninstall 命令可以卸载不需要的第三方库

10．下列关于 IPython 的说法中，错误的是（　　　）。

A．与标准的 Python 相比，IPython 缺少内置的功能和函数

B．IPython 的性能远远优于标准的 Python 的 shell

C．IPython 支持变量自动补全，自动收缩

D．IPython 集成了交互式 Python 的很多优点

二、判断题

1．Python 使用符号#表示单行注释。　　　　　　　　　　　　　　　　（　　　）

2．标识符可以以数字开头。　　　　　　　　　　　　　　　　　　　　（　　　）

3．type()方法可以查看变量的数据类型。　　　　　　　　　　　　　　（　　　）

4．Python 中的代码块使用缩减来表示。　　　　　　　　　　　　　　（　　　）

5．Python 中的成员运算符用于判断指定序列中是否包含某个值。　　　（　　　）

6．Python 中的标识符不区分大小写。　　　　　　　　　　　　　　　（　　　）

7．使用 help()命令可以进入帮助系统。　　　　　　　　　　　　　　（　　　）

8．比较运算符用于比较两个数，其中返回的结果只能是 True 或 False。　（　　　）

三、填空题

1．在 Python 中，int 表示的数据类型是_____。

2．布尔类型的值包括_____和_____。

3．如果想测试变量的类型，可以使用_____来实现。

4．Python 的浮点数占_____几个字节。

5．若 a=1，b=2，那么 a or b 的值为_____。

6．若 a=10，b=20，那么_____的值为_____。

7．幂运算的符号为_____。

8．标识符不能以_____开头。

四、编程题

编写一个简短的程序，打印下列内容：你的姓名、生日及你最喜欢的颜色，具体格式如下：

****

你的姓名：张三

你的生日：2 月 14 日

你最喜欢的颜色：Red

****

项目二 Python 基础语法

【知识目标】

➢ 熟悉 Python 的不同数据类型和数值类型

➢ 掌握 Python 的常量和变量用法

➢ 掌握 Python 数据类型的转换、运算符和表达式

➢ 正确区分不同运算符的使用方法

【能力目标】

➢ 牢记 Python 标识符的命名规则

➢ 掌握 Python 标识符、关键字和注释

➢ 掌握 Python 的简单语法规则

➢ 可以熟练地进行数值类型的转化

➢ 掌握 Python 的数据类型

➢ 能够熟练使用不同运算符

【情景描述】

代码君在学习的过程中发现，Python 作为一门计算机语言，不仅仅用于计算机编程的学习，同样适用于解决其他领域的问题，例如，数学领域、生活领域。众所周知，计算机在数学研究领域也做出了不小的贡献，在面对生活中我们时常会遇到的问题，通过编写 Python 程序语言进行数学计算，也可以达到解决问题的效果。与此同时，在 Python 的一些语法中，也与语文学科中的某些方面有着异曲同工之妙。在好奇心及求知欲望的驱使下，代码君展开了新一轮 Python 的学习。

 任务一　计算某数的平方根

【任务描述】在本次任务中，利用 Python 的缩进规则基本语法完成在控制台中输入一个正数，输出其平方根。

【任务分析】紧跟以下步伐，可以让我们学得更快哦！

（1）学习并牢记 Python 的行缩进规则

（2）用 input 函数输入数据

（3）会使用行注释解释语句

（4）用 print 语句输出其平方根

2.1.1　Python 缩进规则

1.　Python 的缩进规则

一般的语言都是通过大括号{}来标识代码块的，而 Python 最具有特色的就是以缩进的方式来标识代码块的，不再使用大括号{}，代码看起来会更加简洁明朗。

同一个代码的语句必须保证相同的缩进空格数，否则将会出错，至于缩进的空格数，Python 中并没有硬性的要求，只需保持空格一致即可。

```
if True:
    print("我的缩进空格数相同")
else:
    print("输入有误")
```

正确的代码如上所示，第二行和第四行前的空格即为缩进的空格，且上下的空格数保持一致代码则运行正确。但是，若最后一行的语句缩进空格数与其他行不一致则会导致代码运行出错，错误的代码如下所示：

```
if True:
print("我的缩进空格数相同")
else:
print("错误示范")
print("我的缩进空格数不同")
```

注意：行之后的行首空格才算是缩进，为方便他人阅读，使用 Tab 键或是 4 个空格为最佳。其中，上述例子中的"if"和"else"为条件分支结构 if 语句用于判断，在后期的学习中，我们将会更加深入地学习。

【即学即练】

1．关于 Python 程序格式框架的描述，以下选项中错误的是（　　）。

A．Python 语言不采用严格的"缩进"来表明程序的格式框架

B．Python 语言的缩进可以采用 Tab 键实现

C．Python 单层缩进代码属于之前最邻近的一行非缩进代码

D．判断、循环、函数等语句形式能够通过缩进包含一组 Python 代码

2．Python 以_____的方式来标识代码块。

3．要进行缩进，可以使用_____键或_____键来实现。

2.1.2　Python 行与注释

1．单行注释

单行注释通常以井号（#）开头，如下所示：

```
#-*- coding:utf-8 -*-
print("Hello Python!")              #这是一个单行注释
poem="予独爱莲之出淤泥而不染"     #我唯独喜爱莲花从积存的淤泥中长出却不被污染
```

注释行不会被机器编译，但要注意，编码声明（如#-*- coding：utf-8 -*-）也是以井号（#）开头的，但并不属于注释行，并且编码声明需要放在首行或者第二行，否则不会被机器解释。编码声明注释使用的字符的编码格式是 UTF-8，而 print 后面的注释则简单说明该语句的含义，Python 使用的默认编码是 UTF-8，如果不使用默认编码，要声明所使用的编码，文件的第一行要写成特殊的注释，语法如下所示：

```
#-*- coding:encoding -*-
```

2．多行注释

在实际运用中会有多行注释的需要，同样可以运用#号，只需在每行前加上#号即可，如下所示：

```
#这是一个使用#号的多行注释
#这是一个使用#号的多行注释
#这是一个使用#号的多行注释

poem="濯清涟而不妖，中通外直"
```

显然这是一种相对笨拙的注释方法，Python 中还存在更加方便快捷的注释方法，即使用三个单引号或三个双引号将所要注释的内容括起来，这样可以达到多行或者整段注释的效果。

（1）三个单引号注释。示例如下：

```
'''这是一个使用三个单引号的多行注释
    这是一个使用三个单引号的多行注释
    这是一个使用三个单引号的多行注释'''
poem="不蔓不枝，香远益清，亭亭净植。"
```

（2）三个双引号注释。示例如下：

```
"""这是一个使用三个双引号的多行注释
    这是一个使用三个双引号的多行注释
    这是一个使用三个双引号的多行注释"""
poem= "可远观而不可亵玩焉。"
```

> 注意：在进行多行注释的时候，必须保持前后使用的引号类型一致。前面使用单引号后面使用双引号，或前面使用双引号后面使用单引号，这样的操作都是不被允许的。

【即学即练】

1．如果是注释单行语句，可以用（　　　）。

A．# 　　　　　　　　B．" " 　　　　　　　　C．""" """ 　　　　　　　　D．/* …/

2．要对一段代码进行注释，可以使用＿＿＿＿＿、＿＿＿＿＿、＿＿＿＿＿三种注释方法。

3．遇到需要多行注释的情况时，必须保证＿＿＿＿＿＿＿＿。

2.1.3 语句换行

多行语句分为两类：一条语句多行和一行多条语句。

一条语句多行指的是，在面对语句太长时，使用反斜杠（\）来实现一条长语句的换行，但不会被别的机器识别成多条语句。

1．长语句换行

```
poem="予独爱莲之出淤泥而不染，"+\
"濯清涟而不妖，"+\
"中通外直，"+\
"不蔓不枝，"
print(poem)
```

输出结果为：

```
予独爱莲之出淤泥而不染，濯清涟而不妖，中通外直，不蔓不枝，
```

但是在 Python 中，[]、{}里面的多行语句在换行时不需要使用反斜杠（\）。

2．使用逗号换行

```
poem=[ "香远益清，",
"亭亭净植，",
"可远观而不可亵玩焉。"]
print(poem)
```

3．同一行多条语句

使用分号（;）可对多条短语句实现隔离，从而在同一行实现多条语句。

```
lemonPrice=3;applePrice=4;grapesPrice=5
```

Python 使用换行作为其语句的终结，但如果在圆括号内、方括号内、花括号内或三引号包含的字符串都是例外的。在三引号包含的字符串中，可以直接使用换行，而不需要进行格式化处理操作。

2.1.4　任务实现

【例 2-1】计算某数的平方根。

【任务步骤】

```
'''这是一个计算平方根程序
input————输入函数
if else————判断语句
print————输出语句
'''
import math
number=input("请输入一个数：") #input 输入字符串
number=float(number)        #将 input 返回的字符串通过 float 转为浮点数
if number>=0:  #判断 number 是否非负
    number=math.sqrt(number)
    print("平方根是：",number)
else:
    print("负数不能开平方")
print("The End")   #程序结束
```

【任务解析】

要计算一个数的平方根需要调用 Python 中的 math 模块，调用方法为在程序头执行语句 "import math"。math 模块提供了许多对浮点数的数学运算函数，sqrt 函数是该模块中计算平方根的方法，可以返回 number 的平方根。这里的 if 用于逻辑判断，如果输入的数大于等于 0 则使用该方法计算平方根，如果不满足条件，则输出提示信息"负数不能开平方"。

input 是输入语句，语句中的字符串为提示信息，待用户输入完成后返回输入的字符串给变量 number，这个字符串还不是数值，不能进行开平方计算，因此还要进行转换，用 float 函数将其转换为浮点数，这样 number 变量由刚才的字符串，变成了实数了。

【任务结果】

```
请输入一个数：16
平方根是：  4.0
The End
```

【即学即练】

1．请分别用两种方法，结合 print 输出函数将下面这段长字符串进行语句换行输出。

"我们生来都是旅人；假如万能的天帝强迫我们在无尽头的路上跋涉，假如严酷的厄运攥着我们的头发向前拖，作为弱者，我们有什么法子？启程的时刻，我们听不到威胁的雷鸣，只听见黎明的诺言。"

2．Python 语言中多行注释可以使用_____符号。

直击二级

【考点】本次任务中，"二级"考试考查的重点在于 Python 语言的书写规则：Python

换行的缩进规则、注释的不同书写方法及语句换行需要注意的事项。

1．以下选项中，Python 语言中代码注释使用的符号是（　　）。

A．//　　　　　　　B．/*……*/　　　　　C．!　　　　　　　D．#

2．以下不是 Python 的注释方式是（　　）。

A．#注释一行　　　B．'''注释第一行'''　　C．//注释第一行　　　D．"""文档注释"""

3．关于 Python 语言的注释，以下选项中描述错误的是（　　）

A．Python 语言有两种注释方式：单行注释和多行注释

B．Python 语言的单行注释以#开头

C．Python 语言的单行注释以单引号'开头

D．Python 语言的多行注释以'''（三个单引号）开头和结尾

任务二　计算圆形的各参数

【任务描述】设计一个小程序，首先了解圆形各参数的基本计算公式，运用本节介绍的操作运算符实现输入、输出圆形的基本参数。$C=2\pi r$，$S=\pi r^2$，其中，r 代表圆形的半径，C 代表圆形的周长，S 代表圆形的面积，π 是圆周率。

【任务分析】紧跟下面的步伐，可以让我们学得更快哦！

（1）输入半径，输出面积及周长

（2）输入面积，输出半径及周长

（3）输入周长，输出半径及面积

2.2.1　标识符与关键字

标识符是开发人员在程序中自定义的一些符号和名称，在机器语言中是一个被允许作为名字的有效字符串，标识符是用户自己定义的，如变量名、函数名等。Python 中的标识符主要用在变量、函数、类、模块、对象等的命名中。

Python 对标识符有如下命名规则：

（1）标识符长度不限，标识符由字母、数字和下画线组成。

（2）标识符不能以数字开头。以下画线开头的标识符具有特殊意义，使用时需要特别注意。实例代码如下：

```
fromNO1      #合法的标识符
from#12      #不合法的标识符，标识符不能包含#号
1stObj       #不合法的标识符，标识符不能以数字开头
```

（3）标识符字母区分大小写，例如 Abc 和 abc 是两个标识符。

（4）禁止使用 Python 中的关键字。

要查看某字符串是否为关键字，可以使用 keyword 模块中的 iskeyword 函数，当字符串是关键字的时候返回 True，否则返回 False。此外，kwlist 函数可以查看所有关键字。

```
>>>import keyword
>>>keyword.iskeyword("class")
True
>>>keyword.iskeyword("student")
False
>>>keyword.kwlist
['False', 'None', 'True', 'and', 'as', 'assert', 'break', 'class', 'continue', 'def', 'del', 'elif', 'else', 'except', 'finally',
'for', 'from', 'global', 'if', 'import', 'in', 'is', 'lambda', 'nonlocal', 'not', 'or', 'pass', 'raise', 'return', 'try', 'while', 'with',
'yield']
```

Python 中的关键字，除了采用上述方法查看，还可以输入 help()命令进入帮助系统查看。示例代码如下：

```
>>>help()          #进入帮助系统
help> keywords     #查看所有关键字列表
help> return       #查看 return 这个关键字的说明
help> quit         #退出帮助系统
```

关键字在 Python 中是特殊单词，不能用来命名操作，关键字表示将导入 Python 解释器中的命令，Python 标识符不能与 Python 关键字同名。因此，表 2-2-1 中的这些关键字都不能作为标识符的名称。

表 2-2-1 Python 关键字

and	continue	except	global	lambda	pass	while
as	def	False	if	None	raise	with
assert	del	finally	import	nonlocal	return	yield
break	elif	for	in	not	True	
class	else	from	is	or	try	

当我们使用关键字命名时，换行时会自动缩进，并且关键字呈现蓝色字体，如下代码所示：

```
class="五班"
    print(class)
```

上述代码是有语法错误的代码，"class"为 Python 中的关键字，不允许用作变量名，运行后会出现语法错误，如下所示：

```
SyntaxError: invalid syntax
```

【即学即练】

1．以下哪个选项不是 Python 语言中的关键字（   ）。

A．False   B．and   C．do   D．if

2．以下标识符不合法的是（   ）。

A．for B．_my C．a_int D．c163

3．使用哪个命令可以查看所有关键字（ ）。

A．help() B．help> keywords C．help> return D．help> quit

2.2.2 常量与变量

1．常量

在程序运行过程中，其值不能改变的数据对象为常量（contant），常量按其表现形式来区分它的类型。常量通常是那些数学数值（整数及带小数的实数），也可以是一个字符或者字符串，例如：

整数常量：1、100、−4、−300……

浮点数常量：3.14159265、−2.5、1.36……

字符串常量："student"、"who are you"、"abc"、"a"、"你好"、"再见"……

逻辑常量：True、False。

2．变量

变量，是计算机语言中能储存计算结果或能表示值的抽象概念。变量可以通过变量名访问。在指令式语言中，变量通常是可变的。在 Python 中，变量不需要提前声明，创建时直接对其赋值即可，变量类型由赋给变量的值决定。但是，一旦创建了变量就必须给变量赋值，需要注意的是，变量的命名规则和标识符的命名规则是一样的。

创建变量时，系统会在机器的内存中自动给该变量分配一个内存，用以存放变量值，通过 id()函数可以具体查看创建变量和变量重新赋值时内存空间的变化过程。

当变量 y=x 时，内存地址进行了传递处理，变量 y 获得变量 x 的内存地址，但当变量 x 发生改变时，变量 y 并不会发生改变。

```
>>>x=3
>>>y=x
>>>id(x)
1549823056
>>>id(y)
1549823056
>>>x=4
>>>id(x)
1549823088
>>>id(y)
1549823056
```

变量存储单元中存储的数据可以在程序中改变，因此以下两条语句是合法的：

```
float x
x=2
x=x+1
```

其中，x=x+1 的含义是 x+1 使 x 的值加 1，之后把计算结果赋值给 x 变量，因此 x 值变为 3。

Python 中的变量是没有类型的，同一个变量可以储存任何类型，例如：

```
str=1          #str 是整数
str="python"   #str 是字符串
str=6.12       #str 是浮点数
```

3. 变量类型

Python 有 6 种数据类型，如图 2-2-1 所示，标准数据类型有：数字类型（其中包含整型、浮点型及复数）、布尔类型、字符串类型、列表类型、元组类型、字典类型。其中列表、元组、字典、集合属于复合数据类型。

在此我们只做粗略简单的介绍，在学习的后期阶段，我们会对各种数据类型进行详细的学习与探究。

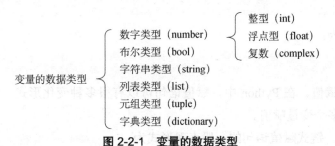

图 2-2-1 变量的数据类型

4. 变量与赋值语句

在高级语言中，赋值是一个很重要的概念，其含义是将值赋给变量，或者说将值传送到储存单元中。赋值语句有两个用途：定义新的变量；让已定义的变量指向特定值。

（1）赋值语句的一般格式。最简单的变量赋值就是把一个变量值赋给一个变量名，只需要用等号（=）就可以实现。

```
变量=表达式
```

赋值号的左边必须是变量，右边是表达式。赋值的意义是先计算表达式的值，然后该变量指向该数据对象，该变量可理解为该数据变量的别名，该赋值变量的值即表达式的值。

```
>>>a=8
>>>b=3
>>>a=b
```

Python 是动态类型语言，也就是说不需要预先定义变量类型，变量的类型和值在赋值的那一刻就被初始化了，例如：

```
x=6.7
x="ABCD"
```

但是，当两个值同时赋给一个变量的时候，用 print 输出的结果会选择变量被赋最近的值。例如：

```
a=3
a=4
print(a)
```

输出的结果为：

```
4
```

由上面的代码可以看到，将 3 与 4 同时赋给 a，但是最后输出的 a 的值为离输出 a 最近赋的值 4。

【例 2-2】当我们在商场购物时，买了 10 元钱的橙子和 8 元钱的苹果，利用所学的变量知识计算水果总价：

```
orange=10
apple=8
sum=orange+apple
print(sum)
```

输出的结果为：

```
18
```

（2）多变量赋值。在 Python 中，赋值语句可以有很多种变化形式。利用这些形式的赋值语句可以给多个变量赋值。

① 链式赋值。链式赋值语句的一般表现形式为：

```
变量 1=变量 2=……=变量 n=表达式
```

等价于

```
变量 n=表达式
…
变量 1=变量 2
```

链式赋值用于多个变量赋一个值，具体示例如下所示：

```
>>>a=b=6
>>>a
6
>>>b
6
```

赋值语句执行时，创建一个值为 6 的整型对象，将对象的同一个引用值赋给 a 和 b，即 a 和 b 均指向数据对象 6。

② 同步赋值。同步赋值的一般形式为：

```
变量 1,变量 2……变量 n=表达式 1,表达式 2……表达式 n
```

其中，赋值号左边的变量个数要和赋值号右边的表达式个数要一致，具体示例如下所示：

```
>>>a,b,c=11,22,33
>>>a
11
```

```
>>>b
22
>>>c
33
```

同样是在商场购物，购物清单中有 10 元柠檬，15 元苹果，9 元香蕉，30 元桃子，以及 10 元葡萄，结账时我们应该付多少钱？利用两种赋值语句计算出最终结果：

```
lemon=grape=10
apple,banana,peach=15,9,30
sum=lemon+grape+apple+banana+peach
print(sum)
```

输出的结果为：

```
74
```

【即学即练】

1．变量可以通过_____来访问。

2．创建变量后的第一步，是给变量_____。

3．在 Python 中，值不能改变的数据被称为_____。

4．变量名不能包含（　　）。

A．字母　　　　　　　　B．数字　　　　　　　　C．空格　　　　　　　　D．下划线

5．下列语句中，（　　）在 Python 中是非法的。

A．x=y=x=1　　　　B．x=（y=z=1）　　　　C．x，y=y，x　　　　D．x+=y

6．Python 中变量赋值用下面的哪个符号可以实现（　　）。

A．+　　　　　　　　　B．：　　　　　　　　　C．=　　　　　　　　　D．*

7．假定有两个变量 a 和 b，执行以下语句后，a 和 b 的值分别为（　　）。

```
>>>a=3
>>>b=5
>>>a,b=b,a
```

A．3　5　　　　　　　B．5　3　　　　　　　C．3　3　　　　　　　D．5　5

2.2.3　Python 数据类型

1．整数类型

在 Python 中整数类型被指定为 int 类型。整数类型（int）简称整型，它用于表示整数。

十进制整型：十进制整型常量没有前缀，其数码为 0~9。例如：-135、57232。

八进制整型：必须以 0O 或 0o 开头（第 1 位是数字 0；第 2 位是字母 O，大小写均可），数码为 0~7。八进制通常是无符号数。例如：0O21 对应十进制数为 17。

十六进制整型：前缀为 0X 或 0x（第 1 位是数字 0；第 2 位是字母 X，大小写均可），其数码为 0~9、A~F 或 a~f（代表 10~15）。例如：0X2A 对应十进制数为 42，

0XFFFF 对应十进制数为 65535。

二进制整型：前缀为 0B 或 0b（第 1 位是数字 0，第 2 位是字母 B，大小写均可），其数码为 0 和 1。例如：0b1101 对应十进制数为 13。

Python 的整型可以表示的范围是有限的，它和系统的最大整型一致，例如，32 位机上的整型是 32 位的，可以表示的数的范围是（-2^{31}，$2^{31}-1$），在 64 位机器上的整型是 64 位的，可以表示的数的范围是（-2^{63}，$2^{63}-1$）。

整数类型对应数学中的整数概念，可对整数执行加（+）、减（-）、乘（*）、除（/）运算。

2. 浮点型

Python 提供了三种浮点值：内置的 float 和 complex 类型，以及来自标准库的 decimal.Decimal，这三种数据类型是固定的。

Python 将带小数点的数字都称为浮点数，浮点数的标志是小数点，其中小数点可以出现在数字的任何位置，很大程度上说，使用浮点数都无须考虑其行为。你只需要输入需要处理的数字，Python 自动会按你的要求进行处理：

```
>>>x=2
>>>float(x)
2.0
>>>y=12+3
>>>float(y)
15.0
>>>z=3.6+5.6
>>>float(z)
9.2
```

但需要注意的是，由于浮点数存在精度限制，在 Python 中使用浮点数做运算时就可能会产生不确定尾数。

```
>>>0.2+0.1
0.30000000000000004
>>>3*0.1
0.30000000000000004
```

由于不确定尾数会带来不可预料的 bug，在编写程序时就要避免出现这种局面，一种常用的方法是使用 round()函数只保留运算结果的前几位小数，这样就自然去掉了小数点后十多位的不确定尾数。

直接使用 round 函数时，系统的默认操作是将输入的数字四舍五入后输出一个整数类型，但是在运用 round(number,digits)函数时可以对结果进行保留小数操作，number 为需要进行操作的数字，digits 为保留小数点后几位数字的要求。

```
>>>round(1.2404958677685949)          # "3"意思即为保留小数点后三位数
1
>>>round(1.2386457473162675,3)
1.239
```

```
>>>round(-0.5)
0
>>>round(10/3,2)        #将计算的结果保留两位小数
3.33
```

另一种方法就是使用 math.floor()函数或 math.ceil()函数来将浮点数转化为最邻近的整数。

math.floor()函数返回数字的下舍整数，math.ceil()函数返回数字的上入整数。

```
import    math           #需要导入 math 模块
print ("math.floor(-45.17) : ", math.floor(-45.17))
print ("math.floor(100.12) : ", math.floor(100.12))
print ("math.ceil(-45.17) : ", math.ceil(-45.17))
print ("math.ceil(100.12) : ", math.ceil(100.12))
```

输出的结果为：

```
math.floor(-45.17) :   -46
math.floor(100.12) :   100
math.ceil(-45.17) :   -45
math.ceil(100.12) :   101
```

3. 复数类型

Python 中的复数与数学概念中的复数一致，由实数部分和虚数部分组成，一般形式为 x+yj，其中 x 为复数的实部，yj 为复数的虚部，虚数部分必须有后缀 j 或 J，这里的 x 和 y 都是实数。若实数部分为 0，即可忽略。

复数的两个部分的属性名分别为 real 和 image，利用这两个函数可以查看其对应复数的实部和虚部，利用 complex 函数可以将一个数转化为复数，如下所示：

```
>>>a=1.6+1.8j
>>>a.real,a.imag
(1.6, 1.8)
>>>complex(36)
(36+0j)
>>>complex(4.265)
(4.265+0j)
>>>complex(678,98998)
(678+98998j)
>>>complex("987",576)
Traceback (most recent call last):
    File "<input>", line 1, in <module>
TypeError: complex() can't take second arg if first is a string
```

当输入的一个数字为实数时，利用 complex 函数输出结果时虚数部分为"0j"，但输入的两个数字之间用逗号（,）隔开时，运行后逗号前后的数字分别为复数的实部与虚部。除了//、%、divmod()及三个参数的 pow()，所有数值操作符与函数都可以用于对复数进行的操作。

4．布尔类型

布尔类型可以看做是一种特殊的整型，布尔型数据只有两个取值：True（真）和 False（假），分别对应整型的 1 和 0。

所有内置的数据类型与标准库提供的数据类型都可以转化为一个布尔值。None、False、0 值（0，0.0，0j）、空的序列值（""，[]，()）、空的映射值（{}）都为 False，其他对象值都为 True。Python 提供了 3 个逻辑操作符：and、or、not。and 和 or 使用"短路"逻辑，并返回决定其结果的数值，not 则总返回 True 或 False。布尔值的转化则利用了 bool()函数。

```
>>>c=True
>>>d=False
>>>c and d
False
>>>c or d
True
>>>not c
False
```

以上 4 种数值类型如表 2-2-2 所示。

表 2-2-2　数值类型

数值型数据类型	中文解释	示例
int	整数类型	10；100；1000
float	浮点型	1.0；0.11；1e-12
bool	布尔类型	True；False
complex	复数类型	1+1j；0.123j；1+0j

【即学即练】

1．在 20、3.6、2+5j、False 中，_____属于整数类型。

2．_____函数，可以将小数部分四舍五入输出。

3．math.floor(5.2)、math.ceil(−9.9)、round(7.8)输出的结果分别为_____、_____、_____。

2.2.4　数据类型的转化

不同类型的数据之间可以进行转换。数据类型的转换，只需要将数据类型作为函数名即可。只不过在转换过程中，需要借助一些函数，如表 2-2-3 所示。

表 2-2-3　数据类型转换函数

函　　数	描　　述
int(x [,base])	将 x 转换为一个整数

函　　数	描　　述
float(x)	将 x 转换为一个浮点数
complex(real [,imag])	创建一个复数
chr(x)	将一个整数转换为一个字符
ord(x)	将一个字符转换为它的整数值
hex(x)	将一个整数转换为一个十六进制字符串
oct(x)	将一个整数转换为一个八进制字符串
bin(x)	将整数 x 转换为二进制串
type(x)	判断 x 的数据类型

1. int 函数转换示范

```
>>>int(3.14);int(0.25);int(-2.5);int()          #浮点型转整型
3
0
-2
0
>>>int(True);int(False)                          #布尔型转整型
1
0
>>>int(1+3j)                                     #复数转整型
Traceback (most recent call last):
   File "<input>", line 1, in <module>
TypeError: can't convert complex to int
```

值得注意的是，浮点数、布尔值都可以使用相应的函数转化为整数值，而复数类型的值无法转化成整数值。

2. bool 函数转化示范

```
>>>bool(1);bool(0)                               #整型转化为布尔型
True
False
>>>bool(3.3);bool(0.0)                           #浮点型转化为布尔型
True
False
>>>bool(1+3j);bool(5j)                           #复数类型转化为布尔型
True
True
>>>bool();bool(());bool("");bool([]);bool({})
False
False
False
False
False
```

【即学即练】

1．以下哪个是 Python 不支持的数据类型？（　　　）

A．char B．int C．float D．list

2．Python 支持数据类型，以下哪个说法是错误的？（　　　）

A．实部和虚部都是浮点数 B．表示复数的语法是 real+imagej

C．1+j 不是复数 D．虚部后缀 j 必须是小写形式

3．以下哪个函数可以将一个整数转化为十六进制字符串。（　　　）

A．chr() B．ord() C．hex() D．oct()

4．输入一个十进制整数，分别输出其二进制、八进制、十六进制数值。

2.2.5 输入和输出函数

1．input 输入函数

Python 提供了 input()内置函数，默认的标准输入是键盘。

input 函数用于获得用户数据输入，其格式如下：

```
变量=input("提示字符串")
```

其中，变量和提示字符串均可省略，input 可以接收一个 Python 表达式作为输入，并将运算结果返回。input 函数的返回值是字符串型的。

使用 input()函数可以给多个变量赋值，例如：

```
>>>x,y=int(input())
3,4
>>>x
3
>>>y
4
```

2．print 输出函数

在 Python 语言中，实现数据输出的方式有两种：一种是使用 print 函数，另一种是直接使用变量名来查看该变量的原始值。

print 函数可以用于打印输出数据，其语法结构如下：

```
print(<expression>)
```

print 函数语法结构中的<expression>单词为复数，其含义表达式可以有多个。如果有多个<expression>，则表达式之间用逗号（,）隔开，语法格式如下：

```
print([<expression>,<expression>,…,<expression>][,sep="分隔符"][,end="结束符"])
```

其中，输出项之间以逗号分隔，没有输出项时输出一个空行。sep 表示输出项之间的分隔符（默认以空格分隔），end 表示结束符并且不换行（如没有 end 则默认以回车换行结

束），print()函数从左至右求每一个输出项的值，并将各输出项的值依次显示在屏幕的同一行上。例如：

```
>>>print(10,20)
10 20
>>>print(10,20,sep=",")
10,20
>>>print(10,20,sep=",",end="*")
10,20*
```

第三次 print()函数调用时，以"*"作为结束符，并且不换行。在程序方式下运行下列语句，会看得更清楚。

```
>>>print(10,20,sep=",",end="*")
>>>print(30)
10,20*30
```

【例 2-3】学生成绩计算，从键盘输入一个学生的数学、语文、英语成绩，计算其总分与平均分。代码如下：

```
#计算学生成绩
math=float(input("请输入数学成绩："))
chinese=float(input("请输入语文成绩："))
english=float(input("请输入英语成绩："))
sum=math+chinese+english
print("总分：",sum,"平均分为：",sum/3)        #python 中用/表示除号
```

输出结果为：

```
请输入数学成绩：90
请输入语文成绩：90
请输入英语成绩：90
总分： 270.0 平均分为： 90.0
```

【即学即练】

学生参加体育测试，有三个单项，分别是短跑、3 分钟跳绳和跳远，每个单项的满分均为 100 分，且单项成绩为整数，单项成绩分别以 0.4、0.3 和 0.3 的权重计入测试总评成绩，输入一名学生的三个单项成绩，计算他的体育测评总评成绩。（提示：Python 语言中乘号用"*"表示）

2.2.6　格式化输出

格式化输出是指按照一定的格式输出，在 Python 中，我们较为常用的格式化输出方式就是利用"%"及 format()函数。

1. %格式化输出

格式化输出时，用运算符%分隔格式字符串与输出项，一般格式为：

格式字符串%（输出项 1，输出项 2，……输出项 n）

格式字符串由普通字符和格式说明符组成，普通字符原样输出，格式说明符决定所对应输出项的输出格式。格式说明符以%开头，后接格式标识符，例如：

```
>>>print("I love %s."%("python"))
I love python.
```

打印输出的内容("I love %s."%("python"))中有两个%，其中第一个%s 表示一个字符串的占位符，其作用是在字符串中占一个位置，为后面真正需要输出的字符串占据一个传入的空间，而第二个%后面的"python"才是真正要显示的内容，输出的时候，第二个%后面的字符串会代替前面用来占位的占位符，由此在执行输出操作的时候会输出一条完整的语句。

除了%s，还有很多类似格式说明符，如表 2-2-4 所示。

表 2-2-4　格式说明符

格式说明符	格式化结果
%%	百分号
%c	字符
%s	字符串
%d	带符号整数（十进制）
%o	带符号整数（八进制）
%x 或%X	带符号整数（十六进制，用小写字母或大写字母）
%e 或%E	浮点数字（科学计数法，用小写 e 或大写 E）
%f 或%F	浮点数字（用小数点符号）
%g 或%G	浮点数字（根据值的大小，采用%e、%f 或%E、%F）

下面例子中的%s 用于为字符串占位置，%d 表示格式化输出：

```
>>> print("my name is %s，I am %d years old."%("xiaoming",18))
my name is xiaoming，I am 18 years old.
```

这里的%d 则是为后面要输出的整数占位置。

```
>>>print("She is %f kg."%(47.8))
She is 47.800000kg.
>>>print("She is %.2f kg."%(47.8))
She is 47.80kg.
```

在这个例子中，%f 表示输出后面提供的浮点数，而%.2f 表示显示小数点后面的两位小数，也就是指定了保留小数点位数。

```
>>>'%6.2f'%1.235
'  1.24'
```

在格式说明符中出现了"6.2"，它表示的意义是，总共输出的长度为 6 个字符，其中小数部分占 2 位。

```
>>>'%06.2f'%1.235
'001.24'
```

默认情况下，print()输出的数据总是右对齐的。也就是说，当数据不够宽时，数据总是靠右边输出的，而在左边补充空格以达到指定的宽度。在上述操作中，在 6 的前面多了一个 0（数字 0），表示如果输出的位数不足 6 位就用 0 补足 6 位，类似于这里 0 的标记还有-，+。其中"+" 表示右对齐，正数前加正号，负数前加负号；"-"表示左对齐，正数前无符号，负数前加负号。

```
n = 123456
print("n(09):%09d" %n)          # %09d 表示最小宽度为 9，左边补 0
print("n(+9):%+9d" %n)          # %+9d 表示最小宽度为 9，带上符号
f = 140.5
print("f(-+0):%-+010f" %f)      # %-+010f 表示最小宽度为 10，左对齐，带上符号
s = "Hello"
print("s(-10):%-10s." %s)       # %-10s 表示最小宽度为 10，左对齐
f = 3.141592653
print("%8.3f" %f)               # 最小宽度为 8，小数点后保留 3 位
print("%08.3f" %f)              # 最小宽度为 8，小数点后保留 3 位，左边补 0
print("%+08.3f" %f)             # 最小宽度为 8，小数点后保留 3 位，左边补 0，带符号
```

输出结果为：

```
n(09):000123456
n(+9):  +123456
f(-+0):+140.500000
s(-10):Hello     .
   3.142
0003.142
+003.142
```

2. format 格式化输出

Python 从 2.6 版本开始，新增了一种格式化字符串，具体格式如下所示：

```
<模板字符串>.format(<逗号分隔的参数>)
```

其中，模板字符串是一个由字符串和槽组成的字符串，用来控制字符串和变量的显示效果，它增强了字符串格式化功能。槽用大括号（{}）表示，对应 format()方法中逗号分隔的参数。具体示例如下所示：

```
>>> "{} {}".format("hello", "world")          # 不设置指定位置，按默认顺序
'hello world'
>>> "{0} {1}".format("hello", "Python")       # 设置指定位置
'hello Python'
>>> "{1} {0} {1}".format("hello", "Tomorrow") # 设置指定位置
'Tomorrow hello Tomorrow'
```

如果模板字符串有多个槽，且槽内没有指定序号，则按照槽出现的顺序分别对应 format()方法中的不同参数。也可以通过 format()参数的序号在模板字符串槽中指定参数的

使用，参数从 0 开始编号。

3．format 的数字格式化

在序号后可以跟着一个冒号和格式说明符，这就允许对输出项进行更好的格式化。例如：{0:8}表示 format 中第一个参数为 8 个字符宽度，如果输出位数大于该宽度，就按实际位数输出；如果输出位数小于此宽度，默认右对齐，左边补空格。{1:.3}表示第二个参数除小数点外的输出位数是 3 位。具体实例如下：

```
>>> print("{:.2f}".format(3.1415926));         #保留小数点后两位
3.14
>>>print("{1:.3f},{0:.2f}".format(3.1415926,500))
500.000,3.14
```

当使用 format()方法格式化字符串时，首先需要在"{}"中输入":"（":"称为格式引导符），然后在":"之后分别设置<填充字符><对齐方式><宽度>，具体参考表 2-2-5 所示。

表 2-2-5　format()方法中的格式设置项

设置项	可选值
<填充字符>	"*"，"="，"-" 等，但只能是一个字符，默认为空格
<对齐方式>	^（居中）、<（左对齐）、>（右对齐）
<宽度>	一个整数，指格式化后整个字符串的字符个数

表 2-2-6 所示的是数字格式化输出的一些基本格式，其中包含一些格式限定符，不同的格式限定符起着不同的作用，例如："^"代表居中，"<"表示左对齐等。

表 2-2-6　数字格式化输出格式

数　字	格　式	输　出	描　述
3.1415926	{:.2f}	3.14	保留小数点后两位
3.1415926	{:+.2f}	+3.14	带符号保留小数点后两位
-1	{:+.2f}	-1.00	带符号保留小数点后两位
2.71828	{:.0f}	3	不带小数
5	{:0>2d}	05	数字补零（填充左边，宽度为 2）
5	{:x<4d}	5xxx	数字补 x（填充右边，宽度为 4）
1000000	{:, }	1，000，000	以逗号分隔的数字格式
0.25	{:.2%}	25.00%	百分比格式
1000000000	{:.2e}	1.00e+09	指数记法
13	{:10d}	13	右对齐（默认，宽度为 10）
13	{:<10d}	13	左对齐（宽度为 10）
13	{:^10d}	13	中间对齐（宽度为 10）

具体示例如下所示：

```
>>> "{:*^20}".format("Mike")        #宽度 20，居中对齐，"*"填充
'********Mike********'
>> "{:=<20}".format("Mike")         #宽度 20，左对齐，"="填充
'Mike============'
```

格式化输出单个数字的时候，可以使用内置的 format()函数，一般格式为：

```
format(输出项[, 格式字符串])
```

format()内置函数输出项按格式字符串中的格式说明符进行格式化，例如：

```
>>> x = 1234.56789
>>> format(x, '0.2f')
'1234.57'
```

4. eval 格式化输出

格式：eval(expression[,globals[,locals]])

作用：将字符串转成有效的表达式来求值或计算结果。示例如下：

```
num_one=input("请输入一个数字：")
print(num_one)
print(type(num_one))
num_two=eval(input("请输入一个数字："))
print(num_two)
print(type(num_two))
```

输出的结果为：

```
请输入一个数字：6
6
<class 'str'>
请输入一个数字：6
6
<class 'int'>
```

由上面的代码可以看出，同样的数字，在使用 eval()函数进行格式化后，输入数字的数据类型发生了变化，由原来字符串类型变成了整型。

【例 2-4】计算长方形的面积。

代码如下：

```
length=eval(input("请输入长度："))
width=eval(input("请输入宽度："))
area=length*width
print("长为{}，宽为{}的长方形面积为{}".format(length,width,area))
```

输出结果为：

```
请输入长度：5
请输入宽度：4
长为 5，宽为 4 的长方形面积为 20
```

【即学即练】

1．若 print 函数中有多个表达式，则用什么符号隔开？（   ）

A．句号（。）　　　　　B．逗号（,）　　　　　C．冒号（:）　　　　　D．引号（""）

2．输入直角三角形的两个直角边的长度 *a*、*b*，求斜边 *c* 的长度。

2.2.7　任务实现

【例 2-5】计算圆形的各参数。

【任务步骤】

（1）输入半径，输出面积及周长。

程序代码：

```
pi = 3.14                                  #设置常量
#输入半径，求周长、面积
r = eval(input("请输入半径的长："))          #输入圆形的半径
C = 2 * pi * r                             #计算圆形的周长
S = pi * r ** 2                            #计算圆形的面积
print('半径为',r,'的圆形，其周长等于',C,'，面积等于',S,'。')
```

（2）输入面积，输出半径及周长。

程序代码：

```
#输入面积，求半径、周长
pi = 3.14
S = eval(input("请输入圆的面积值："))         #输入圆形的面积
r = round(( S / pi) ** 0.5,2)             #计算圆形的半径，并保留两位小数
C = round( 2 * pi * r,2)                  #计算圆形的周长，并保留两位小数
print("面积为%d 的圆形，其半径为%.2f,其周长为%.2f"%(S,r,C))
```

（3）输入周长，输出半径及面积。

程序代码：

```
pi = 3.14
#输入周长，求半径、面积
C = eval(input("请输入周长的值："))          #输入圆形的周长
r = C / (2 * pi)                          #计算圆形的半径
S = pi * r ** 2                           #计算圆形的面积
print("周长为{}的圆形，其半径为{:.2f}，面积等于{:.2f}".format(C,r,S))
```

【任务解析】

关于公式中的常量 pi，这里取固定值 3.14，在 Python 语句中，平方用数学符号"**"表示，将在下一任务中具体介绍，本任务通过计算三个结果的公式，使用三种不同的 print 输出方法，都能达到最终的目的，但是 format 格式化输出较为灵活。

【任务结果】

```
请输入半径的长：3
半径为 3 的圆形，其周长等于 18.84，面积等于 28.26。
请输入周长的值：5
```

周长为 5 的圆形，其半径为 0.80，面积等于 1.99
请输入圆的面积值：5
面积为 5 的圆形，其半径为 1.26,其周长为 7.91

直击二级

【考点】本次任务中，"二级"考试考察的重点在于标识符的命名规则、正确区分关键字、了解 Python 的几种数据类型、掌握 Python 数据类型的转化、输入/输出函数的使用方法及格式化输出的不同方法。

1．若要在屏幕上打印出"Hello World"，以下选项中正确的是（　　　）。

A．print(Hello World)　　　　　　　B．print('Hello World')

C．printf（"Hello World"）　　　　　D．printf('Hello world')

2．以下选项中不是 Python 语言的保留字的是（　　　）。

A．for　　　　　　B．goto　　　　　　C．while　　　　　D．continue

3．下面代码输出的结果是（　　　）。

```
x=12.34
print(type(x))
```

A．<class 'complex'>　　　　　　　　B．<class 'int'>

C．<class 'float'>　　　　　　　　　　D．<class 'bool'>

4．关于 Python 浮点数类型，以下选项中错误的是（　　　）。

A．浮点数类型与数学中实数概念一致，表示带有小数的数值

B．浮点数类型有两种表现方式：十进制表示和科学计数法

C．Python 语言的浮点数可以不带小数部分

D．sys.float_info 可以详细列出 Python 解释器中运行系统的浮点各项参数

5．根据输入的字符串 s，输出一个宽度为 15 的字符，字符串 s 居中显示，以"="填充空格，如果输入的字符串超过 15 个字符，则输出字符串的前 15 个字符。例如：输入的字符串 s 为"PYTHON"，则输出"=====PYTHON====="。

```
s=input("请输入一个字符串：")
print(_____)
```

任务三　水仙花数

【任务描述】本任务判断一个数是否为水仙花数，所谓"水仙花数"是指一个三位数，其各位数字立方和等于该数本身。例如，153 是一个"水仙花数"，因为 $153=1^3+5^3+3^3$。

【任务分析】紧跟下面的步伐，可以学得更快呦！

（1）用 input 函数输入一个数

（2）求出百位数，十位数，个位数

（3）判断每位数的三次方之和是否与原数相等

Python 中提供了一系列便利的基础运算符，可用于数据分析。常用的运算符主要有算术运算符、赋值运算符、比较运算符。

2.3.1 算术运算符

算术运算符，在数学中就是用来处理四则运算的符号。而在 Python 中，这是最简单的，也是最常用的符号，尤其是数字的处理，几乎都会使用到算术运算符。常用的算术运算符如表 2-3-1 所示。

表 2-3-1 常用的算术运算符

运 算 符	描 述	示 例
+	加，两个对象相加	11+22 输出结果 33
−	减，即得到复数或是一个数减去另一个数	11−22 输出结果−11
*	乘，即两个数相乘或是返回另一个被重复若干次的字符串	11*22 输出结果 242
x/y	除，即 x 除以 y	11/22 输出结果 0.5
%	取模，即返回除法的余数	23%10 输出结果 3
x**y	幂，即返回 x 的 y 次方	3**3 输出结果 27
//	去整除，即返回商的整数部分	13//10 输出结果 1

算术运算符使用示范如下：

```
a = 21
b = 10
c = 0
print("1 - c 的值为：", c)
c = a - b
print ("2 - c 的值为：", c )
c = a * b
print ("3 - c 的值为：", c )
c = a / b
print ("4 - c 的值为：", c )
c = a % b
print ("5 - c 的值为：", c )
# 修改变量 a 、b 、c
a = 2
b = 3
c = a**b
print( "6 - c 的值为：", c )
a = 10
b = 5
c = a//b
print( "7 - c 的值为：", c )
```

输出结果为：

```
1 - c 的值为： 31
2 - c 的值为： 11
3 - c 的值为： 210
4 - c 的值为： 2.1
5 - c 的值为： 1
6 - c 的值为： 8
7 - c 的值为： 2
```

【例 2-6】编写程序实现圆锥体积的求解，比如：圆锥的底面半径为 4，高度为 6，求出圆锥的体积。

```
"""
该程序实现圆锥体积的计算
参数 1：r----圆锥底面的半径
参数 2：h----圆锥的高度
"""
PI=3.14   #定义常量 PI
r=eval(input("请输入圆锥的半径:"))   #从键盘获取半径
h=eval(input("请输入圆锥的高度: "))    #从键盘获取高度
V=1/3*PI*(r**2)*h        #根据圆锥体积的公式求解体积并存放在变量 V 中 print("圆锥的体积
为:",round(V,2))   #输出圆锥的体积
print("圆锥的体积为:",round(V,2))   #输出圆锥的体积
```

运行结果为：

```
请输入圆锥的半径:3
请输入圆锥的高度: 4
圆锥的体积为: 37.68
```

【即学即练】

1．在 Python 的算术运算符中，"%"的作用是_____。

2．263//15 的结果是_____。

3．3_____4 输出的结果为 81。

2.3.2 赋值运算符

赋值运算符中最常用的是等号（=）运算符，一开始可能会以为它表示"等于"，其实不然，它的作用是将一个表达式的值赋给一个左值。所谓左值是指一个能用于赋值运算符左边的表达式。左值必须能够被修改，不能是常量，我们可以用变量做左值，当然也可以将指针和引用作为左值，具体的赋值运算符如表 2-3-2 所示。

表 2-3-2 赋值运算符（假设变量 a 为 10，变量 b 为 20）

运 算 符	描 述	实 例
=	简单的赋值运算符	c = a + b 将 a + b 的运算结果赋值为 c
+=	加法赋值运算符	c += a 等效于 c = c + a

运　算　符	描　　述	实　　例
-=	减法赋值运算符	c -= a 等效于 c = c - a
*=	乘法赋值运算符	c *= a 等效于 c = c * a
/=	除法赋值运算符	c /= a 等效于 c = c / a
%=	取模赋值运算符	c %= a 等效于 c = c % a
**=	幂赋值运算符	c **= a 等效于 c = c ** a
//=	取整除赋值运算符	c //= a 等效于 c = c // a

赋值运算符使用示范：

```
a = 10
b =20
c = 0
print("1 - c 的值为：", c)
c += a
print("2 - c 的值为：", c )
c *= a
print("3 - c 的值为：", c)
c /= a
print("4 - c 的值为：", c)
c = 2
c %= a
print("5 - c 的值为：", c)
c **= a
print("6 - c 的值为：", c)
c //= a
print("7 - c 的值为：", c )
```

输出的结果为：

```
1 - c 的值为：  30
2 - c 的值为：  40
3 - c 的值为：  400
4 - c 的值为：  40.0
5 - c 的值为：  2
6 - c 的值为：  1024
7 - c 的值为：  102
```

【即学即练】

1．赋值运算符是在算术运算符的基础上在末尾加上_____。

2．x/=y 等效于_____。

3．取整赋值运算符的书写格式为_____。

2.3.3　比较运算符

比较运算符是指可以使用运算符（见表 2-3-3）比较两个值，当用运算符比较两个值时，其结果是一个逻辑值，不是 True（成立）就是 False（不成立）。比较运算符一般用于数值的比较，也可用于字符的比较。当两个数值比较结果正确时返回 True，否则返回 False。

表 2-3-3　比较运算符（假设变量 a 为 10，变量 b 为 20）

运 算 符	描　　述	实　　例
x==y	等于——比较对象是否相等	(a == b) 返回 False
x!=y	不等于——比较两个对象是否不相等	(a != b) 返回 True
x>y	大于——返回 x 是否大于 y	(a > b) 返回 False
x<y	小于——返回 x 是否小于 y。所有比较运算符返回 1 表示真，返回 0 表示假。这分别与特殊的变量 True 和 False 等价	(a < b) 返回 True
x>=y	大于等于——返回 x 是否大于等于 y	(a >= b) 返回 False
x<=y	小于等于——返回 x 是否小于等于 y	(a <= b) 返回 True

比较运算符使用示范：

```
>>>a=10
>>>b=20
>>>a<=b
True
>>>a>=b
False
>>>a!=b
True
>>>a==b
False
```

【即学即练】

1．运用赋值运算符比较两个数，正确返回_____，否则返回_____。

2．"!="的作用是_____。

2.3.4　逻辑运算符

在形式逻辑中，逻辑运算符或逻辑联结词把语句连接成更复杂的复杂语句，逻辑运算符包括 and、or 和 not，如表 2-3-4 所示。假设有两个逻辑命题，分别是"正在下雨"和"我在屋里"，我们可以将它们组成复杂命题"正在下雨，**并且**我在屋里"或"**没有**正在下雨"或"**如果**正在下雨，**那么**我在屋里"。

表 2-3-4　逻辑运算符（假设变量 a = 10，b = 20）

运算符	逻辑表达式	描　　述	实　　例
and	x and y	逻辑"与"——如果 x 为 False，x and y 返回 False，否则它返回 y 的计算值	(a and b) 返回 20

运算符	逻辑表达式	描 述	实 例
or	x or y	逻辑"或"——如果 x 是非 0 值，它返回 x 的值，否则它返回 y 的计算值	(a or b) 返回 10
not	not x	逻辑"非"——如果 x 为 True，返回 False。如果 x 为 False，它返回 True	not(a and b)返回 False

一个将两条语句组成的新的语句或命题叫作复合语句或复合命题。

逻辑运算符使用示范：

```
>>>x=11
>>>y=22
>>>x and y
22
>>>x or y
11
>>>not(x and y)
False
```

常用案例如下。

（1）表示能被 2 和 5 同时整除的表达式：

(n%2==0)and(n%5==0)

（2）表示能被 2 或者被 5 整除的表达式：

(n%2==0)or(n%5==0)

（3）既不能被 2 整除也不能被 5 整除的表达式：

not((n%2==0)and(n%5==0))

【例 2-7】写出一个可以判断一个数能被 5 或者 7 整除，但是不能被 5 和 7 同时整除的表达式。

```
num = int(input('请输入一个数字：'))
print((num % 5 ==0 or num % 7 == 0) and (num % 5 !=0 or num % 7 != 0))
print((num % 5 ==0 or num % 7 == 0) and (not (num % 5 ==0 and num % 7 == 0)))
```

输出结果为：

```
请输入一个数字：56              #随机输入一个数字，此处输入的数字为56
True
True
```

【解析】True 表示符合以上判断语句的要求，但是，若输出为 False，则表示输入的数字不符合判断的要求。由输出的结果可知，56 满足能被 7 但是不能被 5 整除的要求，因此输出的结果为 True。

【即学即练】

1．逻辑运算符有_____、_____、_____。

2．假设 a=11，b=22，a and b 输出的结果是_____。

3．逻辑"非"对应的运算符为_____。

4．假设 x=1，那么执行下面的语句后的输出是_____。

```
>>>x=1
>>>x+=4+5**2
>>>print(x)
```

2.3.5　成员运算符

成员运算符的作用是判断某指定值是否存在于某一序列中，包括字符串、列表或元组，如表 2-3-5 所示。在成员运算符中，对于成员的运算不仅包含判断值的大小，还包括类型的判断。

表 2-3-5　成员运算符

运算符	描　述	实　例
in	如果在指定的序列中找到值返回 True，否则返回 False	x 在 y 序列中，则 x in y 返回 True
not in	如果在指定的序列中没有找到值返回 True，否则返回 False	x 不在 y 序列中，则 x not in y 返回 True

成员运算符使用示范：

```
>>>List=[1,2,3,[4,5],'python']      #初始化列表 List
>>>1 in List                        #查看 1 是否在列表内
True
>>> [2] in List                     #查看[2]是否在列表内
False
>>>[4,5] in List                    #查看[4,5]是否在列表内
True
```

【例 2-8】判断字母"h"是否在字符串"Hello Python"中。

```
print("h"in"Hello Python")
```

输出结果为：

```
True
```

【即学即练】

1．成员运算符有_____、_____。

2．成员运算符的作用是_____。

3．使用 not in 时，如果在指定的序列中没有找到值，则返回_____。

2.3.6　身份运算符

身份运算符用于比较两个对象的存储单元，如表 2-3-6 所示。

表 2-3-6　身份运算符

运算符	描　述	实　例
is	is 用于判断两个标识符是不是引用自一个对象	x is y，类似 id(x) == id(y)，如果引用的是同一个对象则返回 True，否则返回 False
is not	is not 用于判断两个标识符是不是引用自不同对象	x is not y，类似 id(a) != id(b)。如果引用的不是同一个对象则返回结果 True，否则返回 False

在身份运算中，内存地址相同的两个变量进行 is 运算时，返回 True；内存地址不同的两个变量进行 is not 运算时，返回 True。

身份运算符使用示范：

```
>>>a=11;b=22;
>>>a is b;
False
>>>a is not b
True
>>>id(a)
1347990912
```

但是，在使用身份运算符的时候，需要注意"is"和"=="的区别："is"用于判断两个对象是否为同一个，"=="用于判断引用变量的值是否相等。具体示例如下：

```
>>>a = [1, 2, 3]
>>> b = a
>>> b is a
True
>>> b == a      #a 的引用赋值给 b，在内存中其实是指向了同一个对象
True
>>> b = a[:]    #b 通过切片操作重新分配了对象，但是值和 a 相同
>>> b is a
False
>>> b == a
True
```

【即学即练】

1．身份运算符用于_____。

2．在身份运算符中，内存地址相同的两个变量进行 is 运算时，返回_____。

3．x=24，y=12，x is y 输出的结果为_____。

2.3.7　运算符优先级

如果有一个诸如 3+5*6 的表达式，是优先完成加法运算还是优先完成乘法运算呢？基础数学知识会告诉我们先完成乘法运算再进行加法运算，这意味着乘法运算符的优先级要高于加法运算符。

在 Python 的应用中，通常运算的形式是表达式。表达式由运算符和操作数组成。比

如 1+2 就是一个表达式，"+"是操作符，"1"和"2"是操作数。

　　一个表达式往往不止包含一个运算符，当一个表达式存在多个运算符时，要按运算符的优先级来运算。各运算符的优先级如表 2-3-7 所示，处于同一级的优先级运算符从左到右依次运算。Python 还支持运算次序，因此可以在任何一个表达式中使用多种运算，再通过添加括号来改变运算次序。

表 2-3-7　运算符优先级

运算符	描述
**	指数（最高优先级）
~, +, -	按位翻转、一元加号和减号（最后两个的方法名为 +@ 和 -@）
*, /, %, //	乘、除、取模和取整除
+, -	加法、减法
>>, <<	右移、左移运算符
&	位'AND'
^, |	位运算符
<=, <, >, >=	比较运算符
<>, ==, !=	等于运算符
=, %=, /=, //=, -=, +=, *=, **=	赋值运算符
is，is not	身份运算符
in，not in	成员运算符
not，and，or	逻辑运算符

运算符优先级使用示范：

```
a = 20
b = 10
c = 15
d = 5
e = 0
e = (a + b) * c / d
print("(a + b) * c / d 运算结果为：", e)
e = ((a + b) * c) / d
print("((a + b) * c) / d 运算结果为：", e)
e = (a + b) * (c / d)
print("(a + b) * (c / d) 运算结果为：", e)
e = a + (b * c) / d
print("a + (b * c) / d 运算结果为：", e)
```

输出的结果为：

```
(a + b) * c / d 运算结果为：   90.0
((a + b) * c) / d 运算结果为：   90.0
(a + b) * (c / d) 运算结果为：   90.0
a + (b * c) / d 运算结果为：   50.0
```

【即学即练】

1．处于同一级的优先级运算符＿＿＿＿依次计算。

2．"<=、<、>、>="属于＿＿＿＿运算符。

3．a=12，b=8，c=4，e=a+b*c，e 的值为＿＿＿＿。

4．Python 表达式中，可以使用（　　）控制运算的优先顺序。

A．圆括号()　　　　B．方括号[]　　　　C．大括号{}　　　　D．尖括号<>

2.3.8　常用的内置数值函数

Python 有一类函数叫内置函数（Built-in Function）。Python 内置函数包含在模块 builtins 中，该模块在启动 Python 解释器时自动装入内存，而其他模块函数都要使用 import 语句导入后才会装入内存，常用的数值运算函数如表 2-3-8 所示。

表 2-3-8　内置数值函数

函数	描述
abs(x)	求 x 的绝对值
divmod(x,y)	输出（x//y,x%y)，返回值是 x/y 取商和 x/y 取余数的结果
pow(x,y[,z])	输出（x**y）%z，[]表示可选参数，表示如果使用了 z，其结果是 x 的 y 次方再对 z 求余数，当 z 省略的时候，等价于 x**y
round(x[,ndigits])	对 x 进行四舍五入操作，保留 ndigits 位小数，当 ndigits 省略的时候，返回 x 四舍五入后的整数值
max(x1,x2,......,xn)	返回 x1,x2,......,xn 中的最大值
min(x1,x2,......,xn)	返回 x1,x2,......,xn 中的最小值
exp(x)	返回以 e（自然对数的底）的 x 次幂

内置数值运算函数使用示例：

```
>>>abs(-2)
2
>>>divmod(28,12)
(2,4)
>>>round(3.1415,2)
3.14
>>>pow(2,3)
8
>>>max(2,5,0,-4)
5
>>>min(2,5,0,-4)
-4
```

【例 2-9】从键盘输入 3 个数作为三角形的边长，在屏幕上输出由这 3 个边长构成三角形的面积（结果四舍五入保留 3 位小数）。

设 p 是三角形周长的一半，$p=（a+b+c）/2$

面积公式则为：

$$S = \sqrt{p*(p-a)*(p-b)*(p-c)}$$

代码如下：

```
a,b,c = eval(input("请输入三角形三条边的长："))
p = (a+b+c)/2
area = pow(p * (p-a)*(p-b)*(p-c),0.5)
print("三角形的面积是",round(area,3))
```

输出结果为：

```
请输入三角形三条边的长：3,4,5
三角形的面积是 6.0
```

2.3.9　任务实现

【例 2-10】判断一个数是否是水仙花之数。

程序代码：

```
num=eval(input("请输入一个三位数："))
bw=num//100              #获取百位数
sw=num//10%10            #获取十位数
gw=num%10                #获取个位数
if num==bw**3+sw**3+gw**3:
    print("{}是水仙花数".format(num))
else:
    print("{}不是水仙花数".format(num))
```

【任务解析】

通过 input 函数输入一个三位数，再通过 eval 函数将其转为数值类型，通过//、%等操作，分别获取百位数、十位数及个位数。最后用 if 语句判断 num 的值是否与每位数的三次方的和一致，如果一致则 num 是水仙花数，否则不是水仙花数。

【任务结果】

```
请输入一个三位数：407
407 是水仙花数
```

直击二级

【考点】本次任务中，"二级"考试考察的重点在于对几种不同运算符的使用方法，掌握不同运算符的功能、在程序中的作用及它们的输出值和默认参数。

1．以下选项中，输出结果是 False 的是（　　　）。

A．5 is 5　　　　　　B．5 is not 4　　　　　C．5 != 4　　　　　D．False != 0

2．关于 Python 语言数值操作符，以下选项中描述错误的是（　　　）。

A．x/y 表示 x 与 y 之商

B．x//y 表示 x 与 y 之整数商，即不大于 x 与 y 之商的最大整数

C．x**y 表示 x 的 y 次幂，其中，y 必须是整数

D．x%y 表示 x 与 y 之商的余数，也称为模运算

3．下面代码执行的结果是（　　　　）。

```
>>>1.23e-4+5.67e+8j.real
```

A．0.000123　　　　　B．1.23　　　　　　C．5.67e+8　　　　　D．1.23e4

4．仅用 Python 的基本语法，即不使用任何模块编写 Python 程序计算下列数学表达式的结果并输出，小数点后保留三位。

$$x = \sqrt{\frac{3^4 + 5 \times 6^7}{8}}$$

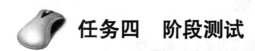

任务四　阶段测试

一、选择题

1．以下哪个数字是八进制的？（　　　　）

A．0b072　　　　　B．0a1010　　　　　C．0o711　　　　　D．0x456

2．以下哪个字符串是合法的？（　　　　）

A．"abc'def'ghi"　　　　　　　　　　B．"I "love" python"

C．"I love python"　　　　　　　　　D．'I love'python'

3．以下哪个是 Python 不支持的数据类型？（　　　　）

A．char　　　　　B．float　　　　　C．int　　　　　D．list

4．以下哪个函数可以同时作用于数字类型和字符串类型？（　　　　）

A．len()　　　　　B．complex()　　　　　C．type()　　　　　D．bin()

5．下列标识符中合法的是（　　　　）。

A．i'm　　　　　B．_　　　　　C．3Q　　　　　D．for

6．关于 Python 中的复数，下列说法错误的是（　　　　）。

A．表示复数的语法形式是 a+bj　　　　B．实部和虚部都必须是浮点数

C．虚部必须加后缀 j，且必须是小写　　D．函数 abs()可以求复数的模

7．语句 eval（'2+4/5'）执行后的输出结果是（　　　　）。

A．2.8　　　　　B．2　　　　　C．2+4/5　　　　　D．'2+4/5'

8．整型变量 x 中存放了一个两位数，要将这个两位数的个位数字和十位数字交换位置，例如，13 变成 31，正确的 Python 表达式是（　　　　）。

A．（x%10）*10+x//10　　　　　　　B．（x%10）//10+x//10

C．（x/10）%10+x//10　　　　　　　D．（x%10）*10+x%10

9．数学表达式对应的 Python 表达式中，不正确的是（　　　　）。

A．c*d/(2*a*b)　　　B．c/2*d/a/b　　　　C．c*d/2*a*b　　　D．c*d/2/a/b

10．以下选项（　　）不是 Python 的关键字。

A．and　　　　　　　B．Fasle　　　　　　C．if　　　　　　　D．true

11．以下（　　）是不合法的表达式。

A．x in [1,2,3,4,5]　　B．x-6>5　　　　C．e>5 and 4==f　　D．3=a

12．将数学式 2<*x*≤10 表示成正确的 Python 表达式为（　　）。

A．2<x<=10　　　　B．2<x and x<=10　C．2<x && x<=10　D．x>2 or x <=10

13．与关系表达式 x==0 等价的表达式是（　　）。

A．x=0　　　　　　　B．not x　　　　　　C．x　　　　　　　D．x!=1

14．下列表达式的值为 True 的是（　　）。

A．2!=5 or 0　　　　B．3>2>2　　　　　C．5+4j>2-3j　　　D．1 and 5==0

二、填空题

1．在 Python 中，int 表示的数据类型是_____。

2．布尔类型的值包括_____和_____。

3．Python 的浮点数占_____个字节。

4．如果要在计算机中表示浮点数 $1.2*10^5$，则表示方法为_____。

5．若 a=1，b=2，那么（a or b）的值为_____。

6．若 a=10，那么 bin(a)的值为_____。

7．如果想测试变量的类型，可以使用_____来实现。

8．Python 表达式 1/2 的值为_____，1//3+1//3+1//3 的值为_____，5%3 的值为_____。

9．计算 $2^{31}-1$ 的 Python 表达式是_____ 或 _____。

10．若 a=10，b=20，那么（a and b）结果为_____。

11．数学表达式 $\dfrac{e^{|x-y|}}{3^x+\sqrt{6}\sin y}$ 的 Python 表达式为_____。

12．表达式 2<=1 and 0 or not 0 的值是_____。

13．已知 ans='n'，则表达式 ans=='y' or 'Y'的值为_____。

14．Python 提供了两个对象身份比较运算符_____和_____来测试两个变量是否指向同一个对象。

15．在直角坐标中，x、y 是坐标系中任意点的位置，用 x 和 y 表示第一象限或第二象限的 Python 表达式为_____。

16．已知 a=3，b=5，c=6，d=True，则表达式 not d or a>=0 and a+c>b+3 的值是_____。

17．Python 表达式 16−2*5>7*8/2 or "XYZ"!="xyz" and not（10−6>18/2）的值为_____。

18．下列 Python 语句的运行结果是_____。

```
x=True
y=False
z=False
print(x or y and z)
```

三、判断题

1. 一般的语言都是通过大括号（{}）来标识代码块的。 （   ）
2. 标识符可以由字母、数字和下画线组成，有时可以以数字开头。 （   ）
3. 单行注释通常以双引号开头。 （   ）
4. 反斜杠（\）可以实现对语句的换行。 （   ）
5. 变量名可以包含字母、数字和下画线，且不区分大小写。 （   ）
6. 在 Python 的 6 个变量类型中，列表和元组是不可变数据类型。 （   ）
7. Python 语言是非开源语言。 （   ）
8. Python 语言采用严格的"缩进"来表明程序的格式框架。 （   ）

四、操作题

1. 使用运算符按要求计算指定参数表达式：

（1）已知圆的周长为 25.12，通过表达式计算圆的半径和面积（圆周率 pi=3.14）。

（2）输入一个长方体的长、宽、高，通过表达式计算长方体的表面积和体积。

2. 写代码获取数字 12345 中的每一位数。

3. 输入直角三角形的两个直角边的长度 a，b，求斜边 c 的长度。

4. 编写一个程序，用于实现两个数的交换。

项目三 Python 流程控制语句

【知识目标】

➢ 理解 Python 程序常用的结构
➢ 掌握 Python 的单分支结构、双分支结构和多分支结构
➢ 掌握 Python 的 for 循环结构和 while 循环结构
➢ 掌握占位语句和中断语句结构

【能力目标】

➢ 能够使用 Python 的 if 语句进行流程控制
➢ 灵活运用循环语句解决实际问题
➢ 可以正确区分并使用占位语句和中断语句
➢ 会使用所学的流程控制语句编写简单的小游戏

【情景描述】

代码君在学习和生活中发现，人生就是一个不断做选择题的过程，有的人做的是单选题，只有一条路可以走；但有的人做的是多选题，他们有多个选择的机会。编程语言可以模拟人类生活的方方面面，程序员就像是可以掌握命运的"上帝"，可以通过编程语言中的关键字来控制程序的执行过程，这些关键字的组成就是流程控制语句。而代码君在学习流程控制语句之余，也巧妙地利用它解决了一些生活上的问题，快来看看吧！

 任务一 合理安排工资

【任务描述】工资分配问题一直是让许多上班族头疼的问题，如果不提前做好预算，就会导致入不敷出；但是如果提前计划好如何分配，可以让工资的使用率最大化。本次任务我们将学习 Python 流程控制语句的基础——双分支结构和 if 嵌套，利用这些知识编写一个程序来达到合理分配工资的目的。

【任务分析】紧跟下面的步伐，可以让我们学得更快哦!

(1) 询问是否发了工资，发了多少钱

(2) 计算还了信用卡后还剩多少钱

(3) 将剩下的钱做一个简单的规划

(4) 若工资没有剩余，就输出"本月工资规划完毕，没有剩余"

3.1.1　单分支结构（if）

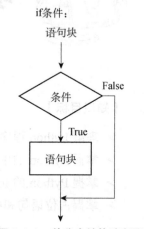

单分支结构流程图，如图 3-1-1 所示。若输入的结果符合条件，为 True，则执行语句块，然后执行 if 语句的后续语句。若为 False，则直接执行 if 语句的后续语句。

> 注意:
>
> 1. 每个条件后面都要使用冒号（:），表示接下来是满足条件后要执行的语句块。
>
> 2. 使用缩进来划分语句块，相同缩进数的语句在一起组成一个语句块。

图 3-1-1　单分支结构流程图

【例 3-1】单分支询问发放工资。

```
money=int(input("今天是否发了工资（发了就回复 1，没发就回复 0）: "))
if money==1:
    print("发工资了")
print("该还信用卡的钱了")
```

输出结果为:

```
今天是否发了工资（发了就回复 1，没发就回复 0）: 1
发工资了
该还信用卡的钱了
```

在输出的结果中，我们假设发工资回复 1，程序就执行语句块，但同时也执行了后续语句，后续语句的执行与是否满足条件无关。

> 注意:
>
> 1. 因为 Python 中把非零当成"真"，零当成"假"，所以条件表达式的结果不一定为 True 或 False，满足条件即为 True。
>
> 2. 后续语句大多是与 if 同位的语句，与其是否满足条件无关。

【例 3-2】用户使用键盘输入两个任意整数 a 和 b，比较 a 和 b 的大小，并输出 a 和 b，其中 a 为输入的两个整数中的较大者。

```
a=int(input("请输入整数 a:"))
b=int(input("请输入整数 b:"))
```

```
print("输入值 a={},b={}".format(a,b))
if a<b:
    a,b=b,a
print("比较后的值 a={},b={}".format(a,b))
```

输出结果为：

```
请输入整数 a:3
请输入整数 b:4
输入值 a=3,b=4
比较后的值 a=4,b=3
```

【即学即练】

1. 输入一个数，如果大于 0 便输出"这个数是正数"。

2. 输入成绩，判断成绩是否及格了。

3.1.2 双分支结构（if...else...）

1. 双分支结构一般格式

双分支结构的一般格式为：

```
if 条件:
    语句块 1
else:
    语句块 2
```

双分支结构语句的执行过程（图解析），如图 3-1-2 所示。若输入的结果符合条件为 True，则执行语句块 1；否则结果为 False，执行语句块 2。无论是 True 还是 False，执行完语句块后，都将执行其后续语句。

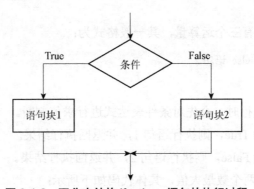

图 3-1-2 双分支结构 if...else...语句的执行过程

【例 3-3】 使用双分支结构编写程序判断是否发了工资。

```
money=int(input("今天是否发了工资（发了就回复 1，没发就回复 0）："))
if money==1:
    print("发工资了")
else:
```

```
        print("工资还没到，请耐心等候。")
```

输出结果为：

```
今天是否发了工资（发了就回复 1，没发就回复 0）：1
发工资了
```

再思考，如果输入的数为 0 呢？

那么，输出的结果则为：

```
今天是否发了工资（发了就回复 1，没发就回复 0）：0
工资还没到，请耐心等候。
```

由此可看出，双分支结构在运行时，每次只能执行一个分支。这与单分支结构相比显得更加全面，若是问题只有两种结果则可以使用双分支结构进行解决。

> 注意：该结构程序运行时，每次只能执行一个分支，所以在检查结构程序正确性时，设计的原始数据应该包括每一种情况，保证每一条分支都检查到。

【例 3-4】输入一个整数，输出其绝对值。

```
n=eval(input("请输入一个数："))
if n>=0:
    print(n)
else:
    print(-n)
```

输出结果为：

```
请输入一个数：-5
5
```

2. 条件运算符

Python 的条件运算有三个运算量，其一般格式为：

```
语句 1 if 条件表达式 else 语句 2
```

执行流程：

① 条件运算符在执行时，会先对条件表达式进行求值判断。

② 如果判断结果为 True，则执行语句 1，并返回执行结果。

③ 如果判断结果为 False，则执行语句 2，并返回执行结果。

用条件运算符表示两个数最大值，具体代码如下所示：

```
x,y=40,30
z=x if x>y else y
print("最大值为：",z)
```

输出结果为：

```
最大值为： 40
```

如果条件 x>y 满足，则条件运算取 x 的值，否则取 y 的值，即取 x，y 中较大的值。

使用条件运算表达式可以使程序简洁明了。例如，赋值语句"z=x if x>y else y"中使用了条件运算表达式，很简洁地表示了判断变量 x 与 y 的较大值并赋给变量 z 的功能。

【即学即练】

1．编写程序，乘客过安检时，判断乘客是否买票，乘客有票输出"可以进站"；若没有票则输出"请买票进站"。

2．编写一段代码，判断同学成绩是否及格。

3．输入一个整数，判断它是奇数还是偶数。

3.1.3 多分支结构（if...elif...else...）

多分支结构的一般格式为：

```
if 条件 1:
    语句块 1
elif 条件 2:
    语句块 2
elif 条件 3:
    语句块 3
…其他 elif 语句…
else:
    语句块 n
```

多分支结构的执行过程如图 3-1-3 所示。当条件 1 满足时，执行语句块 1；若满足条件 2，则执行语句块 2，否则看是否满足条件 3，若所有条件都不符合则执行 else 语句后的语句块 n。无论有多少条分支，只要满足了其中一个分支后，其余分支将不再执行。

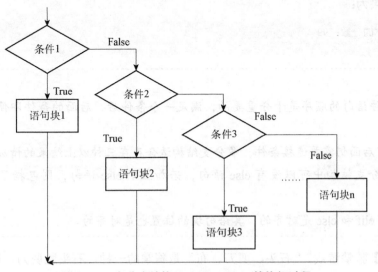

图 3-1-3　多分支结构 if...elif...else...的执行过程

【例 3-5】还信用卡后剩余多少钱？

```
owe_money=int(input("欠信用卡多少钱？"))        # 欠信用卡的钱
offer_money=int(input("发了多少工资："))          # 发了多少工资
remaining_money=offer_money-owe_money            # 剩下的钱
if remaining_money==0:
    print("工资花完了，得好好努力赚钱了。")
elif remaining_money>0:
    print("先还信用卡的钱！你还剩%s，可以 happy 了"%remaining_money)
else:
    print("先还一点，下月要努力了啊！")
```

输出结果为：

```
欠信用卡多少钱？1000
发了多少工资：3000
先还信用卡的钱！你还剩 2000，可以 happy 了
```

通过上面的代码我们可以看出，当我们输入的工资大于所欠的钱时，程序执行的是 elif 语句块。

【例 3-6】输入一个学生的成绩，分别按照[90，100]，[80，90)，[60，80)，[0，60)的范围分别划分优秀、良好、及格、不及格的等级。

```
score=int(input("请输入你的分数："))
if score<=100 and score>=90:
    print("优秀")
elif score<90 and score>=80:
    print("良好")
elif score<80 and score>=60:
    print("及格")
elif score<=60:
    print("不及格")
```

输出结果为：

```
请输入你的分数：99
优秀
```

注意：

1. 条件语句的顺序是十分重要的，满足一个条件后，后面的条件即便满足也不会运行。

2. elif 后面仍需要连接条件，多分支结构适合存在三种以上结果的情况。

3. 多分支结构中可以没有 else 语句，若加上了 else 语句，则包括了几乎所有的结果。

4. if、elif 和 else 是对齐的，其语句块的位置也是对齐的。

【例 3-7】猜拳游戏，"石头、剪刀、布"是猜拳的一种，石头胜剪刀，剪刀胜布，布胜石头。

代码如下：

```
import random                              #导入随机数库
player_input = input("请输入(0 剪刀、1 石头、2 布:)")
player = int(player_input)
computer = random.randint(0, 2)            #调用随机库中随机整数函数
if (player == 0 and computer == 2) or (player == 1 and computer == 0) or (player == 2 and computer == 1):
    print("电脑出的拳头是%s,恭喜，你赢了!" % computer)
elif (player == 0 and computer == 0) or (player == 1 and computer == 1) or (player == 2 and computer
== 2):
    print("电脑出的拳头是%s,打成平局了!" % computer)
else:
    print("电脑出的拳头是%s 你输了，再接再厉！" % computer)
```

输出结果为：

```
请输入(0 剪刀、1 石头、2 布):0
电脑出的拳头是 2,恭喜，你赢了!
```

【即学即练】

1．判断数字是正数、负数还是零。

2．输入 0～6 的整数，把它作为星期几，其中 0 对应星期日，1 对应星期一，…，输出 Sunday，Monday，Tuesday，Wednesday，Thursday，Friday，Saturday。

3．根据用户的身高和体重，计算用户的 BMI 指数，并给出相应的健康建议。BMI 指数，即身体质量指数，是用体重（kg）除以身高（m）的平方得出的数字[BMI=体重（(kg)÷身高（m)²]，是目前国际上常用的衡量人体胖瘦程度及是否健康的标准。下面先来看看标准 BMI 数值：

过轻：低于 18.5；

正常：18.5～23.9；

过重：24-～27.9；

肥胖：28～32；

过于肥胖：32 以上。

4．猜数字游戏：系统随机生成一个 1 至 100 之间的整数，用户输入所猜的整数。对系统生成的值和用户输入的值进行比较，分别输出结果"猜大了"、"猜小了"或"猜对了"。

3.1.4 if 嵌套

if 嵌套指的是在 if 或 if-else 语句中包含 if 或 if-else 语句。其嵌套格式有以下几种。

1．if 嵌套的基本格式

if 嵌套的基本格式为：

```
if 条件 1:
    语句块 1
    if 条件 2:
```

```
        语句块 2
    elif 条件 3:
        语句块 3
    else:
        语句块 4
elif 条件 5:
    语句块 5
else:
    语句块 6
```

2. if 嵌套解析

根据对齐格式来确定 if 语句之间的逻辑关系，第一个 else 与第二个 if 配对，最后一个 else 与第一个 if 配对，只有在满足了第一个 if 的条件下，才可执行条件 2 的判断。

为了使嵌套层次清晰明了，在程序的书写上往往采用缩进格式，即不同层次的 if...else 出现在不同的缩进级别上。

【例 3-8】一元二次方程的解。输入一元二次方程的系数 a，b，c，求方程的根。

根据数学知识，一元二次方程为

$$ax^2+bx+c=0$$

如果 $b^2-4ac \geq 0$，则有两个根：

$$x_{1,2} = \frac{-b \pm \sqrt{b^2-4ac}}{2a}$$

```python
import math
a=float(input("a="))
b=float(input("b="))
c=float(input("c="))
if a!=0:
    d=b*b-4*a*c
    if d>0:
        d=math.sqrt(d)
        x1=(-b+d)/2/a
        x2=(-b-d)/2/a
        print("x1=",x1,"x2=",x2)
    elif d==0:
        print("x1,x2=",-b/2/a)
    else:
        print("无实数解")
else:
    print("不是一元二次方程")
```

输出结果为：

```
a=1
b=4
c=4
x1,x2=   -2.0
```

【例 3-9】判断三角形的形状。

输入三个数作为三角形的三条边长。在三条边都大于 0 的前提下，当任意两边之和大于第三边时，若三边都相等则是等边三角形，若任意两边相等则是等腰三角形，否则为一般三角形。如果任意两边和不大于第三边，则是非三角形。如果输入了小于 0 的数，则输出"输入的边长不正确，程序终止。"。

```
a=eval(input("输入第一条边长:"))
b=eval(input("输入第二条边长:"))
c=eval(input("输入第三条边长:"))
if (a>0)and(b>0)and(c>0):
    if (a+b>c)and(a+c>b)and(b+c>a):
        if (a==b)and(a==c):
            print("等边三角形")
        elif (a==b)or(b==c)or(a==c):
            print("等腰三角形")
        else:
            print("一般三角形")
    else:
        print("非三角形")
else:
    print("输入的边长不正确，程序终止。")
```

输出结果为：

```
输入第一条边长:3
输入第二条边长:3
输入第三条边长:4
等腰三角形
```

【即学即练】

1．输入一个数，判断它是否能被 2 和 3 整除。

2．用 if 的嵌套，将学生成绩分成 4 个分数段：85 分以上的为优秀，70～84 分的为良好，60～69 分的为及格，60 分以下的为不及格。

3．硅谷公司员工的工资计算方法如下：

（1）工作时数超过 120 小时者，超过部分加发 15%。

（2）工作时数低于 60 小时者，扣发 700 元。

（3）其余按每小时 84 元计发。

输入员工的工号和该员工的工作时数，计算应发工资。

3.1.5　任务实现

【例 3-10】工资的分配问题：发了工资后，对于工资需要进行合理分配，先还信用卡的钱，如果不够则先还一点，下月再努力；如果工资刚好还完，本月工资规划完毕，没有剩余，得好好努力赚钱；如果有剩余，则算出还剩多少。

【任务步骤】

```
owe_money=int(input("欠信用卡多少钱："))      # 欠信用卡的钱
money=int(input("今天是否发了工资（发了就回复1，没发就回复0）："))    # 是否发工资
if money==1:
    offer_money=int(input("发了多少工资："))   # 发了多少工资
```

```
remaining_money=offer_money-owe_money    # 剩下的钱
if remaining_money==0:
    print("本月工资规划完毕，没有剩余。")
elif remaining_money>0:
    print("先还信用卡的钱！你还剩%s！"%remaining_money)
else:
    print("先还一点，下月要努力了啊！")
else:
    print("工资还没到，请耐心等候。")
```

【任务解析】

当回复 1，程序便自动算出剩下的钱，明显在还完了信用卡的钱后还有 2000 元，便执行内嵌 if 语句的第二个语句块，输出"先还信用卡的钱！你还剩 2000"，对于剩下的钱你可以自由分配了！

【任务结果】

```
欠信用卡多少钱？1000
今天是否发了工资（发了就回复1，没发就回复0）：1
发了多少工资：3000
先还信用卡的钱！你还剩2000！
```

直击二级

【考点】本次任务中，"二级"考试考察的重点在于程序的三种控制结构：单分支、双分支和多分支结构。而程序的分支结构涵盖了单分支结构、双分支结构和多分支结构，考试时考察最多的分别是 if、if...else、if...elif...else 三种结构。

1．关于 Python 的分支结构，以下选项中描述错误的是（　　　）

A．分支结构可以向已经执行过的语句部分跳转

B．分支结构使用 if 保留字

C．Python 中 if...else 语句用来形成二分支结构

D．Python 中 if...elif...else 语句描述多分支结构

2．关于分支结构，以下选项中描述不正确的是（　　　）

A．if 语句中语句块执行与否依赖于条件判断

B．if 语句中条件部分可以使用任何能够产生 True 和 False 的语句和函数

C．双分支结构有一种紧凑形式，使用保留字 if 和 elif 实现

D．多分支结构用于设置多个判断条件以及对应的多条件执行路径

3．下列 Python 保留字中，不用于表达分支结构的是（　　　）

A．if　　　　　　　　B．elif　　　　　　　　C．else　　　　　　　　D．in

4．实现多路分支的最佳控制结构是（　　　）

A．if　　　　　　　　B．if...elif...else　　　C．try　　　　　　　　D．if...else

5．下面代码的输出结果是（　　　）。

```
a=1.0
if isinstance(a,int):
```

```
        print("{}is int".format(a))
    else:
        print("{}is not int".format(a))
```

A．1.0 is not int　　　B．出错　　　　　C．无输出　　　　　D．1.0 is int

6．下面代码的输出结果是（　　　）。

```
a={}
if isinstance(a,list):
    print("{} is list".format(a))
else:
    print("{} is {}".format("a",type(a)))
```

A．出错　　　　　　　　　　　　　B．a is <class 'dict'>

C．无输出　　　　　　　　　　　　D．a is list

 # 任务二　打印九九乘法口诀表

【任务描述】在生活中，有很多循环的场景，例如，红绿灯交替变化就是一个重复的过程。程序中如果想重复执行某些操作，可以使用循环语句实现。Python 提供了两种循环语句，分别是 while 循环和 for 循环。

【任务分析】紧跟下面的步伐，可以让我们学得更快哦！

（1）用 for 或 while 语句编写九九乘法口诀表的行和列

（2）编写循环体

（3）输出打印结果

3.2.1　while 语句

事实上 while 语句是一个条件循环语句，与 if 相似，区别就是从单次执行变成了反复执行，以及条件除了用来判断是否进入代码块，还被用来作为是否终止循环的判断。

1．while 语句的一般格式

while 语句的一般格式为：

```
while  条件表达式:
    循环体
```

while 语句的执行过程如图 3-2-1 所示。

while 语句执行时，若所需进行 while 循环的变量符合条件，则进入下一循环体，重复执行循环体，直到变量不符合 while 循环语句的条件时，便结束该循环。

就如上面的循环，完成 5 遍"computer"输出可写成：

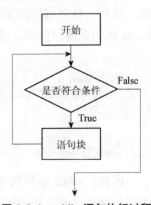

图 3-2-1　while 语句执行过程

```
i=1
while i<=5:
    print("第",i,"遍 computer")
    i+=1
print("循环已结束")
```

执行效果为：

```
第 1 遍 computer
第 2 遍 computer
第 3 遍 computer
第 4 遍 computer
第 5 遍 computer
循环已结束
```

上述代码中 i 是循环变量，表达式 i<=5 是循环条件，打印"computer"与 i 自增是循环体内执行的语句，打印"循环已结束"是 while 语句结束后执行的语句。具体执行顺序是：

第 1 步：i 赋值为 1。

第 2 步：判断循环条件 i<=5 是否为真，成立执行第三步;不成立跳到第六步。

第 3 步：打印第 i 遍"computer"。

第 4 步：i 自增 1。

第 5 步：回到第 2 步，判断 i<=5 是否为真

第 6 步：如果条件不成立，则打印"循环已结束"。

2. while 的无限循环

while 语句的循环表达式一般是关系表达式或逻辑表达式。在表达式永远成立的情况下，语句会陷入无限循环，也叫死循环。如下面代码：

```
i=1
while True:
    print("第",i,"遍 computer")
    i+=1
print("循环已结束")
```

上述代码的循环表达式永远成立，会一直执行循环体，永远执行不到打印"循环已结束"语句。针对这样的无限循环，我们一般会在循环体内增加条件分支，满足条件时使用 break 语句来跳出循环，或者在无限循环中，可以按 Ctrl+C 快捷键来中断循环。。

```
i=1
while True:
    print("第",i,"遍 computer")
    i+=1
    if i > 10:
        break                #跳出循环
print("打印结束")
```

因此，while 循环的循环体内一般都要包含改变循环变量值的语句，使得在特定情况下退出循环，避免死循环。

3. while 语句中使用 else

在 while 语句中可以使用 else 语句，else 语句所输出的内容是 while 语句结束时的输出。

【例 3-11】比较两数大小。

```
a=int(input("请输入数字："))
while a<=6:
    print(a,"小于等于 6")
    a+=1
else:
    print(a,"不小于 6")
```

输出结果为：

```
请输入数字：5
5 小于等于 6
6 小于等于 6
7 不小于 6
```

【例 3-12】使用 while 语句编写代码求出 1～100 所有数字相加的和。

```
a=1
sum=0
while a<=100:
    sum+=a
    a+=1
print("1 到 100 的和为",sum)
```

输出结果为：

```
1 到 100 的和为 5050
```

上述代码的循环条件 i 初始值为 1，循环条件是 i<=100，循环执行的语句是 sum 与 i 自增 1。

当 i=1 时，i<=100 成立，sum=0+1；

当 i=2 时，i<=100 成立，sum=0+1+2；

当 i=3 时，i<=100 成立，sum=0+1+2+3；

……

当 i=100 时，，i<=100 成立，sum=0+1+2+3+……+100；

当 i=101 时，i<=100 不成立，则退出循环。

【例 3-13】输入 5 个同学的成绩，计算平时成绩。

```
s=0
i=1
while i<=5:
    m=input("第"+str(i)+"个成绩:")
    m=float(m)
    s=s+m
    i=i+1
print("平均成绩：",s/5)
```

输出结果为：

```
第 1 个成绩:90
第 2 个成绩:89
第 3 个成绩:88
第 4 个成绩:90
第 5 个成绩:90
平均成绩:  89.4
```

【即学即练】

1．计算 100 以内所有奇数的和。

2．输入一个正整数，按相反的数字顺序输出另一个数。例如，输入 3221，则输出 1223。

（解题思路：设输入的正整数为 n，把它除 10 后的余数就是个位数，输出此数，之后缩小到 1/10，即 n=n//10；再把缩小 10 倍后的数除 10，得的余数为十位数，如此下去，直到 n 的值变为 0 为止）

3．输入一个整数，输出其位数。

3.2.2　for 语句

for 语句结构是已知重复执行次数的循环，通常称为计数循环，当然也不局限于计数循环，可以遍历任何有序的序列对象元素，例如，数组、列表、字符串等。

1．for 语句的一般格式

for 语句的一般格式为：

```
for 目标变量 in 序列对象:
    循环体
```

for 语句的执行过程，如图 3-2-2 所示。

将可迭代对象中的每一个元素赋值给目标变量，每一次被赋值的目标变量都执行一次循环体，当可迭代对象中的每一个元素都被遍历，则该 for 语句结束，执行下一语句。

2．for 语句可遍历的对象类型

for 语句可遍历的可迭代对象有：字符串、列表、元组、字典、集合等（迭代对象、列表等在后面介绍）。

用 for 遍历数字 1～3，具体代码如下：

```
for i in "123":
    print(i)
```

输出结果为：

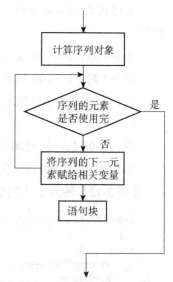

图 3-2-2　for 语句的执行过程

```
1
2
3
```

3. for 语句中的 range 函数

在 Python 中，range() 函数返回的是可迭代对象，如果需要遍历一个数字序列，可以使用 range 函数。

range 函数经常和 len 函数一起用于遍历整个序列。len 函数能够返回一个序列的长度，for i in range(len(L)) 能够迭代整个列表 L 的元素索引，通过 range 函数和 len 函数可以快速通过索引访问序列并对其进行修改。

range 函数的完整用法为：range(start,end,step)，循环变量从 start 开始，每循环一次增加 step，直到 end 结束（不包含 end）。

【例 3-14】用 for 语句打出如下所示的图案。

```
    *
    **
    ***
    ****
    *****
```

```
for i in range(5):
    print("*"*(i+1))
```

输出结果为：

```
*
**
***
****
*****
```

由第一条代码可以看出 for 循环遍历了 0～4，当 i 为 0 时，输出的 "*" 为 1（=0+1）个，for 循环执行一轮自动换行，当 i 为 1 时，输出的 "*" 为 2（=1+1）个，以此类推，直至 i 为 4 时结束。

for 循环更易于阅读和理解，但它仅通过迭代器在对象的元素中移动，幸运的是在 Python 中有许多对象都有迭代器，因此一般情况都可以用 for 循环。

① 如果 step>0，那么变量会从 start 开始增加，沿正方向变化，一直等于或者超过 stop 后循环停止；如果一开始就 start>=stop，则已经达到停止条件，循环一次也不执行。

② 如果 step<0，那么变量会从 start 开始减少，沿负方向变化，一直到负方向等于或者超过 stop 后循环停止；如果一开始就 start<=stop，则已经达到停止条件，循环一次也不执行。

【例 3-15】计算 15 以内数字的和，其中步长为 2。

```
sum=0
for i in range(1,16,2):
    sum+=i
print(sum)
```

输出结果为：

64

在 for 循环中 step 可以是正数也可以是负数，start 大于 end 就可以执行步长为负的循环，与 step 为正数时一样，不包含 end。如倒序输出 1～5，具体代码如下：

```
for i in range(5,0,-1):
    print(i)
```

输出结果为：

```
5
4
3
2
1
```

注意：

1. 在 for 循环中，range 函数能够快速地构造一个序列，例如，range(6) 或 range(0,6) 构造了序列 0、1、2、3、4、5，要注意的是，这里的序列包含 0，不包含 6。

2. 使用 range 时，如果 print 语句在 for 语句内，输出的结果将会把遍历每个对象所输出的结果都打印出来。

---

print 语句在 for 语句外和内的示例。

（1）print 语句在 for 语句外，具体代码如下所示：

```
sum=0
for i in range(1,6,2):
    sum+=i
print(sum)
```

输出结果为：

9

（2）print 语句在 for 语句内，具体代码如下所示：

```
sum=0
for i in range(1,6,2):
    sum+=i
    print(sum)
```

输出结果为：

```
1
4
9
```

【即学即练】

1．计算 100 以内所有数的和（用 for 循环）。

2．将数字 1～10 倒序输出。

3.2.3 循环嵌套

1. 循环内嵌套条件语句

在 Python 循环语句内是允许嵌套条件语句的，条件语句的位置应该在循环体或语句块内。

【例 3-16】使用循环嵌套条件语句编写代码，输出 1～100 内所有 20 的倍数。

```
num = range(1, 101)
for c in num:
    if c % 20== 0:
        print(c)
```

输出结果为：

```
20
40
60
80
100
```

【例 3-17】使用嵌套循环，计算 s=a+aa+aaa+aa…aa 的和，其中 a 为 1～9 之间的数，最后一项有 n 个 a，a 与 n 由键盘输入。

方法一：

```
a=0
while a<=0 or a>=10:
    a=int(input("请输入 a 的值："))
n=0
while n<=0:
    n=int(input("请输入 n 的值："))
m=0
s=0
for i in range(n):
    m=10*m+a
    s+=m
    if i<n-1:
        print(m,end="+")
    else:
        print(m,end="=")
print(s)
```

输出结果为：

```
请输入 a 的值：6
请输入 n 的值：5
6+66+666+6666+66666=74070
```

设计一个项目变量 m，开始 m=0，之后 m=10*m+a 就是 a，再次 m=10*m+a 就是 aa，如此就可以产生每个项目，累加到 s 中即可。

方法二：

```
a=int(input("请输入 a："))
n=int(input("请输入 n："))
num=0
sum=0
for i in range(n):
    num=num+a*10**i
    sum+=num
    print(num,end="")
    if i<n-1:
        print("+",end="")
print("=",sum)
```

2. 循环内嵌套循环

循环的嵌套是指一个循环语句内又包含一个循环语句，while 与 for 语句皆可再嵌套一个 while 和 for 语句，同样二者也可相互嵌套。

【例 3-18】使用"*"画倒三角形。

```
i = 5
while i > 0:
    # 内循环
    j = 0
    while j < i :
        print("*",end=" ")
        j +=1
    print()
    i-=1
```

输出结果为：

```
* * * * *
* * * *
* * *
* *
*
```

【例 3-19】打印金字塔。

```
for i in range(5):
    for j in range(5):
        if i<j:
            print(" ",end="")
    for k in range(5):
        if i>=k:
            print("*",end="")
    for k in range(5):
        if i>k:
            print("*",end="")
    print("")
```

输出结果为：

```
    *
   ***
  *****
 *******
*********
```

【例 3-20】将猜数字游戏用循环实现不停猜数，直到猜对为止，并统计猜数次数。

```
import random
answer = random.randint(1, 100)
counter = 0
while True:
    counter += 1
    number = int(input('请输入: '))
    if number < answer:
        print('大一点')
    elif number > answer:
        print('小一点')
    else:
        print('恭喜你猜对了!')
        break
print('你总共猜了%d 次' % counter)
if counter > 7:
    print('你的智商余额明显不足')
```

【即学即练】

1．计算 1～100 内所有 20 的倍数的和。

2．使用 "*" 画菱形。

3．使用 "*" 画倒的正三角形。

4．有一对兔子，从出生后第 3 个月起每个月都生一对兔子，小兔子长到第三个月后每个月又生一对兔子，假如兔子都不死，问每个月的兔子总数为多少？

3.2.4　任务实现

【例 3-21】分别用 while 循环和 for 循环，输出九九乘法口诀表

【任务步骤】

（1）while 循环输出九九乘法口诀表。

```
i=1                                     #i 控制列
while i<10:
    j=1                                 #j 控制行
    while j<=i:
        print("%d*%d=%-3d"%(j,i,i*j),end=" ")   #end="" 表示将该循环内的结果打印
        j+=1                            #在同一行
    print("\n",end="")                              #\n 为换行，当一次循环结束便换行
    i+=1
```

91

（2）for 循环输出九九乘法口诀表。

```
for I in range(1,10):
    for j in range(1,i+1):
        print("{}*{}={}".format(i,j,i*j),end='')
    print("")
```

【任务解析】

九九乘法口诀表是两个数的乘积表，一个数是 i，它从 1 变化到 9，控制外层循环，在一个确定的 i 循环下，进行 j 循环，但为了不出现重复的 i*j 的值，将 j 的值只从 1 变化到 i。

【任务结果】

```
1*1=1
2*1=2    2*2=4
3*1=3    3*2=6    3*3=9
4*1=4    4*2=8    4*3=12    4*4=16
5*1=5    5*2=10   5*3=15    5*4=20    5*5=25
6*1=6    6*2=12   6*3=18    6*4=24    6*5=30    6*6=36
7*1=7    7*2=14   7*3=21    7*4=28    7*5=35    7*6=42    7*7=49
8*1=8    8*2=16   8*3=24    8*4=32    8*5=40    8*6=48    8*7=56    8*8=64
9*1=9    9*2=18   9*3=27    9*4=36    9*5=45    9*6=54    9*7=63    9*8=72    9*9=81
```

直击二级

【考点】本次任务中，"二级"考试考察的重点在于程序的两种循环语句——while 循环和 for 循环，在两种循环语句的基础上考察循环嵌套程序语句的编写规则。

1．给出下面代码：

```
k=10000
while k>1:
    print(k)
    k=k/2
```

上述程序运行的次数是（   ）。

A．1000   B．15   C．14   D．13

2．下面代码的输出结果是（   ）。

```
sum=0
for i in range(0,100):
    if i%2==0:
        sum-=i
    else:
        sum+=i
print(sum)
```

A．-49   B．49   C．50   D．-50

3．使用程序计算整数 N 到整数 N+100 之间所有奇数的数值和，不包含 N+100，并将结果输出。整数 N 由用户给出，代码片段如下，补全代码。不判断输入异常。

```
N=input("请输入一个整数：")
_____ #可以是多行代码
```

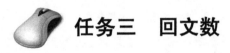

任务三 回文数

【任务描述】在学完了 for 和 while 语句及循环嵌套后，我们对流程控制语句又有了更深的了解。在本次任务学习中，我们将编写一个代码，寻找 100～1000 以内前 10 的回文数（回文数：从左到右与从右到左读都一样的正整数，例如 121，131）。

【任务分析】紧跟下面的步伐，可以让我们学得更快哦！

（1）用 n 控制寻找的回文数个数。

（2）先用 pass 占位，敲出代码的基本结构。

（3）用 continue 语句挑除不是回文数的数字。

（4）当找到 10 个数时，用 break 语句跳出全部循环。

3.3.1 占位语句：pass

pass 是空语句，其作用是保持程序结构的完整性，一般用作占位语句。

当语法需要语句并且还没有任何使用的语句可写时，就可以使用 pass 语句，它通常用于为符合语句编写一个空的主体。例如，循环体可以包含一个语句，也可以包含多个语句，但是却不可以没有任何语句，看下面的循环语句：

```
for x in range（10）：
    pass
```

该语句的确会循环 10 次，但是除了循环本身之外，它什么也没有做。具体示例如下：

```
for letter in "python":
    if letter =="h":
        pass
        print（"执行 pass 块"）
    print（"当前字母：", letter）
print（"Goodbye"）
```

输出结果为：

```
当前字母：p
当前字母：y
当前字母：t
执行 pass 块
当前字母：h
当前字母：o
当前字母：n
Goodbye
```

【例 3-22】用 pass 语句编写输出 100～1000 之间的回文数程序框架。

```
n=0
for i in range(100,1000):
    i=str(i)
    if i[0] != i[-1]:
        pass
    else:
        pass
    if n>=10:
        pass
```

输出结果为：

因为主体是空语句，所以最终什么也没有输出，在写代码时，我们无法保证当我们的语句块为空时不会产生语法错误，所以在编写代码时，最好使用 pass 占位。

【即学即练】

1．Python 中_____表示空语句。

2．下面代码输出的结果是（　　　）。

```
for i in ["pop star"]:
    pass
    print(i,end="")
```

A．pop star   B．出错   C．无输出   D．popstar

3.3.2　中断语句：break 和 continue

1．break 语句

break 语句在循环体中用来终止循环，即使循环语句中 False 条件或者序列还没有被完全递归完也会停止执行循环语句。如果在嵌套循环中使用 break 语句则可以停止执行最内层的循环，并开始执行下一行代码，有时可以引用 break 语句来避免嵌套化。

下面是一个普通的循环，输出数字 1～4 整数，具体代码如下所示：

```
for i in range(1,5):
    print("-------")
    print(i)
```

上述循环语句执行后，程序会依次输出从 1～4 的整数，除非循环结束，程序才会停止运行。这时，如果希望程序只输出 1～2 的数字，则需要在指定时刻（执行完第 3 次循环语句）结束循环。接下来，演示使用 break 结束循环的过程，具体代码如下所示：

```
for i in range(1,5):
    print("-------")
    if i==3:
```

```
        break
        print(i)
```

输出结果为：

```
-------
1
-------
2
-------
```

当循环语句执行完毕，循环即结束，但是有时候循环还没有结束就会退出。当你在搜索一个数字的时候，一旦搜索到了想要的结果就可以不用再继续执行下面的操作了，此时就应该退出循环。下面就通过一个实例来深入学习 break 的退出循环操作。

【例 3-23】输入一个正整数，判断它是否是一个素数（称一个大于 1 且除了 1 和它自身，不能被其他整数整除的数为素数，否则称为合数）。

```
n = int(input("输入一个正整数 n(n>=2):"))
for i in range(2,n):
        if n%i==0: break
if i == n-1:
        print(n,"是素数")
else:
        print(n,"不是素数")
```

输出结果为：

```
输入一个正整数 n(n>=2):14
14  不是素数
```

2. continue 语句

与 break 语句不同，在循环体中使用 continue 语句，将会立即结束本次循环，重新开始下一轮循环。continue 语句是起到一个删除的效果，它的存在是为了删除满足循环条件下的某些不需要的成分。

以输出整数 1~4 为例，但是要跳过数字 3，具体代码如下所示：

```
for i in range(1,5):
    print("-------")
    if i==3:
        continue
    print(i)
```

输出结果为：

```
-------
1
-------
2
-------
-------
4
```

【即学即练】

1．用 continue 语句编写出没有 5×n 的九九乘法口诀表。

2．使用 continue 语句打印出 0～10 中的所有奇数。

3.3.3　任务实现

【例 3-24】用 continue 语句输出三位数的回文数。

【任务步骤】

```
n=0
for i in range(100,1000):
    i=str(i)
    if i[0]!=i[-1]:          #当满足 i[0]!=i[-1]时，不再执行后面的代码，进行下一轮循环
        continue
    else:
        print(i)
        n+=1
    if n>=10:
        break
```

【任务解析】

用 for 语句遍历 100～999 中的数字，当满足 i[0]!=i[-1]时，不再执行后面的代码，进行下一轮循环。例如，当 i 为 120 时，满足该条件，便直接结束本次循环，进行下一轮当 i 为 121 的循环，每找出一个回文数 n 便加 1，直到找到 10 个回文数，便结束所在循环。

【任务结果】

```
101
111
121
131
141
151
161
171
181
191
```

注意：break 与 continue 有很明显的区别：①continue 只能结束本次循环，而不是终止整个循环的执行，break 语句则是结束所在循环，跳出所在循环体。②break/continue 只能用在循环中，除此以外不能单独使用。③break/continue 在嵌套循环中，只对最近的一层循环起作用。

直击二级

【考点】本次任务中，"二级"考试考察的重点在于占位语句 pass 和中断语句 continue 在循环语句的功能和作用，以及正确区分二者的相同与差异。

1．下面代码输出的结果是（　　　）。

```
for i in range(1,6):
    if i/3==0:
        break
    else:
        print(i,end=",")
```

A．1,2,　　　　　　B．1,2,3,　　　　　　C．1,2,3,4,　　　　　　D．1,2,3,4,5,

2．下面代码的输出结果是（　　　）。

```
for s in "HelloWorld":
    if s == "W":
        break
print（s，end=""）
```

A．Helloorld　　　B．Hello　　　　　　C．World　　　　　　D．HelloWorld

3．下面代码输出的结果是（　　　）。

```
for s in "abc":
    for i in range(3):
        print(s,end="")
        if s=="c":
            break
```

A．aaabbbccc　　　B．aaabccc　　　　　C．aaabbbc　　　　　D．abbbccc

4．下面代码输出的结果是（　　　）。

```
for i in range(10):
    if i%2 ==0:
        continue
    else:
        print(i,end=",")
```

A．1，3，5，7，9　　　　　　　　　　B．2，4，6，8
C．0，2，4，6，8　　　　　　　　　　D．0，2，4，6，8，10

 任务四　阶段测试

一、选择题

1．在 if 语句中进行判断，产生（　　　）时会输出相应的结果。

A．0　　　　　　　B．1　　　　　　　　C．布尔值　　　　　D．以上均不正确

2．下面不属于条件分支语句的是（　　　）。

A．if 语句　　　　B．elif 语句　　　　C．else 语句　　　　D．while 语句

3．在 for i in range(5)语句中，i 的取值是（　　　）。

A．[1,2,3,4,5]　　　B．[0,1,2,3,4]　　　C．[1234]　　　　　D．[0,1,2,3,4,5]

4．while 循环语句和 for 循环语句使用 else 的区别是（　　　）（多选）。

A．else 语句和 while 循环语句一起使用，则当条件变为 False 时，执行 else 语句

B．else 语句和 while 循环语句一起使用，则当条件变为 True 时，执行 else 语句

C．else 语句和 for 循环语句一起使用，else 语句块只在 for 循环正常终止时执行

D．else 语句和 for 循环语句一起使用，else 语句块只在 for 循环不正常终止时执行

5．设有程序段：

```
k=10
while k:
    k=k-1
    print(k)
```

则下面描述中正确的是（　　　）。

A．while 循环执行 10 次　　　　　　　B．循环是无限循环

C．循环体语句一次也不执行　　　　　　D．循环体语句执行一次

6．以下 for 语句中，不能完成 1～10 的累加功能的是（　　　）。

A．for i in range（10，0）：sum+=i

B．for i in range（1，11）：sum+=i

C．for i in range（10，-1）：sum+=i

D．for i in（10，9，8，7，6，5，4，3，2，1）：sum+=i

7．下列 for 循环执行后，输出结果的最后一行是（　　　）。

```
for i in range(1,3):
    for j in range(2,5):
        print(i*j)
```

A．2　　　　　　　B．6　　　　　　　C．8　　　　　　　D．15

8．下列说法中正确的是（　　　）。

A．break 用在 for 语句中，而 continue 用在 while 语句中

B．break 用在 while 语句中，而 continue 用在 for 语句中

C．continue 能结束循环，而 break 只能结束本次循环

D．break 能结束循环，而 continue 只能结束本次循环

9．下面 if 语句统计"成绩（mark）优秀的男生及不及格的男生"的人数，正确的语句为（　　　）。

A．if gender=="男" and mark<60 or mark>=90：n+=1

B．if gender=="男" and mark<60 and mark>=90：n+=1

C．if gender=="男" and（mark<60 or mark>=90）：n+=1

D．if gender=="男" or mark<60 or mark>=90：n+=1

10．以下 if 语句语法正确的是（　　　）。

A．

```
if a>0:x=20
else:x=200
```

B.

```
if a>0:x=20
else:
    x=200
```

C.

```
if a>0:
    x=20
else:x=200
```

D.

```
if a>0
    x=20
else
    x=200
```

11．在 Python 中，实现多分支选择结构的较好方法是（　　　）。

A．if B．if-else C．if...elif...else D．if 嵌套

12．下列语句执行后的输出是（　　　）。

```
if 2:
    print(5)
else:
    print(6)
```

A．0 B．2 C．5 D．6

13．下面程序段求 x 和 y 中的较大数，不正确的是（　　　）。

A．

```
maxNum=x if x>y else y
```

B．

```
if x>y:maxNum=x
else:maxNum=y
```

C．

```
maxNum=y
if x>y:maxNum=x
```

D．

```
if y>=x:maxNum=y
maxNum=x
```

14．下列 Python 程序的运行结果是（　　　）。

```
x=0
y=True
print(x>y and 'A'<'B')
```

A．True　　　　　B．False　　　　　C．true　　　　　D．false

二、填空题

1．在循环体中使用_____语句可以跳出循环体。

2．_____语句是 else 和 if 语句的组合。

3．在循环体中可以使用_____语句跳过本次循环后面的代码，重新开始下一次循环。

4．如果希望循环是无限的，我们可以通过设置条件表达式永远为_____来实现无限循环。

5．Python 中_____表示的是空白句。

6．对于 if 语句中的语句块，应将它们_____。

7．当 x=0，y=50 时，语句 z=x if x else y 执行后，z 的值是_____。

三、操作题

1．根据如图 3-4-1 所示的结构图，编写代码。

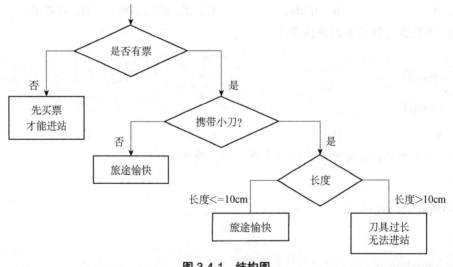

图 3-4-1　结构图

2．水仙花数：编写程序，打印出所有的"水仙花数"。水仙花数是指一个 3 位数，它的每个位上的数字的 3 次幂之和等于它本身（例如：$1^3 + 5^3 + 3^3 = 153$）。

3．输入三条线段的长度，对用户输入的数据做合法性检查，并求由这三条线段围成的三角形的面积。

4．求两个整数 a 与 b 的最大公约数。

分析：找出 a 与 b 中较小的一个，则最大公约数必在 1 与较小整数的范围内。使用 for 语句，循环变量 i 从较小整数变化到 1。一旦循环控制变量 i 同时整除 a 与 b，则 i 就是最大公约数，然后使用 break 语句强制退出循环。

5．计算 1/2+2/3+3/5+5/8+8/13……的前 10 项的和。

6．打印出 1、2、3 这 3 个数字的所有排列。

项目四 序列数据

【知识目标】

➢ 理解字符串、列表、元组、字典、集合的创建方法
➢ 掌握字符串、列表及元组等的内置函数和操作方法

【能力目标】

➢ 能够熟练使用字符串的索引与切片
➢ 掌握列表、元组、字典、集合的一些常用函数并能熟练引用到实例操作中
➢ 能够正确创建列表生成式并掌握列表的基础操作
➢ 熟练使用元组函数进行相应操作

【情景描述】

代码君在学习完前面的流程控制语句后，又开始向新的方向大步前进。在前面的学习中，代码君了解到在 Python 中有许多不同的数据类型，例如，字符串、列表、元组等。而这些数据每一个都具有自己的特色，利用它们我们可以编写出许多有意思的程序。在本次的学习中，我们将会使用字符串、列表、元组、字典、集合的相关知识，进行简单的编程，另外还将学习迭代器的使用方法，你想要知道得更多吗？一起来看看吧！

 任务一　统计字符串中的字符

【任务描述】输入一个字符串，使用函数统计字符串中不同字符（包括英文字符、数字、空格和其他字符）的个数。

【任务分析】紧跟以下步伐，可以让我们学得更快哦！

（1）输入字符串

（2）通过 isdigit 等函数判断字符串中各类字符的个数

（3）输入英文字符、数字、空格和其他字符个数

4.1.1 创建字符串

1. 标识字符串

计算机程序经常用于处理文本信息，文本信息在程序中使用字符串类型来表示，字符串是一种文本数据类型。字符串是字符的序列，在 Python 语言中字符串可以用单引号（' '）和双引号（" "）进行标识，对于跨行的字符串可以用三引号（三个单引号'''或三个双引号"""）进行标识。

创建字符串很简单，只要为变量分配一个值即可，以上三种方法都可以在 Python 中达到创建字符串的目的。

（1）单引号标识字符串（' '）。单引号标识字符串需要使用单引号将字符串括起来。标准 Python 库允许字符串中包含字母、数字及各种符号，Python3.x 的默认编码为 UTF-8，意味着在字符串中使用中文也不会出错。

```
print('Hello World!')                    # 单引号标识字符串
```

输出结果为：

```
Hello World!
```

单引号表示的字符串里面不能包含单引号，如不能使用单引号引用 let's go，程序无法识别匹配的单引号，从而出现程序报错。

```
>>> 'let's go'
SyntaxError: invalid syntax
```

（2）双引号标识字符串（" "）。用双引号标识字符串和用单引号标识字符串的方法完全相同，但是需要注意的是单引号与双引号不能混合使用。

```
print("Hello World!")                    # 双引号标识字符串
```

输出结果为：

```
Hello World!
```

注意：双引号表示的字符串里面不能包含双引号，并且只能有一行。

（3）三引号标识字符串（'''或"""）。用三引号进行标识比用单引号或双引号进行标识又多了一个优点，三引号自身有一个比较特殊的功能，它能够标识一个多行的字符串，如一段话的换行、缩进等格式都会被原封不动地保留。三引号是格式化记录一段话的好帮手，但前后的引号要保持一致，不可与单引号或双引号混合使用。具体代码如下所示：

```
str1='''请选择您所喜欢的编程语言：
\t1.java 语言
\t2.python 语言
\t3.C 语言'''                             # 三个单引号标识的一段字符串
str2="""请选择您所喜欢的编程语言：
```

```
    \t1.java 语言
    \t2.python 语言
    \t3.C 语言"""                              # 三个双引号标识的一段字符串
print(str1)
print(str2)
```

输出结果为：

```
请选择您所喜欢的编程语言：
    1.java 语言
    2.python 语言
    3.C 语言
请选择您所喜欢的编程语言：
    1.java 语言
    2.python 语言
    3.C 语言
```

如以上代码所示，三引号标识的一段字符串，通过 print 函数打印，可以清楚地看出句子的段落缩进和换行等细节。

【即学即练】

1．对于字符串的标识，Python 中可使用的方法有很多，下面正确的是（　　　）。

A．"What's happened to you?"　　　　　　B．'What's happened to you'

C．'What\\'s happened to you?'　　　　　　D．""Oh!"It sounds terrible."

2．下列数据中，不属于字符串的是（　　　）。

A．'ab'　　　　　B．"perfect"　　　　　C．"12wo"　　　　　D．hello

3．字符串是一种表示＿＿＿＿＿＿＿＿数据的类型。

4.1.2　转义字符串

1．字符串转义

在上述三引号的实例中，变量 str1 中，斜杠（\）是一个特殊字符，比如\n 表示换行，在 Python 中如果要在字符串中使用特殊字符，就需要在有些字母、数字或者符号前面加上反斜杠"\"，如\0、\t、\'等，这些就称为转义字符。字符串转义字符如表 4-1-1 所示。

表 4-1-1　字符串转义字符

符　号	说　明
\（在行尾时）	续行符
\'	单引号
\"	双引号
\a	发出系统响铃声
\b	退格符

103

符 号	说 明
\n	换行符
\t	横向制表符（Tab）
\v	纵向制表符
\r	回车符
\f	换页符
\o	八进制数代表的字符
\x	十六进制数代表的字符
\0	表示一个空字符
\\	反斜杠

如果想要在字符串中输出反斜杠"\"，就需使用双反斜杠"\\"。

通过前面的学习我们知道了什么是字符串和转义字符，下面我们开始学习字符串的转义。举个简单的例子，用单引号标识一个字符串的时候，如果该字符串中又含有一个单引号，比如'what's love'，在这句话中，Python 无法分辨字符串是从何处开始，又在何处结束的。此时需要用到转义符，即反斜杠（\），使中间的单引号只是纯粹的单引号，不具备任何其他作用。

（1）单引号转义。具体操作示例如下：

```
>>>'what's love'                         # 这是单引号标识的字符串含有单引号
  File "<input>", line 1
    'what's love'
          ^
SyntaxError: invalid syntax              # 语法错误：无效语法
>>> 'What\'s love'                       # 反斜杠（\）转义单引号
"What's love"
```

我们在使用双引号标识一个包含单引号的字符串时不需要转义符，但如果代码中包含一个双引号则需要转义，并且，反斜杠是可以用来转义其本身的。

（2）双引号与反斜杠转义。具体操作示例如下：

```
>>> "What's love"                        # 双引号标识含有单引号的字符串
"What's love"
>>> "What is love(\")"                   # 双引号标识的字符串里面的双引号需要转义
'What is love(")'
>>>print('love(\\)')                     # 转义反斜杠
love(\)
```

（3）r、R 转义（使用 r 或 R 可以指定原始字符）。具体操作示例如下：

```
>>>print('D:\name\python')                       # 以反斜杠开头的特殊字符
D:
ame\python
>>>print(r'D:\name\python')                      # 用 r 或者 R 指定原始字符串
D:\name\python
```

```
>>>print(R'D:\name\python')
D:\name\python
```

【即学即练】

1．以下是 print('\nPython')语句运行结果的是（　　）。

A．在新的一行输出：Python　　　　　　B．直接输出：'\nPython'

C．直接输出：\nPython　　　　　　　　D．先输出 n，然后新的一行输出 Python

2．以下字符串合法的是（　　）。

A．"abc 'def' ghi"　　　　　　　　　　B．"I love "love" Python"

C．"I love Python'　　　　　　　　　　D．'I love 'Python'

3．当需要在字符串使用特殊字符时，Python 使用（　　）作为转义字符。

A．#　　　　　　　B．/　　　　　　　C．\　　　　　　　D．%

4.1.3　格式化字符串

1．字符串的运算符

对于字符串，Python 提供的几种常用的运算符，如表 4-1-2 所示。

表 4-1-2　字符串运算符

操 作 符	描　　述
+	字符串连接
*	重复输出字符串
[]	通过索引获取字符串中的字符
[:]	截取字符串中的一部分
in	成员运算符。如果字符串中包含给定的字符，返回 True
not in	成员运算符。如果字符串中不包含给定的字符，返回 True

接下来通过一个案例来展示这些运算符在字符串中的使用，具体操作如下所示。

```
str_one='I love'              #定义两个字符串
str_two=' python'
print(str_one+str_two)        #运用运算符"+"将两个字符串连接成一个字符串
print("="*5)                  #运用运算符"*"输出一条分隔线
str_three=str_one+str_two     #将两个字符串合并而成的字符串赋给一个新的字符串
print("python" in str_three)  #判断单词"python"是否在新的字符串内
print("java" not in str_two)  #判断单词"java"是不是不在第二个字符串内
```

输出结果为：

```
I love python
=====
True
True
```

105

2.字符串的%s 格式化输出

在字符串中整合变量时需要使用字符串的格式化方法，字符串格式化（%s）用于解决字符串和变量同时输出时的格式安排问题。具体操作如下所示：

```
>>>name ="小明"
print("大家好，我叫%s"%name)
大家好，我叫小明
```

3．format()的使用

Python 语言推荐使用 format 格式化方法，此方法在项目二的任务二中已详细讲解过，此处将不再重复讲解。

【例 4-1】通过键盘输入姓名（如小张）、国家（如新加坡），输出"世界那么大，小张想去新加坡看看"。

```
name = input("姓名：")
country = input("国家：")
s = "世界那么大，" + name + "想去" + country + "看看"
# "+"实现字符串的拼接
print(s)
```

输出结果为：

```
姓名：小张
国家：新加坡
世界那么大，小张想去新加坡看看
```

【即学即练】

1．将下面这句话中的姓名、性别、年龄进行格式化输出。
"我叫李明，性别男，我今年 20 岁了！"
2．执行下列语句后的显示结果是（　　）。

```
world="world"
print("hello"+world)
```

A．helloworld　　　B．"hello"world　　　C．hello world　　　D．"hello"+world

4.1.4　索引与切片

1．字符串索引

Python 对于字符串的操作还是比较灵活的，包括字符串提取、字符串切片和字符串拼接等，但在介绍字符串索引之前，需要先掌握字符串索引的概念。

字符串索引分为正索引和负索引，通常说的索引就是正索引。如图 4-1-1 所示，字符串的正向索引是从 0 开始的，第二个索引为 1，最后一个为 len(s)-1；字符串的反向索引是从-1 开始的，-1 代表最后一个，-2 代表倒数第二个，以此类推，第一个是-len(s)。并且，这两种索引字符的方法可以同时使用。

> 注意：字符串使用 Unicode 编码储存，所以字符串的英文字符和中文字符都记作一个字符，在字符串中标点也算是一个字符。

字符串	学	而	时	习	之	，	不	亦	说	乎	？
正索引	0	1	2	3	4	5	6	7	8	9	10
负索引	-11	-10	-9	-8	-7	-6	-5	-4	-3	-2	-1

图 4-1-1　字符串正索引和负索引

```
>>>"学而时习之，不亦说乎？"[-5]
'不'
>>>S="学而时习之，不亦说乎？"
S[5]
'，'
```

IDLE 交互式默认输出单引号字符串形式，这与双引号形式的字符串作用一样，两者没有区别。

2. 字符串的切片

切片的使用方式如下：

```
<序列或字符串变量>[start:end:step]
```

三个参数均为可选项，start 和 end 分别表示选取子串的开始和结束，遵循左闭右开的原则，step 表示选取子串时候的步长，step 的默认值为1，可以混合使用正向递增序号和反向递减序号。

[:]提取从开头到结尾的整个字符串。

[start:]从 start 提取到结尾。

[:end]从开头提取到 end-1。

[start:end]从 start 提取到 end-1，如果 start 比 end 大则返回空字符串。

[start:end:step]从 start 提取到 end-1，每 step 个字符提取一次，如果 step 为负数，则按负方向提取子串。

下面以"学而时习之，不亦说乎？"为例进行切片操作。具体操作如下所示：

```
print("学而时习之，不亦说乎？"[0:5])
#从下标为 0 的位置开始索引到下标为 5 的位置，但是不包括下标为 5 所在的字符
print("学而时习之，不亦说乎？"[8:4])              # 如果 i 大于等于 j，返回空字符串
print("学而时习之，不亦说乎？"[:4])               # 从头开始索引，到下标为 3 所在位置
print("学而时习之，不亦说乎？"[6:])               # 从下标 6 所在位置，默认到结尾
print("学而时习之，不亦说乎？"[:])                # 返回本身
print("学而时习之，不亦说乎？"[::2])              # 步长为 2
print("学而时习之，不亦说乎？"[2:-5])             # 从下标为 2 到下标为-5 所在位置
```

输出结果为：

学而时习之

学而时习
不亦说乎?
学而时习之,不亦说乎?
学时之不说?
时习之,

【例 4-2】判断字符串是否为回文。回文是一个正读和反读都一样的字符串,比如"level""noon""凤落梧桐梧落凤"等,程序显示该字符串是回文。

具体分析:先根据提示输入字符串 s,如果 s 是空字符串则重新输入。计算字符串的长度 s_len,使用循环依次判断字符串的第一个字符下标和最后一个字符下标是否相等,第二个字符下标和倒数第二个字符下标是否相等……最多判断 s_len/2 次,如果不相等立即退出循环,并根据是否相等进行回文数的判断。

```
s=input('请输入一个字符串:')
if not s:
    print(" 请不要输入空字符串!")
    s=input('请重新输入一个字符串:')
s_len=len(s)
i=0
count=1
while i <= (s_len/2):
    if s[i]==s[s_len-i-1]:
        count=1
        i+=1
    else:
        count=0
        break
if count == 1:
    print("您所输入的字符串是回文")
else:
    print("您所输入的字符串不是回文")
```

输出结果为:

```
请输入一个字符串:level
您所输入的字符串是回文
```

【即学即练】

1.s="0123456789",以下哪个选项表示"0123"(   )。

A.s[1:5]   B.s[0:4]   C.s[0:3]   D.s[-10:-5]

2."世界那么大,我想去看看" [7:-3]输出的是(   )。

A.我想去   B.想去   C.我想   D.想

3.访问字符串中的部分字符的操作称为(   )。

A.分片   B.合并   C.索引   D.赋值

4.1.5 字符串内建方法

"方法"是程序设计中的一个专有名词，属于面向对象程序设计领域。在 Python 解释器内部，所有数据类型都采用面向对象方式实现，因此，大部分数据类型都有一些处理方法。

"方法"也是一个函数，只是调用方式不同。函数采用 func(x)方式调用，而方法则采用<a>.func(x)形式调用，"方法"以前导对象<a>为输入。

表 4-1-3 给出了常用的字符串内建函数，其中 str 表示一个字符串或字符串变量。

表 4-1-3　常用的字符串内建函数

函　数	描　述
str.find()	检测字符串是否包括子字符串
str.index()	从列表中找出某个值第一个匹配项的索引位置
str.count()	统计字符串中某个字符的个数
str.replace()	将旧字符串替换为新字符串
str.split()	通过指定分隔符对字符串进行切片
str.capitalize()	第一个字符大写，其他字符小写
str.title()	所有单词首字母大写，其余字母小写
str.startswith()	检查字符串是否以指定子串开头
str.endswith()	检查字符串是否以指定子串结尾
str.upper()	将全部小写字母转为大写字母
str.lower()	将全部大写字母转为小写字母
str.ljust()	左对齐，使用空格填充至指定长度的新字符串
str.rjust()	右对齐，使用空格填充至指定长度的新字符串
str.center()	返回一个指定的宽度 width 居中的字符串
str.lstrip()	截掉字符串左边的空格或指定字符
str.rstrip()	截掉字符串右边的空格或指定字符
str.strip()	截掉字符串左右边的空格或指定字符

下面以表 4-1-3 中部分内建函数作为例子进行示范。

1. lower()、upper()：字符串大小写转化函数

格式：str.lower()

作用：返回一个字符串，把 str 中的所有大写字母转化为小写字母。

格式：str.upper()

作用：返回一个字符串，把 str 中的所有小写字母转化为大写字母。具体示例如下所示：

```
print("PYTHON".lower())
print("python".upper())
```

输出结果为：

```
python
PYTHON
```

2. count()：字符串统计函数

格式：str.count(sub)

作用：返回字符串 str 中出现 sub 的次数，sub 是一个字符串。具体示例如下所示：

```
print("Python is an elegant language.".count('a'))
print("Python is an elegant language.".count('an'))
```

输出结果为：

```
4
3
```

3. split()：字符串分隔函数

格式：str.split(sep)

作用：split()是一个常用的字符串内建函数，它能够根据 sep 分隔字符串 str。sep 不是必需的，默认采用空格分隔，sep 可以是单个字符，也可以是一个字符串。分割后的内容可以以列表的形式返回。具体示例如下所示：

```
print("Python is an elegant language.".split())
print("Python is an elegant language.".split('a'))
print("Python is an elegant language.".split("an"))
```

输出结果为：

```
['Python', 'is', 'an', 'elegant', 'language.']
['Python is ', 'n eleg', 'nt l', 'ngu', 'ge.']
['Python is ', ' eleg', 't l', 'guage.']
```

4. replace()：字符串替代函数

格式：str.replace(old,new)

作用：函数将字符串 str 中出现的原来的字符串替换为新的字符串，即用 new 替换 old，old 和 new 的长度可以不同。具体示例如下所示：

```
print("Python is an elegant language.".replace('Python','P'))
print("Python is an elegant language.".replace('an','@'))
```

输出结果为：

```
'P is an elegant language.'
'Python is @ eleg@t l@guage.'
```

5. find()：字符串查找函数

格式：str.find(t)

作用：返回在字符串 str 中查找 t 子字符串第一个出现的位置下标，如果不存在则返回-1。具体示例如下所示：

```
str="123456473389abcdefg"
i=str.find("4")
j=str.find("d")
print("4 第一次出现的位置的下标为：",i)
print("d 第一次出现的位置的下标为：",j)
```

输出结果为：

```
4 第一次出现的位置的下标为：   3
d 第一次出现的位置的下标为：   15
```

6. rfind()：查找字符串最后一次出现的函数

格式：str.rfind(t)

作用：返回在字符串 str 中查找 t 子字符串最后一次出现的位置下标，如果不存在则返回-1。具体示例如下所示：

```
str="123456473389abcdefgabc"
i=str.rfind("3")
j=str.rfind("b")
print("3 最后一次出现的位置的下标为：",i)
print("b 最后一次出现的位置的下标为：",j)
```

输出结果为：

```
3 最后一次出现的位置的下标为：   9
b 最后一次出现的位置的下标为：   20
```

7. index()：查找子串函数

格式：str.index(t)

作用：返回在字符串 str 中查找 t 子字符串第一次出现的位置下标，如果不存在就报错。具体示例如下所示：

```
str="123456473389abcdefgabc"
i=str.index("234")
j=str.index("cdef")
print("234 第一个出现的位置的下标为：",i)
print("cdef 第一个出现的位置的下标为：",j)
```

输出结果为：

```
234 第一个出现的位置的下标为：   1
cdef 第一个出现的位置的下标为：   14
```

如果不存在，则会提示如下的错误：

```
ValueError: substring not found
```

8. startswith()、endswith()

格式：str.startswith(t)

作用：判断字符串 str 是否以 t 开始，返回逻辑值。

格式：str.endswith(t)

作用：判断字符串 str 是否以 t 结束，返回逻辑值。

```
str="123456473389abcdefgabc"
i=str.startswith("123")
j=str.endswith("def")
print(i)
print(j)
```

输出结果为：

```
True
False
```

9. lstrip()、rstrip()、strip()：去除空格函数

格式：str.lstrip(t)

作用：返回一个字符串，去掉字符串 str 左边的空格。

格式：str.rstrip(t)

作用：返回一个字符串，去掉字符串 str 右边的空格。

格式：str.strip(t)

作用：返回一个字符串，去掉字符串 str 左右两边的空格，等同于 str.lstrip().str.rstrip()。

具体示例如下所示：

```
str="    I love Python !     "
a=str.lstrip()
b=str.rstrip()
c=str.strip()
print(a,len(a))
print(b,len(b))
print(c,len(c))
```

输出结果为：

```
I love Python !    19
    I love Python ! 19
I love Python ! 15
```

10. join()：连接字符串

格式：str.join（sequence）

作用：用于将序列中的元素以指定的字符连接生成一个新的字符串。具体操作如下所示：

```
str = "-"
```

```
seq = ("a", "b", "c")         # 字符串序列
print (str.join( seq ))
```

输出结果为:

```
a-b-c
```

以上是较为常用的内建函数及它们的使用方法,除了上述常用的内建函数,字符串还有一些处理函数、比较函数,如:

(1) str.isalnum()。检查字符串是否由字母和数字组成,如果所有字符都是字母或数字则返回 True,否则返回 False。

(2) str.isalpha()。检查字符串是否只由字母组成。如果所有字符都是字母则返回True,否则返回 False。

(3) str.isdecimal()。检查字符串是否只包含十进制字符。如果字符串只包含十进制字符返回 True,否则返回 False。

(4) str.isdigit()。检测字符串是否只由数字组成。如果字符串只包含数字则返回True,否则返回 False。

(5) str.isupper()。检测字符串中所有的字母是否都为大写。如果字符串中包含至少一个区分大小写的字符,并且所有这些(区分大小写的)字符都是大写,则返回 True,否则返回 False。具体操作如下所示:

```
str1='12345'
str2='abcde'
str3='ABCDE'
str4='12345ABCDE'
print(str1.isalnum(),str4.isalnum())
print(str1.isalpha(),str3.isalpha())
print(str1.isdigit(),str2.isdigit())
```

输出结果为:

```
True True
False True
True False
```

(6) chr()函数。chr()函数的返回值是 i 对应的 Unicode 字符,参数 i 的取值范围是 0～255 的整数。例如,下面的代码通过 chr()函数将数值转成了字符,并分别输出了数字 0、大写字母 A 和小写字母 a。

```
>>> print(chr(48),chr(65),chr(97))
0 A a
```

(7) ord()函数。它以一个字符(长度为 1 的字符串)作为参数,返回对应的 ASCII 数值,或者 Unicode 数值,如果所给的 Unicode 字符超出了你的 Python 定义范围,则会引发一个 TypeError 的异常,代码为:

```
>>> print(ord('0'),ord('A'),ord('a'))
48 65 97
```

在后期的学习中我们会接触到更多其他内建函数的使用方法。下面，让我们来通过几个实例来具体理解某些函数的使用。

【例 4-3】分割唐诗《静夜思》。

```
str='''静夜思
[唐] 李白
床前明月光,疑是地上霜。
举头望明月,低头思故乡。'''
str=str.replace(',',' \n')
str=str.replace('。',' ')
str=str.split('\n')
print(str)
for i in range(len(str)):
    print(str[i])
```

输出结果为：

```
['静夜思', '[唐] 李白', '床前明月光 ', '疑是地上霜', '', '举头望明月 ', '低头思故乡', '']
静夜思
[唐] 李白
床前明月光
疑是地上霜

举头望明月
低头思故乡
```

【例 4-4】输入一个字符串，统计它包含字母的个数（不区分大小写）。

```
str=input("请输入字符串：")
count=0
for i in range(len(str)):          #用 for 循环语句对字符串中所有的元素进行遍历
    if str[i]>"A" and str[i]<"z":  #用于判断字符串中的元素是否为字母（不区分大小写）
        count+=1                   #统计字母的个数
print("字符串中字母的个数为：",count)
```

输出结果为：

```
请输入字符串：你好，I am Lucy
字符串中字母的个数为： 7
```

通过上面的实例我们可以看出，当我们输入的字符串中既包含中文、标点又包含英文字母时，系统在运行的时候自动将不符合判断条件的元素过滤掉了，然后通过 count 变量将符合条件要求的元素自动进行累加，最后输出正确结果。

4.1.6 任务实现

【例 4-5】统计字符串中的字符，使用内置函数来统计字母、数字、空格和其他字符的个数。

【任务步骤】

```
s=input('请输入字符串:')
letters=0
```

```
numbers=0
spaces=0
others=0
for c in s:
    if c.isalpha():
        letters=letters+1
    elif c.isdigit():
        numbers=numbers+1
    elif c.isspace():
        spaces=spaces+1
    else:
        others=others+1
print("英文字母个数:%d 个"%letters)
print('数字个数:%d 个'%numbers)
print('空格个数:%d 个'%spaces)
print('其他字符个数:%d 个'%others)
```

【任务解析】

程序首先要求用户从键盘输入一行字符，并设置了 letters、numbers、spaces、others 4 个变量分别用来存放英文字母、数字、空格和其他字符的数量，然后使用 for 循环并使用 if 语句依次判断字符的类型并进行累加，再使用 isalpha()函数判断字符是否由字母组成，如果是，则 letters 加 1，最后依次输出各类字符的数量。

【任务结果】

```
请输入字符串:welcome，this is python3.
英文字母个数:19 个
数字个数:1 个
空格个数:2 个
其他字符个数:2 个
```

【即学即练】

1．以下能够根据逗号","分隔字符串的是（   ）。

A．s.split()　　　　　B．s.strip()　　　　　C．s.center()　　　　　D．s.replace()

2．以下能够将小写字母转为大写字母的是（   ）。

A．s.lower()　　　　　B．s.upper()　　　　　C．s.title()　　　　　D．s.index()

3．输入一个字符串，统计它包含的大写字母、小写字母及数字的个数。

直击二级

【考点】本次任务中，"二级"考试考察的重点在于对字符串知识的考察，如，字符串的创建语法规则、转义字符串、格式化字符串的操作方法及字符串的内建方法，其中字符串知识中需要重点掌握字符串的索引与切片的格式。

1．给出如下代码

```
TempStr="Hello world"
```

以下选项中可以输出"world"子字符串的是（   ）。

A．print(TmepStr[-5:])　　　　　　　B．print(TmepStr[-5:-1])

C．print(TmepStr[-5:0])　　　　　　　D．print(TmepStr[-4:-1])

2．如果 name="全国计算机等级考试二级 Python"，以下选项中输出正确的是（　　　）。

A．

```
>>>print(name[0],name[8],name[-1])
全试
```

B．

```
>>>print(name[:])
全国计算机等级考试二级 Python
```

C．

```
>>>print(name[11:])
Python
```

D．

```
>>>print(name[:11])
全国计算机等级考试二级
```

3．以下选项中值为 False 的是（　　　）。

A．'abcd'<'ad　　　　B．'abc'<'abcd'　　　　C．'<'a'　　　　　　D．'Hello'>'hello'

4．给出下面代码：

```
a=input("").split(",")
x=0
while x <len(a):
    print(a[x],end="")
    x+=1
```

代码执行时，从键盘获得a，b，c，d，则代码的输出结果是（　　　）。

A．a，b，c，d　　B．abcd　　　　　　C．执行代码出错　　D．无输出

5．给出下面代码：

```
a=input("").split(",")
if isinstance(a,list):
    print("{} is list".format(a))
else:
    print("{} is not list".format(a))
```

代码执行时，从键盘活得1，2，3则代码的输出结果是（　　　）。

A．1，2，3 is list　　　　　　　　　　B．1，2，3 is not list

C．执行代码出错　　　　　　　　　　　D．['1', '2', '3'] is list

6．s="9e10"是一个浮点数形式字符串，即包含小数或采用科学计数形式表示的字符串，编写程序判断 s 是否是浮点数形式字符串。如果是则输出 True，否则输出 False。

任务二　冒泡法数据排序

【任务描述】随机产生 10 个数据，利用冒泡排序法（简称冒泡法），将 10 个数据按从小到大顺序排序后输出。

【任务分析】紧跟以下步伐，可以让我们学得更快哦！

（1）导入随机数库，创建新列表，将产生的随机数存放在新列表中

（2）for 循环嵌套语句进行多轮比较

（3）将最小元素移到最前面，将较大的元素往后移

4.2.1　列表的基本操作

1. 认识列表

列表（list）是 Python 中最常用的序列类型，它可以作为一个方括号的逗号分隔值出现，列表数据项不需要相同的数据类型。对象作为其元素并按顺序排列构成的有序集合，列表中每个元素都有各自的位置编号，称为索引。列表当中的元素可以是各种类型的对象，无论是数字、字符串、元组、字典，还是列表类型本身，都可以作为列表当中的一个元素。

此外，列表当中的元素可以重复出现，但是要注意的是，列表是一个可变的有序序列。序列是存放数据结构的集合，所以列表实际上就是按顺序存放数据元素的集合，而这个数据集合是可以改变的，其中的数据元素可以添加、删除、修改。

2. 创建列表

（1）使用方括号[]创建列表。使用方括号"[]"创建列表对象，只需将列表元素以逗号隔开，并且用方括号[]将其括起来。当使用方括号[]创建列表但方括号内不传入任何元素时，创建出来的就会是一个空列表。Python 的列表对象中可以传入任意类型的对象，其中也包括列表，这说明我们可以创建嵌套列表，具体操作如下所示：

```
name=[]                                    #创建一个空列表
print(name)
```

输出结果为：

```
[]
```

（2）使用 list 函数创建列表。Python 中 list 函数的作用实质上是将传入的数据结构对象转换为列表类型，向 list 中传入的其他类型的数据对象都会在输出的时候转化为列表类型，因为它返回的是一个列表类型，所以就把它当作是创建列表的一种方法。但是，如果没有向 list 中传入任何参数，则会创建出一个空列表。此外，用 type 函数可以查看数据的类型。具体操作如下所示：

```
list_one=("Hello world!")
print(list_one)
print(type(list_one))
list_two=list("Hello world!")
print(list_two)
print(type(list_two))
list_three=list(["Hello python!"])
print(list_three)
print(type(list_three))
empty_list=list()
print(empty_list)
print(type(empty_list))
```

输出结果为:

```
Hello world!
<class 'str'>
['H', 'e', 'l', 'l', 'o', ' ', 'w', 'o', 'r', 'l', 'd', '!']
<class 'list'>
['Hello python!']
<class 'list'>
[]
<class 'list'>
```

3. 访问列表的值

列表由列表元素组成,对列表的管理就是对列表元素的访问和操作,可以通过下面的方法来获取列表的值。

```
列表名[index]   #通过列表元素的下标来访问列表的值
```

index 就是元素索引,第一个元素的索引为 0,第二个元素的索引为 1,最后一个元素的索引为列表的长度–1。而列表与字符串的索引相一致的是,列表不仅可以进行正索引,同样也可以进行负索引,最后一个元素的索引为–1,倒数第二个为–2。具体操作如下所示:

```
name_list=["Jack","Tom","Lucy","Linda","Cindy","Jony"]
print(name_list[0])
print(name_list[4])
print(name_list[-1])
print(name_list[-3])
```

输出结果为:

```
Jack
Cindy
Jony
Linda
```

4. 列表的切片

切片是一种用于处理列表中部分元素的操作,它是列表学习中的一个重点,下面我们将具体学习列表的切片的方法,首先来看一下列表切片的语法。

```
列表名[start:end:step]
```

其中的参数，start 表示起始索引，从 0 开始；end 表示结束索引，但是 end-1 为实际的索引值；step 表示步长，步长为正时，从左向右取值。步长为负时，反向取值。具体操作如下所示：

```
number=[11,22,33,44,55,66,77,88,99]
print(number[1:3])          #获取下标 1~3 位置的数字，但是不包含下标为 3 的数字
print(number[2:6])          #获取下标 2~6 位置的数字
print(number[-3:-1])        #获取下标-3~-1 位置的数字
print(number[-8:-1:3])      #获取下标-8~-1 间步长为 3 位置的数字
print(number[:7])           #获取第 1 位到第 6 位数字
print(number[0:])           #获取列表所有元素
print(number[:])            #获取列表所有元素
print(number[1:8:2])        #获取下标 1~8 间步长为 2 位置的数字
```

输出结果为：

```
[22, 33]
[33, 44, 55, 66]
[77, 88]
[22, 55, 88]
[11, 22, 33, 44, 55, 66, 77]
[11, 22, 33, 44, 55, 66, 77, 88, 99]
[11, 22, 33, 44, 55, 66, 77, 88, 99]
[22, 44, 66, 88]
```

5. 遍历列表

为了提高列表每个数据的输出效率，我们可以使用 for 和 while 循环来遍历输出列表。下面将通过一些实际案例来学习如何使用 for 和 while 循环来遍历列表。

（1）用 for 循环遍历列表。使用 for 循环遍历列表的方法特别简单，只需要将遍历的列表作为 for 循环表达式中的序列就行。我们可以通过下面的案例来加以了解。具体操作如下所示：

```
county_name=["China","American","India","France","Australia"]
for name in county_name:
    print(name)
```

输出结果为：

```
China
American
India
France
Australia
```

在上面的实例中，由于列表本来就是一种序列，所以可以直接将 county_name 作为 for 循环表达式的序列，逐个获取列表中的元素。

（2）用 while 循环遍历列表。使用 while 循环遍历列表不同于 for 循环遍历列表，在我们使用 while 循环遍历列表的时候首先需要获取列表的长度，将获取的列表长度作为

while 的循环条件。接下来将通过一个实际案例来展示。具体操作如下所示：

```
city_name=["Peking","London","Hong Kong","Japan","New York"]
length=len(city_name)
i=0
while i<length:
    print(city_name[i])
    i+=1
```

输出结果为：

```
Peking
London
Hong Kong
Japan
New York
```

在上面的实例中，使用 while 循环遍历列表的时候，由于 while 循环需要明确遍历的次数，因此需要使用 len()函数来获取列表的长度，也就是要遍历的元素个数。

【即学即练】

1．Python 中序列类型数据结构元素的切片操作非常灵活且功能强大，对于列表 Letter=['a','b','c','d','e']，下列操作会正常输出结果的是（　　）。

A．Letter[-4:-1:-1]　　B．Letter[:3:2]　　C．Letter[1:3:0]　　D．Letter['a':'b':2]

2．下列关于列表的的说法中，描述错误的是（　　）。

A．list 是一个有序集合，没有固定大小　　B．list 可以存放任意类型的元素

C．使用 list 时，其下标可以是负数　　D．list 是不可变的数据类型

3．以下程序的输出结果是（　　）。（提示：order("a")）

```
list_demo = [1,2,3,4,5,'a','b']
print（list_demo[1],list_demo[5]）
```

A．1　5　　　　　B．2　a　　　　　C．1　97　　　　　D．2　97

4.2.2　列表函数

1．常见的列表操作方法

列表存在一些操作方法，使用的语法格式为：

```
<列表变量>.<方法名称>（<方法参数>）
```

表 4-2-1 给出了列表的一些常用操作方法，其中使用 list 作为列表变量的通用表示。

表 4-2-1　列表的操作方法

方　法	描　述
list.append(x)	在列表 list 的最后增加一个元素 x

方　法	描　述
list.insert(i,x)	在列表 list 的第 i 位置增加元素 x
list.clear()	删除 list 中的所有元素
list.pop(i)	将列表 list 中的第 i 项元素取出并从 list 中删除元素
list.remove(x)	将列表中出现的第一个元素 x 删除
list.reverse()	将列表 list 中元素反转
list.copy()	生成一个新列表，复制 list 中的所有元素
list.index()	在列表 list 中查找对象的索引位置
list.sort()	将列表中的元素从小到大进行排列，改变列表内容
del	del member[索引值]
+	将两个列表合并为一个列表
*	重复合并同一个列表多次

列表的方法主要针对列表变量，实现列表元素增、删、改、查等，下面通过创建一个水果列表来对这些常用的列表函数进行详细的介绍。

（1）append:添加新的元素。

格式：list.append(obj)

作用：在列表的末尾添加新的元素。

```
fruit=["apple","pear","lemon","banana","grape","peach",]
fruit.append("Strawberry")
print(fruit)
```

输出结果为：

```
['apple', 'pear', 'lemon', 'banana', 'grape', 'peach', 'Strawberry']
```

【例 4-6】使用 append 方法向名单列表中添加元素。

```
name_list=["Tom","Lucy","Linda","Jin"]
print("*****原名单*****")
for add in name_list:
    print(add)
add_name=input("请输入要添加的学生姓名：")
name_list.append(add_name)
print("*****新名单*****")
for name in name_list:
    print(name)
```

输出结果为：

```
*****原名单*****
Tom
Lucy
Linda
Jin
```

```
请输入要添加的学生姓名：sherry
*****新名单*****
Tom
Lucy
Linda
Jin
sherry
```

（2）extend：添加新的元素。

格式：list.extend(obj)

作用：在列表末尾一次性地追加另一个序列中的多个值（用新的列表扩展原来的列表）。

```
fruit_one=["apple","pear","lemon","banana","grape","peach"]
fruit_two=["Strawberry","Blueberry"]
fruit_one.extend(fruit_two)
print(fruit_one)
```

输出结果为：

```
['apple', 'pear', 'lemon', 'banana', 'grape', 'peach', 'Strawberry', 'Blueberry']
```

（3）insert：添加新的元素。

格式：list.insert(index,obj)

作用：在下标为 index 的元素前插入对象 obj。

```
fruit=["apple","pear","lemon","banana","grape","peach"]
fruit.insert(2,"watermelon")
print(fruit)
```

输出结果为：

```
['apple', 'pear', 'watermelon', 'lemon', 'banana', 'grape', 'peach']
```

（4）del：删除元素。

格式：del 列表名[index]

作用：删除列表中下标为 index 的元素。

```
fruit=["apple","pear","lemon","banana","grape","peach"]
del fruit[4]
print(fruit)
```

输出结果为：

```
['apple', 'pear', 'lemon', 'banana', 'peach']
```

（5）pop：删除元素。

格式：list.pop([index=-1])

作用：删除列表中的一个元素（默认删除最后一个元素），并且返回该元素的值。

```
fruit=["apple","pear","lemon","banana","grape","peach"]
fruit_pop=fruit.pop(3)
print("删除的水果为：",fruit_pop)
```

```
print("剩下的水果有：",fruit)
```

输出结果为：

```
删除的水果为：  banana
剩下的水果有：  ['apple', 'pear', 'lemon', 'grape', 'peach']
```

（6）remove：删除元素。

格式：list.remove(obj)

作用：删除列表中某个值的第一个匹配项。

```
fruit=["apple","pear","lemon","banana","grape","peach"]
fruit.remove("apple")
print(fruit)
```

输出结果为：

```
['pear', 'lemon', 'banana', 'grape', 'peach']
```

（7）clear：删除元素。

格式：list.clear()

作用：删除列表中所有元素，返回一个空列表。

```
fruit=["apple","pear","lemon","banana","grape","peach"]
fruit.clear()
print(fruit)
```

输出结果为：

```
[]
```

（8）修改列表。

格式：list[index]=new_element

作用：将列表中下标为 index 的元素换成新元素 new_element。

```
fruit=["apple","pear","lemon","banana","grape","peach"]
fruit[2]="Durian"
print(fruit)
```

输出结果为：

```
['apple', 'pear', 'Durian', 'banana', 'grape', 'peach']
```

（9）index：查找元素。

格式：list.index(obj,[strart,end])

作用：从列表中找出 obj 第一个匹配项的索引位置。

```
fruit=["apple","pear","lemon","banana","grape","peach"]
print("apple 的下标为：",fruit.index("apple"))
print("grape 的下标为：",fruit.index("grape"))
```

输出结果为：

```
apple 的下标为：  0
grape 的下标为：  4
```

（10）copy：复制元素。

格式：list.copy()

作用：生成一个新列表，复制 list 中的所有元素。

```
fruit=["apple","pear","lemon","banana","grape","peach"]
fruit_two=fruit.copy()
print("第一份水果为：",fruit)
print("第二份水果为：",fruit_two)
```

输出结果为：

```
第一份水果为：  ['apple', 'pear', 'lemon', 'banana', 'grape', 'peach']
第二份水果为：  ['apple', 'pear', 'lemon', 'banana', 'grape', 'peach']
```

（11）sort：给元素进行排序。

格式：list.sort(cmp=None,key=None,reverse=False)

作用：对原列表进行排序，默认为升序排序，若想进行降序排序，则需要传入参数reverse=True。

```
fruit=["apple","pear","lemon","banana","grape","peach"]
fruit.sort()
print(fruit)
```

输出结果为：

```
['apple', 'banana', 'grape', 'lemon', 'peach', 'pear']
```

从以上输出的结果我们可以看出，系统自动按照水果名称以字母表的排序为标准对列表进行重新排序。下面使用一个数字列表来让大家更加直观地感受 sort 函数的排序作用。

```
num=[12,54,78,44,30,76,4,7,15]
num.sort()
print(num)
num.sort(reverse=True)
print(num)
```

输出结果为：

```
[4, 7, 12, 15, 30, 44, 54, 76, 78]
[78, 76, 54, 44, 30, 15, 12, 7, 4]
```

（12）sorted：给元素进行排序。

格式：sorted(itrearble, cmp=None, key=None, reverse=False)

作用：对可迭代对象进行排序，默认为升序排序，若想进行降序排序，则需要传入参数 reverse=True。

```
print(sorted([12,54,78,44,30,76,4,7,15]))
print(sorted([12,54,78,44,30,76,4,7,15],reverse=True))
```

输出结果为：

```
[4, 7, 12, 15, 30, 44, 54, 76, 78]
[78, 76, 54, 44, 30, 15, 12, 7, 4]
```

（13）reverse：给元素进行排序。

格式：list.revese()

作用：反转列表中的元素。

```
fruit=["apple","pear","lemon","banana","grape","peach"]
fruit.reverse()
print("反转后的水果列表为：",fruit)
num=[12,54,78,44,30,76,4,7,15]
num.reverse()
print("反转后的数字列表为：",num)
```

输出结果为：

```
反转后的水果列表为：   ['peach', 'grape', 'banana', 'lemon', 'pear', 'apple']
反转后的数字列表为：   [15, 7, 4, 76, 30, 44, 78, 54, 12]
```

（14）len：获取列表的长度。

格式：len(list)

作用：获取列表的长度，即元素的个数。

```
fruit=["apple","pear","lemon","banana","grape","peach"]
print("水果列表的长度为：",len(fruit))
```

输出结果为：

```
水果列表的长度为：   6
```

通过上面的函数学习我们已经大致掌握了列表常用函数的使用方法，下面通过一个具体的生活实例来对列表的知识进行更加深入的掌握。

【例 4-7】在进行学生成绩的统计的时候，我们要将及格人数和不及格人数进行分别统计，利用所学的列表知识，编写一个程序，统计输入分数计算班级总分、平均分并统计及格人数和不及格人数，并计算他们的平均分。

```
score=[98,74,82,47,30,89,94,58,46,84,61,76]
sum=0
for i in score:
    sum+=i
print("班级总分为：",sum)
print("班级平均分为：",round(sum/len(score)))    #对计算结果保留小数点后两位小数
sum1=0
pass_number=0
for item in score:
    if(item<60):
        continue
    sum1=sum1+item
    pass_number+=1
sum2=sum-sum1
```

```
fail_number=len(score)-pass_number
if(pass_number!=0):
    print("及格人数",pass_number,"人,及格人数的平均成绩是",sum1/pass_number)
    print("不及格人数",fail_number,"人，不及格人数的平均成绩为",sum2/fail_number)
```

输出结果为：

```
班级总分为：  839
班级平均分为：  69.92
及格人数  8  人,及格人数的平均成绩是  82.25
不及格人数  4  人，不及格人数的平均成绩为  45.25
```

2. 列表生成式

列表生成式（list comprehensions）是 Python 内置的非常简单却强大的可以用来创建列表的生成式，它可以一次性地生成所有的数据，然后保存在相应的位置，适合小量数据，还能简化很多代码，格式如下：

```
[表达式 for 元素 in 可迭代对象 if 条件]
```

- 使用中括号[]创建一个列表。
- 表达式的返回值会放入这个创建的列表中。
- 内部是 for 循环。
- if 条件语句可选，如果有 if 语句，必须是 if 的条件判断成功，才会执行表达式。
- 将每次 for 循环执行表达式后的返回值，依次放入创建的列表中，for 循环迭代多少次就把多少个返回值放入列表中，最后返回一个新的列表。

【例 4-8】生成[1*1 , 2*2 , 3*3 , ... , 10*10]。

如果要输出 1～10 之间的所有整数，我们该怎么办？这时候我们可以用 range()函数来实现。range 一般用在 for 循环中，它可以创建一个整数列表。

```
for i in range(1,11):
    print(i,end=" ")
```

输出结果为：

```
1 2 3 4 5 6 7 8 9 10
```

可是，如果要生成[1*1，2*2，3*3，...，10*10]怎么做呢？这里我们就需要用到 for 循环了。

```
list=[]
for x in range(1, 11):
    list.append(x*x)
print(list)
```

输出结果为：

```
[1, 4, 9, 16, 25, 36, 49, 64, 81, 100]
```

也许上面使用 for 的操作方法看起来有点复杂，但是如果我们使用列表生成式，就可以用一行代码代替以上的烦琐循环。

```
list=[x*x for x in range(1,11)]
print(list)
```

输出结果为：

```
[1, 4, 9, 16, 25, 36, 49, 64, 81, 100]
```

此外，在 for 循环后面还可以加上 if 判断，这样可以筛选出偶数的平方数。

【例 4-9】生成 1~10 之间偶数的平方数。

```
list_one=[x*x for x in range(1,11) if x%2 == 0]
print(list_one)
```

输出结果为：

```
[4, 16, 36, 64, 100]
```

当然，还可以使用两层循环，生成全排列。

【例 4-10】将"ABCD"与"XYZ"相互搭配，以"AX,AY,AZ,BX……"的形式输出。

```
list_two=[m + n for m in 'ABCD' for n in 'XYZ']
print(list_two)
```

输出结果为：

```
['AX','AY','AZ','BX','BY','BZ','CX','CY','CZ','DX','DY','DZ']
```

【例 4-11】使用列表生成式打印九九乘法口诀表。

方法一：

```
[print(['{}*{}={}'.format(j, i, i*j) for j in range(1, i+1)]) for i in range(1, 10)]
```

方法二：

```
[print("{}*{}={}{}".format(j, i, i*j, "\n" if i == j else ' '), end='') for i in range(1, 10) for j in range(1, i+1)]
```

输出结果略。

【例 4-12】统计字符出现的次数。

```
#使用列表统计字符的个数
s = input('请输入字符串:')
ls= list(s)              #存放要统计的字符串
lsNum=[0,0,0,0]          #存放统计的各个字符的数量,其中的 4 个元素分别存放字母、数字、空格和
                         其他字符数量
length=len(ls)
n=0
while n<length:
    if ls[n].isalpha():
        lsNum[0]=lsNum[0]+1
    elif ls[n].isdigit():
        lsNum[1]=lsNum[1]+1
```

```
        elif ls[n].isspace():
            lsNum[2]=lsNum[2]+1
        else:
            lsNum[3]=lsNum[3]+1
        n+=1
i=0
for i in range(4):
    if i==0:
        print("英文字母个数:%d 个  "%lsNum[0])
    elif i==1:
        print("数字个数:%d 个  "%lsNum[1])
    elif i==2:
        print("空格个数:%d 个  "%lsNum[2])
    else:
        print("其他字符个数:%d 个  "%lsNum[3])
```

输出结果为:

```
请输入字符串:welcome to python world!
英文字母个数:20 个
数字个数:0 个
空格个数:3 个
其他字符个数:1 个
```

【例 4-13】使用列表,计算 s=a+aa+aaa+aa…aa 的和,其中 a 为 1～9 之间的数,最后一项有 n 个 a, a 与 n 由键盘输入。

```
a=input('输入数字:')
count=int(input('几个数字相加:'))
ret=[]
for i in range(1,count+1):
    ret.append(int(a*i))
    print(ret[i-1],end="")
    if i<count:
        print("+",end="")
print("={}".format(sum(ret)))
```

输出结果为:

```
输入数字:5
几个数字相加:6
5+55+555+5555+55555+555555=617280
```

【即学即练】

1．a 和 b 是两个列表,将它们的内容合并为列表 c 的方法是(　　)。

A．c=a.update　　　　B．a.update(b)　　　　C．c=[a,b]　　　　D．c=a+b

2．列表类型中 pop()的功能是(　　)。

A．删除列表中第一个元素　　　　　　　B．返回并删除列表中第一个元素

C．删除列表最后一个元素　　　　　　　D．返回并删除列表中最后一个元素

3．有一个列表 lst = [1,4,9,16,2,5,10,15],要实现生成一个新列表,并要求新列表元素是 lst 相邻 2 项的和。

4．列表 L=['Java','C','Swift','Python',123]，现在有列表中包含字符串和整数，把列表中的大写字符转化为小写字符，输出另外一个列表：

（1）使用 isinstance() 函数判断一个变量是不是字符串。

（2）使用 lower() 函数大写字母转为小写字母。

（3）增加 if 语句保证列表生成式正确执行。

4.2.3　列表嵌套

1．什么是列表嵌套

列表嵌套指的是一个列表中还有一个或多个列表，即列表中的元素还是列表。列表的嵌套又被称为多维列表，多维列表的元素值也是一个列表，只是维度比其父列表小 1，下面通过一个简单的例子来展示列表的嵌套。

```
school_name=[["北京大学","清华大学"],["厦门大学","集美大学"],["中山大学","暨南大学"]]
```

上面列表既是一个嵌套列表，也是一个二维列表，在一个大的列表中嵌套了 3 个小列表。

```
school_name=[["北京：",["北京大学","清华大学"],
             "厦门：",["厦门大学","集美大学"],
             "广东：",["中山大学","暨南大学"]]]
print(school_name)
```

输出结果为：

```
[["北京：',['北京大学','清华大学'],'厦门：',['厦门大学','集美大学'],'广东：',['中山大学','暨南大学']]]
```

通过上面的实例我们可以看出，一个列表中嵌套了一个列表，而嵌套的列表中又嵌套了 3 个小列表，通过这样的方式，我们就创建了一个三维的嵌套列表。

2．打印嵌套列表

若想打印输出嵌套列表，我们可以使用 for 语句。具体操作如下所示：

```
school_name=[["北京大学","清华大学"],["厦门大学","集美大学"],["中山大学","暨南大学"]]
for i in range(len(school_name)):
    print(school_name[i])
```

输出结果为：

```
['北京大学', '清华大学']
['厦门大学', '集美大学']
['中山大学', '暨南大学']
```

同样我们可以使用嵌套 for 语句打印二维嵌套列表中的每一个元素。具体操作如下所示：

```
school_name=[["北京大学","清华大学"],["厦门大学","集美大学"],["中山大学","暨南大学"]]
for i in range(len(school_name)):
```

```
list=school_name[i]
for j in range(len(list)):
    print(list[j])
```

输出结果为：

```
北京大学
清华大学
厦门大学
集美大学
中山大学
暨南大学
```

通过上面的学习，我们大概掌握了创建嵌套列表的方法及打印嵌套列表中元素的方法，下面通过一个生活中的实例来更加深入地学习列表嵌套的操作。

【例 4-14】有 8 位同学，现在我们要将 8 位同学分配到三个小组。编写一个程序，实现对这 8 位同学的随机分配，每组的人数可以不相同。

```
import random
group=[[],[],[]]
students=["Tom","Jack","Black","Linda","Lily","Jim","Sherry","Lisa"]
for student in students:
    index=random.randint(0,2)
    group[index].append(student)
i=1
for temp in group:
    print("第%d 小组的人数为：%d 人，分别为："%(i,len(temp)))
    i+=1
    for student in temp:
        print("%s"%student,end=" ")
    print("\n",end="")
```

输出结果为：

```
第 1 小组的人数为：2 人，分别为：
Linda Lisa
第 2 小组的人数为：3 人，分别为：
Jack Black Lily
第 3 小组的人数为：3 人，分别为：
Tom Jim Sherry
```

由于是随机分配的，所以每次程序运行的结果都不一样。

【即学即练】

1．对于列表 L=[1，2，'Python'，[1，2，3，4，5]]，L[-3]的是（   ）。

A．1   B．2   C．'Python'   D．[1,2,3,4,5]

2．下列程序执行后，p 的值是（   ）。

```
a=[[1,2,3],[4,5,6],[7,8,9]]
p=1
for i in range(len(a)):
    p*=a[i][i]
```

A．45　　　　　　B．15　　　　　　C．6　　　　　　D．28

3．下列 Python 程序的运行结果是（　　）。

```
s=[1,2,3,4]
s.append([5,6])
print(len(s))
```

A．2　　　　　B．4　　　　　C．5　　　　　D．6

4.2.4　任务实现

【例 4-15】利用冒泡排序法，将 n 个数按从小到大顺序排列后输出。

【任务步骤】

```
import random
list1=[]
#生成 10 个 0～100 之间的随机整数
for i in range(0,10):
    num=random.randint(0,100)
    list1.append(num)
print(list1)
#对 10 个随机整数进行排序
for i in range(0,9):
    for j in range(i+1,10):
        if list1[i]>list1[j]:
            list1[j],list1[i]=list1[i],list1[j]      #交换数据
#输出排序结果
print(list1)
```

【任务解析】

冒泡排序法（Bubble Sort）的基本思路是，将相邻的两个数两两进行比较，使小的在前，大的在后。这个算法的名字由来是因为越大的元素会经由交换慢慢"浮"到数列的顶端（升序或降序排列），就如同碳酸饮料中二氧化碳的气泡最终会上浮到顶端一样，故名"冒泡排序"。

第一轮的比较过程是，首先 list1 [0]与 list1[1]比较，如果 list1[0]>list1[1]，则将它们互换，否则不交换。然后，将 list1[1]与 list1[2]比较，如果 list1[1]>list1[2]，则将它们互换。如此重复，最后将 list1[n-2]与 list1[n-1]比较，如果 list1[n-2]大于 list1[n-1]，则将 list1[n-2]与 list1[n-1]互换，否则不互换，这样第一轮比较 n-1 次以后，list1[n-1]中必定是 n 个数中的最大数。

第二轮比较过程是：将 list1[0]到 list1[n-2]相邻的两个数两两比较，比较 n-2 次以后，list1[n-2]中必定是剩下的 n-1 个数中最大的，n 个数中第二大的。

如此重复，最后进行第 n-1 轮比较。list1[0]与 list1[1]比较，把 list1[1]与 list1[1]中较大者移入 list1[1]中，list1[0]是最小的数。最后 list1 列表按从小到大顺序排序。

用双重循环来组织排序，外循环控制比较的轮数，n 个数排序需比较 n-1 轮，设有循环变量 i，从 0 变化到 n-2。内循环控制每轮比较的次数，第 i 轮比较 n-i 次，设有循环变

量 j，j 从 i+1 变化到 n-1。每次比较的两个元素分别为 list1[i] 与 list1[j]。

【任务结果】

[12, 22, 10, 21, 68, 30, 71, 21, 32, 88]
[10, 12, 21, 21, 22, 30, 32, 68, 71, 88]

直击二级

【考点】本次任务中，"二级"考试考察的重点在于列表类型的操作，即列表的操作函数、列表的操作方法及列表解析式的编写语法，重点把握列表的增加、删除、修改、查找等操作。

1．对于列表 ls 的操作，以下选项中描述错误的是（   ）

A．ls.append(x)：在 ls 的最后增加一个元素

B．is.clear()：删除 ls 最后一个元素

C．ls.copy()：生成一个新的列表，复制 ls 所有的元素

D．ls.reserve()：列表 ls 所有元素反转

2．下面代码输出的结果是（   ）。

```
vlist=list(range(5))
print(vlist)
```

A．[0,1,2,3,4]   B．0 1 2 3 4

C．0,1,2,3,4,   D．0;1;2;3;4;

3．列表 listV=list(range(10))，以下能够输出列表 listV 中最小元素的是（   ）。

A．print(min(listV))   B．print(listV.max())

C．print(min(listV()))   D．print(listV.reverse(i)[0])

4．列表 listV=list(range(10))，以下能够输出列表 listV 中最小元素的是（   ）。

A．print(min(listV))   B．print(listV.max())

C．print(min(listV()))   D．print(listV.reverse(i)[0])

5．以下关于 Python 列表的描述中，正确的是（   ）。

A．列表的长度和内容都可以改变，但元素类型必须相同

B．不可以对列表进行成员运算操作、长度计算和分片

C．列表的索引是从 1 开始的

D．可以使用比较操作符（如>或<等）对列表进行比较

6．列表变量 ls 共包含 10 个元素，ls 索引的取值范围是（   ）。

A．(1,10)   B．[1,10]   C．(1,10)   D．[0,9]

7．下面代码的输出结果是（   ）。

```
s =["seashell","gold","pink","brown","purple","tomato"]
print(s[1:4:2])
```

A．['gold','brown']   B．['gold','pink']

C．['gold','pink','brown']   D．['gold','pink','brown','purple','tomato']

8．下面代码的输出结果是（   ）。

```
a = [[1,2,3], [4,5,6], [7,8,9]]
s = 0
for c in a:
    for j in range(3):
        s += c[j]
print(s)
```

A．24   B．45

C．以上答案都不对   D．0

任务三　今天是今年的第几天

【任务描述】列表和元组都是序列结构，它们本身相似，但是又有所不同。本次任务，通过获取当前日期，并判断今天是今年的第几天。比如 2020 年 2 月 1 日，应该返回 32。

【任务分析】紧跟以下步伐，可以让我们学得更快哦！

（1）导入时间函数

（2）平年的 12 个月份每个月份的个数保存在元组中，方便进行累加求值

（3）判断是否为闰年，根据是否为闰年，确定二月份天数

（4）根据元组里的天数及当月天数，最终确定今天是今天的第几天

4.3.1　元组的基本操作

1．认识元组

元组与列表非常相似，都是有序元素的集合，并且可以包含任意类型元素。不同的是，元组是不可变的，这说明元组一旦创建后就不能修改，即不能对元组对象中的元素进行赋值、修改、增加、删除等操作。列表的可变性可以更方便地处理复杂问题，例如，更新动态数据等，但很多时候不希望某些处理过程修改对象内容，例如，处理敏感数据，这时就需要用到元组的不可变性。

2．创建元组

创建元组的方法就是使用圆括号将有序元素括起来，并用逗号隔开。值得注意的是，这里的逗号是必须存在的，即使元组当中只有一个元素，后面也需要有逗号，否则输出的结果就不会是元组类型。在 Python 中定义元组的关键是当中的逗号，即使圆括号省略，但输出元组时，Python 会自动给结果加上一对圆括号。同样，若不向圆括号中传入任何元素，则会创建一个空元组，具体操作如下所示：

```
tuple=()
```

元组中只包含一个元素时，需要在元素后面添加逗号"，"，否则括号会被当作运算符使用，具体操作如下所示：

```
tuple=50
print(tuple)
print(type(tuple))                    # 不加逗号，类型为整型
tuple1=(50,)
print(type(tuple1))                   # 加上逗号，类型为元组
tuple2=50,
print(type(tuple2))                   #加上逗号，即使省略圆括号，依然是元组类型
```

输出结果为：

```
50
<class 'int'>
<class 'tuple'>
<class 'tuple'>
```

3. 元组的连接

元组中的元素是不允许被修改的，但我们可以对元组进行连接组合，具体操作如下所示：

```
t1=("apple","pear","banana")
t2=("orange","stawberry")
t3=t1+t2
print(t3)
t4=t2*2
print(t4)
```

输出结果为：

```
('apple', 'pear', 'banana', 'orange', 'stawberry')
('orange', 'stawberry', 'orange', 'stawberry')
```

4. 删除元组

元组中的元素是不允许删除的，但我们可以使用 del 语句来实现删除整个元组，具体操作如下所示：

```
t1=("apple","pear","banana")
del t1
print(t1)        #将 t1 删除后再次输出程序会报错，因为 t1 已删除
```

输出结果为：

```
NameError: name 't1' is not defined
```

5. 访问元组的值

因为元组也是一个序列，与列表几乎相似，但也还是有所区别的，元组不同于列表，

元组的元素只能读取不能修改，由此我们可以简单地理解为元组就是只读的列表。所以如果要访问元组中指定位置的元素，可以用索引，具体操作如下所示：

```
week=("Monday","Tuesday","Wednesday","Thursday","Friday","Saturday","Sunday")
print(week[0])                    #读取第一个元素
print(week[2])                    #读取第三个元素
print(week[-2])                   #反向读取，读取倒数第二个元素
print(week[-1])                   #反向读取，读取倒数第一个元素
```

输出结果为：

```
Monday
Wednesday
Saturday
Sunday
```

6. 元组的切片

元组的切片与列表的切片相一致，都是通过元素的下标来进行切片的，具体操作如下所示：

```
week=("Monday","Tuesday","Wednesday","Thursday","Friday","Saturday","Sunday")
print(week[0:])                   #获取元组中所有的元素
print(week[0:3])                  #获取元组中下标为 0~2 的元素
print(week[2:6])                  #获取元组中下标为 2~5 的元素
print(week[-4:-1])                #获取元组中倒数第三~倒数第二的元素
print(week[0:6:2])                #获取元组下标为 0~5 之间步长为 2 的所有元素
```

输出结果为：

```
('Monday', 'Tuesday', 'Wednesday', 'Thursday', 'Friday', 'Saturday', 'Sunday')
('Monday', 'Tuesday', 'Wednesday')
('Wednesday', 'Thursday', 'Friday', 'Saturday')
('Thursday', 'Friday', 'Saturday')
('Monday', 'Wednesday', 'Friday')
```

7. 元组的遍历

（1）for 语句遍历元组。元组的遍历与列表一样，我们同样可以使用 for 循环来实现对元组的遍历，具体操作如下所示：

```
tuple=(11,22,33,44,55)
for number in tuple:
    print(number)
```

输出结果为：

```
11
22
33
44
55
```

（2）for 语句和 range()函数遍历元组。同样，我们可以将 for 语句和 range()函数结合

起来使用，这样也可以达到对元组元素遍历的目的。具体操作如下所示：

```
number=(11,22,33,44,55)
for i in range(len(number)):
    print(number[i])
```

输出结果为：

```
11
22
33
44
55
```

（3）for 语句和 enumerate()函数遍历元组。enumerate()函数用于将一个遍历的数据对象（如列表，元组或字符串）组合为一个索引序列，同时列出元素和元素下标，一般用在 for 循环中，也可在列表中使用，具体操作如下所示：

```
number=(11,22,33,44,55)
for index,value in enumerate(number):
    print("下标为%d 的元素的值是%d"%(index,value))
```

输出结果为：

```
下标为 0 的元素的值是 11
下标为 1 的元素的值是 22
下标为 2 的元素的值是 33
下标为 3 的元素的值是 44
下标为 4 的元素的值是 55
```

【例 4-16】建立一个月份的元组表，输入 1~12 的整数，这些整数分别代表每一个月份，输出对应的月份名称。

```
month=("January","February","March","April","May","June","July","August","September","October",
"November","December")
print(month)
m=int(input("请输入序号："))
if m>=0 and m<=11:
    print("序号%d 代表的月份是：%s"%(m,month[m]))
else:
    print("输入有误，请重新输入！")
```

输出结果为：

```
('January', 'February', 'March', 'April', 'May', 'June', 'July', 'August', 'September', 'October', 'November',
'December')
请输入序号：5
序号 5 代表的月份是：June
```

【即学即练】

1．根据输入的整数返回星期几。建立一个代表星期的元组表，对输入的整数进行判断，如果在 0～6 范围内，则输出对应星期几的信息，否则提示输入错误的信息。

2．关于 Python 的元组类型，以下选项中描述错误的是（　　　　）。

A．一个元组可以作为另一个元组的元素，可以采用多级索引获取信息

B．元组一旦创建就不能被修改

C．Python 中元组采用逗号和圆括号（可选）来表示

D．元组中元素不可以是不同类型

3．序列元素的编号称为_____，它从_____开始，访问序列元素时将它用_____括起来。

4.3.2　元组内置函数

Python 元组包含了如表 4-3-1 所示的内置函数。

表 4-3-1　常用的元组内置函数

函　　数	描　　述
len(tuple)	计算元组元素个数
max(tuple)	返回元组中元素最大值
min(tuple)	返回元组中元素最小值
tuple(seq)	将列表转换为元组
reversed(seq)	返回一个反转的迭代器
tuple.count(obj)	统计某个值在整个元组中出现的次数
tuple.index(obj)	从元组中找出某个值第一个匹配项的索引位置

由于前面在列表中已经做了详细的介绍，这里对部分函数进行举例说明。

1．tuple

格式：tuple(seq)

作用：将列表转化为元组。具体操作如下所示：

```
>>>list1=["apple","pear","banana"]
>>>t=tuple(list1)
>>>t
('apple','pear','banana')
```

2．count

格式：tuple.count(obj)

作用：统计某个值在整个元组中出现的次数。具体操作如下所示：

```
tuple=("python","abc","123","java","123","123","python","python","python")
print("元组中的元素"123"的个数为：",tuple.count("123"))
print("元组中的元素"python"的个数为：",tuple.count("python"))
print("元组中的元素"java"的个数为：",tuple.count("java"))
```

输出结果为：

元组中的元素"123"的个数为： 3
元组中的元素"python"的个数为： 4
元组中的元素"java"的个数为： 1

3. index

格式：tuple.index(obj)

作用：从元组中找出某个值第一个匹配项的索引位置。具体操作如下所示：

```
tuple=("python","abc","123","java","#$%")
print("元素"abc"的下标为：",tuple.index("abc"))
print("元素"java"的下标为：",tuple.index("java"))
print("元素"#$%"的下标为：",tuple.index("#$%"))
```

输出结果为：

元素"abc"的下标为： 1
元素"java"的下标为： 3
元素"#$%"的下标为： 4

【例 4-17】将指定元组中元素大于平均值的数组成新元组。

```
tup1=(1,2,3,-4,5,-6,7,8,-9,10)
avg=sum(tup1)/len(tup1)          #平均值
lst=[x for x in tup1 if x>avg]   #列表推导式
tup2=tuple(lst)
print(tup2)
```

输出结果为：

(2, 3, 5, 7, 8, 10)

【即学即练】

1．下列操作不改变对象本身的是（　　　　）。

A．list.insert(2,'A')　　　　　　　　　B．tuple.copy()

B．del Dict['key1']　　　　　　　　　D．set.add('A')

2．下列对元组的操作合法的是（　　　　）。

A．tuple.extend(OtherTuple)　　　　　B．tuple[0]='A'

C．tuple.sort()　　　　　　　　　　　D．tuple1+tuple2

3．tuple(range(2, 10, 2))的返回结果是（　　　　）。

A．[2, 4, 6, 8]　　　　　　　　　　　B．[2, 4, 6, 8, 10]

C．(2, 4, 6, 8)　　　　　　　　　　　D．(2, 4, 6, 8, 10)

4.3.3　任务实现

【例 4-18】今天是今年的第几天。

【任务步骤】

```
import time
date = time.localtime()                        #获取当前时间
year,month,day=date[:3]
day_month=(31,28,31,30,31,30,31,31,30,31,30,31)
if month==2:
    day=(sum(day_month[:month-1])+day)
else:
    if year%400==0 or(year%4==0 and year%100!=0):
        day=(sum(day_month[:month-1])+day+1)
    else:
        day=(sum(day_month[:month-1])+day)
print("今天是今年的第{}天".format(day))
```

【任务解析】

要完成该任务。需要导入时间模块，并获取当前的日期，并按照年（year）、月（month）、日（day）三个元素，分别存放在长度为 3 的列表中。可以将平年的 12 个月份每个月份的个数保存在元组中，方便进行累加求值。具体分以下三种情况：

（1）如果日期为 2020 年 1 月 8 日，则直接获得当天的 day 的值。

（2）如果日期为 2020 年 2 月 8 日，也即月份为 2，则需要分别累加元组中一月份的天数和当前的二月份的 day 的值。

（3）如果日期为 2020 年 3 月 7 日，则需要分别累加各个月份的值，再加上 day 的值，常常要注意的是，如果该年份是闰年，还需要多加 1 天。这是因为元组中存放的是平年的二月份的天数 28。

【任务结果】

今天是今年的第 52 天

直击二级

【考点】本次任务中，"二级"考试考察的重点在于元组的索引、切片及元组中的常用函数，此外还需掌握元组的创建方法及如何使用 for 语句遍历元组内的元素。

1．关于 Python 元组类型，以下选项中描述错误的是（　　　　）。

A．元组一旦创建就不能被修改

B．Python 中元组采用逗号和圆括号来标识

C．元组中元素不可以是不同类型的

D．一个元组可以作为另一个元组的元素，可以采用多级索引获取信息

2．元组变量 t=("cat","dog","tiger","human")，t[::‑1]的结果是（　　　　）。

A．运行出错　　　　　　　　　B．{'human','tiger','dog','cat'}

C．['human','tiger','dog','cat']　　　D．（'human','tiger','dog','cat'）

3．设序列 s，以下选项中对 max(x)的描述正确的是（　　　　）。

A．一定能返回序列 s 的最大值

B．返回序列 s 的最大元素，但要求 s 中元素可比较

C．返回序列 s 的最大值，如果有多个相同，则返回一个元组类型

D．返回序列 s 的最大元素，如果有多个相同，则返回一个列表类型

 # 任务四　简易的数据库通讯录

【任务描述】本次任务，通过字典创建简易数据库通讯录，使用人名作为键，通过检索查找通讯录中人员的地址和电话号码。

【任务分析】紧跟以下步伐，可以让我们学得更快哦！

（1）使用字典创建通讯录

（2）创建针对电话号码和地址使用的描述性标签

（3）用判断语句查找的是电话还是地址

（4）将查找的信息输出

4.4.1　字典的基本操作

1．认识字典

字典是一种通过名称来引用值的数据结构，这种类型的数据结构类型称为映射，而字典是 Python 中唯一的内建的映射类型。在字典中最关键的是含有对应映射关系的键值对，创建字典需要将键和值按规定格式传入特定的符号或函数之中。字典是一种存储数据的容器，它和列表一样，都可以存储多个数据。在 Python 中有两种创建字典的方法，分别为使用花括号（{}）创建和使用函数 dict 创建。

2．创建字典

（1）使用花括号（{}）创建。使用花括号（{}）创建字典的具体格式如下：

```
dict= { key_1 : value_1 , key_2 : value_2, key_3 : value_3,……key_n : value_n}
```

那么，如何创建一个空字典呢？顾名思义，空字典就是创建的字典里面是空的，不包含任何参数。因此，要创建一个空字典只需要使用花括号直接进行创建就好了，不需要做其他的操作。下面定义一个通讯录空字典，具体操作如下所示：

```
addressBook={}                                    #定义通讯录空字典
print(addressBook)
print(type(addressBook))
```

输出结果为：

```
{}
<class 'dict'>
```

在程序中经常碰到键值对的问题，即给定一个键值 key，那么它对应的 value 是什么？例如，一个学生的姓名（key）是什么（value），地址（key）在哪里（value），这就是字典中的键值对，具体操作如下所示：

```
dict= { "name" : "小爱" , "address" : "深圳" , "phone number" : 157020856 , "hobby" : "打球" }
print( dict[ "name" ] )
print( dict[ "address" ] )
```

输出结果为：

```
小爱
深圳
```

键与值之间是通过冒号（:）来分隔的，所有的键值对需用大括号（{}）括起来，键值对之间则使用逗号（,）进行分隔。

注意：

1. 创建字典时应避免传入相同的键，因为字典中不允许重复，所以当出现重复键的时候，字典最终会采用最后出现的重复键的键值对，而值则可以是任意类型的，并且可以重复。

2. 如果访问的键值对不存在，程序会报错。

3. 键是不可变的，可以用数字、字符串或元组充当，但不能用列表。

（2）使用 dict 函数创建字典。dict 中文名为字典，与 tuple 和 list 不同，字典是一种集合结构，因为它满足集合的三个性质：无序性、确定性和互异性。

双值子序列是包括两个元素的序列。例如：将字典中的键和值组织成双值子序列，再传入 dict 函数中，就可以转换为字典类型，而双值子序列中的第一个元素作为字典的键，第二个元素作为对应的值。具体操作如下所示：

```
c=[[1 , 2] ,[3 ,4] ,[5 , 6]]
print (dict( c ) )
```

输出结果为：

```
{ 1 : 2 , 3 : 4 , 5 : 6 }
```

在创建字典的过程中 dict 函数的作用是将双值子序列的序列对象转换为字典类型。具体操作如下所示：

```
dict1=dict( { "three" : 3 , "four" : 4 } )                #使用 dict 函数来创建函数
print( "dict1 : " , dict1)
```

输出结果为：

```
dict1: { 'three' : 3, 'four' : 4}
```

字典中可以包含各种数据类型对象，字典中的值都可以对应到具体的键。

注意:

　　1. 我们可以在字典中提取字典的元素，就像列表中的切片操作一样，而元素则是通过利用映射关系来实现的。

　　2. 在提取字典中的元素时，可以用 in 语句来检查字典中是否包含这个键。

3. 添加字典元素

可以通过赋值在字典中添加元素，格式为:

```
字典[键]=值
```

向字典中添加新的元素，具体操作如下所示:

```
dict={"name":"Jim","sex":"Male","hobby":"football"}
dict["address"]="London"
print(dict)
```

输出结果为:

```
{'name': 'Jim', 'sex': 'Male', 'hobby': 'football', 'address': 'London'}
```

4. 删除字典元素

使用 pop()方法可以删除指定字典的元素，并返回删除的元素值，格式为:

```
字典名.pop(键)
```

将字典中的性别信息删除，具体操作如下所示:

```
dict={"name":"Jim","sex":"Male","hobby":"football"}
dict.pop("sex")
print(dict)
```

输出结果为:

```
{'name': 'Jim', 'hobby': 'football'}
```

5. 删除字典

使用 del 方法可以删除指定字典，也可以用于删除指定的 key 的元素。但是删除字典后再次输出返回的是字典类型，格式为:

```
del 字典名
del 字典名[键]
```

将整个字典进行删除，具体操作如下所示:

```
dict={"name":"Jim","sex":"Male","hobby":"football"}
del dict["sex"]
print(dict)
del dict
print(dict)
```

输出结果为：

```
{'name': 'Jim', 'hobby': 'football'}
<class 'dict'>
```

6. 清空字典

使用 clear()方法可以清空列表的所有元素，并返回一个空字典，格式为：

```
字典名.clear()
```

将字典中的所有元素清空，具体操作如下所示：

```
dict={"name":"Jim","sex":"Male","hobby":"football"}
dict.clear()
print(dict)
```

输出结果为：

```
{}
```

7. 修改字典中的数据

修改字典中的数据就是向字典中添加新的内容，实际上是增加新的键值对，格式为：

```
字典名["键"]=新的值
```

将字典中的性别信息改成"female"，具体操作如下所示：

```
dict={"name":"Jim","sex":"Male","hobby":"football"}
dict["sex"]="female"
print(dict)
```

输出结果为：

```
{'name': 'Jim', 'sex': 'female', 'hobby': 'football'}
```

8. 访问字典元素

字典由字典元素也就是键值对组成，对字典的管理就是对字典元素的访问和操作。可以通过下面访问字典键的方法来获取字典元素的值，格式为：

```
字典名[key]
```

访问字典中的所有元素，具体操作如下所示：

```
dict={"name":"Jim","sex":"Male","hobby":"football"}
print(dict["name"])
print(dict["sex"])
print(dict["hobby"])
```

输出结果为：

```
Jim
Male
```

football

9. 获取字典长度

字典长度指的是字典中元素的数量，可以通过 len()函数获取字典的长度，但是需要注意的是，字典中，一个键值对为一个单位长度，格式为：

```
len(字典名)
```

打印下面字典的长度，具体操作如下所示：

```
dict={"name":"Jim","sex":"Male","hobby":"football"}
print(len(dict))
```

输出的结果为：

```
3
```

10. 合并两个字典

使用 update()函数可以将两个字典进行合并，格式为：

```
字典 1.update(字典 2)
```

将下面两个字典进行合并，具体操作如下所示：

```
dict_one={"name":"Jim","sex":"Male","hobby":"football"}
dict_two={"age":"20","address":"London"}
dict_one.update(dict_two)
print(dict_one)
```

输出结果为：

```
{'name': 'Jim', 'sex': 'Male', 'hobby': 'football', 'age': '20', 'address': 'London'}
```

11. 判断字典中是否存在元素

可以使用 in 关键字判断字典中是否存在指定的元素，如果字典中存在指定元素，则表达式返回 True，否则返回 False，格式为：

```
键 in 字典
```

判断键是否存在于字典中，具体操作如下所示：

```
dict_one={"name":"Jim","sex":"Male","hobby":"football"}
print("name" in dict_one)
print("address" in dict_one)
```

还可以结合 if 语句进行判断：

```
dict_one={"name":"Jim","sex":"Male","hobby":"football"}
if "name" in dict_one:
    print(dict_one["name"])
else:
    print("不存在这个值")
```

输出结果为：

Jim

【例 4-19】使用字典统计字母出现的频率。通过输入函数输入一段英文，请利用字典类型的特点，统计在此中出现的字母的次数（不计大小写）。

```
str1=input("请输入一段英文：")
str1=str1.lower()
d=dict()
for c in str1:
    if c==',' or c=='.' or c==" ":
        continue
    elif c in d:
        d[c]=d[c]+1
    else:
        d[c]=1
print(sorted(d.items()))
```

输出结果为：

请输入一段英文：hello python
[('e', 1), ('h', 2), ('l', 2), ('n', 1), ('o', 2), ('p', 1), ('t', 1), ('y', 1)]

【即学即练】

1．用户输入一串数字，输出每一位数字及其重复的次数。

2．下面代码的输出结果是（   ）。

```
d={"大海":"蓝色","天空":"灰色","大地":"黑色"}
print(d["大地"],d.get("大地","黄色"))
```

A．黑色 黄色   B．黑色 黑色

C．黑色 灰色   D．黑色 蓝色

3．_____可以将一个字典中的内容增加到另外一个字典中。

4.4.2 字典的遍历

1. 遍历字典元素

在实际开发中，字典的遍历可以通过 for 循环来完成。

可以使用 for...in...语句遍历字典中的键和值，格式为：

```
for key in 字典.keys():           #遍历字典的键
    访问字典[key]
for key in 字典.values():          #遍历字典的值
    访问字典[key]
```

（1）遍历下面字典的键，具体操作如下所示：

```
dict_one={"name":"Jim","sex":"Male","hobby":"football"}
```

```
for key in dict_one.keys():
    print("键"+key+"的值是："+dict_one[key])
```

输出结果为：

```
键 name 的值是：Jim
键 sex 的值是：Male
键 hobby 的值是：football
```

（2）遍历下面字典的值，具体操作如下所示：

```
dict_one={"name":"Jim","sex":"Male","hobby":"football"}
for value in dict_one.values():
    print(value)
```

输出结果为：

```
Jim
Male
football
```

（3）遍历下面字典中的元素，具体操作如下所示：

```
dict_one={"name":"Jim","sex":"Male","hobby":"football"}
for item in dict_one.items():
    print(item)
```

输出结果为：

```
('name', 'Jim')
('sex', 'Male')
('hobby', 'football')
```

（4）遍历下面字典中的键值对，具体操作如下所示：

```
dict_one={"name":"Jim","sex":"Male","hobby":"football"}
for key,value in dict_one.items():
    print("键＝%s，值＝%s"%(key,value))
```

输出结果为：

```
键＝name，值＝Jim
键＝sex，值＝Male
键＝hobby，值＝football
```

2. 字典的嵌套

字典中还可以嵌套字典，示例如下：

```
dict={"info":{"name":"Jim","sex":"Male"},"hobby":"football"}
```

通过下面的方法还可以访问嵌套字典，格式为：

```
字典[键][键]
```

访问字典中"name"的值，具体操作如下所示：

```
dict={"info":{"name":"Jim","sex":"Male"},"hobby":"football"}
print(dict["info"]["name"])
```

输出结果为：

```
Jim
```

【例 4-20】使用字典统计今天是今年的第几天。

```
year=int(input('请输入年份:'))
month=input('请输入月份:')
day=int(input('请输入日期:'))
dic={'1':31,'2':28,'3':31,'4':30,'5':31,'6':30,'7':31,'8':31,'9':30,'10':31,'11':30,'12':31}
days=0
if ((year%4==0) and (year%100!=0)) or (year%400==0):
    dic['2']=29          #如果是闰年，则 2 月份是 29 天
if int(month)>1:
    for obj in dic:
        if month==obj:
            for i in range(1,int(obj)):
                days+=dic[str(i)]
    days+=day
else:
    days=day
print('{}年{}月{}日是该年的第{}天'.format(year,month,day,days))
```

输出结果为：

```
请输入年份:2020
请输入月份:2
请输入日期:25
2020 年 2 月 25 日是该年的第 56 天
```

【例 4-21】学生基本信息如表 4-4-1 所示，请编写程序分别统计男、女生的人数，并查找所有年龄超过 18 岁的学生的姓名。

表 4-4-1 学生基本信息表

姓名	性别	年龄
李明	男	19
杨柳	女	18
张一凡	男	18
许可	女	20
王小小	女	19
陈心	女	19

```
dicStus={'李明':('男',19),'杨柳':('女',18),'张一凡':('男',18),
'许可':('女',20),'王小小':('女',19),'陈心':('女',19)}
cnts={}
names=[]
for k,v in dicStus.items():
    cnts[v[0]]=cnts.get(v[0],0)+1
```

147

```
        if v[1]>18:
            names.append(k)
    print("女生共有{}名，男生共有{}名".format(cnts['女'],cnts['男']))
    print("其中年龄超过 18 岁的学生有:")
    print(names)
```

信息表中每一行存储的是和姓名有关的个人信息，可以考虑用字典存储。其中，姓名作为键，性别和年龄可以以元组的形式充当值。然后，通过字典的遍历完成统计和查询。

输出结果为：

```
女生共有 4 名，男生共有 2 名
其中年龄超过 18 岁的学生有:
['李明', '许可', '王小小', '陈心']
```

【即学即练】

1．字典 d={"abc":1,"def":2,"ghi":3}，len(d)的结果是_____。

2．列表、元组通过下标索引元素，而字典通过_____索引元素。

3．下列语句执行后，di['fruit'][1]的值是_____。

```
di={'fruit':['apple','banana','orange']}
di['fruit'].append('watermelon')
```

4.4.3 任务实现

【例 4-22】创建简易的数据库通讯录。

【任务步骤】

```
people = {
    'Wang': {
        'phone': '12345',
        'addr': 'BJ'
    },
    'Ni': {
        'phone': '23456',
        'addr': 'NJ'
    },
    'Ma': {
        'phone': '34567',
        'addr': 'DJ'
    }
}
labels = {
    'phone': 'phone number',
    'addr': 'address'
}                        # 针对电话号码和地址使用的描述性标签，会在打印输出的时候用到
name = input('input name:')
request = input('Phone number (p) or address (a) ?') # 查找电话号码还是地址
if request == 'p':              # 判断
    key = 'phone'
elif request == 'a':
```

```
        key = 'addr'
    if name in people:              # 只有名字在字典中才可以打印
        print("%s's %s is %s." % (name, labels[key], people[name][key]))
    else:
        print('Sorry，I do not know')
```

【任务解析】

该例子主要使用字典的方式，实现一个小型的数据库，通过查询字典的键值来获取用户的信息。字典使用人名作为键。每个人使用一个字典来表示，其键'phone'和'addr'分别表示电话号码和地址，创建针对电话号码和地址使用的描述性标签，通过语句判断查询的是地址还是号码，并通过 in 判断查询的名字是否存在字典中，输入通讯录中信息。

【任务结果】

```
input name:Ma
Phone number (p) or address (a) ?p
Ma's phone number is 34567.
```

直击二级

【考点】 本次任务中，"二级"考试考察的重点在于字典类型的定义方法、字典的索引和字典的常用函数及其使用的方法。

1. 以下选项中不是建立字典的方式是（　　　　）。

A．d={1:[1,2],3:[3,4]}　　　　　　　B．d={[1,2]:1,[3,4]:3}

C．d={(1,2):1,(3,4):3}　　　　　　　D．d={'张三':1,'李四':2}

2. 给定字典 d，下面选项中对 d.key() 的描述正确的是（　　　　）。

A．返回一种 dic_keys 类型，包括字典 d 中所有键

B．返回一个列表类型，包括字典 d 中所有的键

C．返回一个元组类型，包括字典 d 中所有的键

D．返回一个集合类型，包括字典 d 中所有的键

3. 编写代码完成如下功能。

（1）建立字典 d，包含的内容有："数学"：101，"语文"：201，"英语"：203，"物理"：204，"生物"：206。

（2）向字典中添加键值对"化学"：205。

（3）修改"数学"对应的值为 201。

（4）删除"生物"对应的键值对。

（5）打印字典 d 的全部信息，参考格式如下（注意，其中逗号为英文逗号，逐行打印）。

```
201：数学
202：语文
（略）
```

任务五　生成不重复的随机数

【任务描述】 在 Python 语言中，还有一种经常使用的序列类型，那就是集合，本次任务中，将通过集合生成不重复的随机数。

【任务分析】 紧跟以下步伐，可以让我们学得更快哦！

（1）创建空集合

（2）调用 random 库中的 randint()函数产生随机数

（3）通过 set()函数去除重复数

4.5.1　集合的基本操作

1. 认识集合

在 Python 中，集合类型数据结构是将各不相同的不可变数据对象无序地集中起来的容器。仅存在键的字典，Python 的集合与数学中的定义一致，是一个无序并且不重复的元素集，可对其进行交、并、差等运算。集合和字典都属于无序集合体，有许多操作是一致的，例如，判断集合元素是否在集合中（x in set，x not in set）、求集合的长度 len()、最大值 max()、最小值 min()、数值元素之和 sum()、集合的遍历（for x in set）。集合元素之间没有排列顺序，集合不记录元素位置或插入点，因此不支持索引、分片等操作。

2. 创建集合

在 Python 中，创建集合有两种方式：一种是用一对大括号将多个用逗号分隔的数据括起来；另一种是使用 set()函数，该函数可以将字符串、列表、元组等类型的数据转换成集合类型的数据，具体操作如下所示：

```
var1= {'zhangwang','zhangbo','zhanglang'}          #创建一个集合
var2=set("abcdefg")
print(var1)
print(type(var1))
print(var2)
```

输出结果为：

```
{'zhangwang', 'zhangbo', 'zhanglang'}
<class 'set'>
{'g', 'e', 'f', 'c', 'd', 'b', 'a'}
```

在 Python 中，用大括号将集合元素括起来，这与字典的创建类似，但{}表示空字典，空集合用 set()表示，具体操作如下所示：

```
s1={}
print(type(s1))
s2=set()
```

```
print(type(s2))
```

输出结果为：

```
<class 'dict'>
<class 'set'>
```

注意：

1. 由上面这个例子我们可以知道，在创建集合时，我们无须担心传入的元素中是否有重复的元素，因为输出结果会将重复的元素删除。

2. 传入的元素对象必须是不可变的。

3. 集合的类型

Python 集合包含两种类型：可变集合（set）和不可变集合（frozenset）。

上述创建集合的办法就是创建可变集合的方法。可变集合可以添加和删除集合元素，但集合中的元素必须是不可修改的，因此集合的元素不能是列表或字典，只能是数值、字符串或元组。具体操作如下所示：

```
s3={1,2,{'A':3},3,4,5}                    #字典不能作为集合的元素
```

输出结果为：

```
TypeError: unhashable type: 'dict'
```

Python 提供 frozenset()函数来创建不可变集合，不可变集合是不能修改的，因此能作为其他集合的元素，也能作为字典的关键字，具体操作如下所示：

```
s4=frozenset({'a','b','c'})
print(type(s4))
s5={1,2,3,4,5,s4}        #不可变集合可以作为集合的元素
print(s5)
```

输出结果为：

```
<class 'frozenset'>
{1, 2, 3, 4, 5, frozenset({'a', 'c', 'b'})}
```

【例 4-23】从键盘输入 10 个整数存入序列 p 中，其中只要是相同的数在 p 中只存入第一次出现的次数，其余的都被删除。

程序如下：

```
s=set()
for i in range(10):
    x=int(input("请输入数字："))
    s.add(x)
print("s=",s)
```

输出结果为：

```
请输入数字：3
```

```
请输入数字：5
请输入数字：4
请输入数字：3
请输入数字：5
请输入数字：6
请输入数字：7
请输入数字：3
请输入数字：4
请输入数字：3
s= {3, 4, 5, 6, 7}
```

【即学即练】

1．以下不能创建集合的语句是（　　　）。

A．s1=set()　　　　　　　　　　　　　　　B．s2=set（"abcd"）

C．s3={}　　　　　　　　　　　　　　　　D．s4=frozenset((3,2,1))

2．以下代码的执行结果为＿＿＿＿＿＿＿。

```
ls=[1,1,3,4,5]
len(set(ls))
```

3．设 a=set([1,2,2,3,3,3,4,4,4,4])，则 sum(a)的值是＿＿＿＿＿＿＿。

4.5.2　集合的常用运算

集合支持多种运算，很多运算和数学中的集合运算含义是一样的。集合常见函数，如表 4-5-1 所示。

表 4-5-1　集合常见函数

集合常见操作的函数	说　明
add	要传入的元素作为一个整体添加到集合中
remove	删除集合中值为 x 的元素，如果 x 不存在，则会引发一个错误
union（或者使用"∪"符号）	返回两个集合的并集
intersection（或者使用"&"符号）	获取两个集合对象的交集
difference（或者使用"-"符号）	如差集 a-b 从集合 a 中去除所有在集合 b 中出现的元素集合
symmetric_difference（或者使用"^"符号）	取 set1 和 set2 中不同时存在的元素，组成一个新的集合

1. add()和 update():集合数据的添加

在集合中添加数据有两种方法，分别是 add 和 update。add()方法用于给集合添加元素，如果添加的元素在集合中已经存在，则不执行任何操作。update()可以批量增加集合元素，可以添加新的元素或集合到当前集合中，如果添加的元素在集合中存在，则该元素只会出现一次，重复的会忽略，具体操作如下所示：

```
>>>s1={1,2,3,4}
>>>s1.add(1)
>>>s1
{1, 2, 3, 4}
>>>s1.add(5)
>>>s1
{1, 2, 3, 4, 5}
>>>s2={1,2,3,4}
>>>s3={4,5,6,7}
>>>s2.update(s3)
{1,2,3,4,5,6,7}
```

但是 add()和 update()也是有所区别的，具体操作如下所示：

```
a=set ("Nothing")
a.add ("that is life")
print ( a )
```

输出结果为：

```
{'N', 'h', 'o', 't', 'g', 'i', 'n', 'that is life'}
```

我们用同一个例子来区别 update 函数和 add 函数。

```
b=set("Nothing")
b.update("that is life")
print(b)
```

输出结果为：

```
{' ', 'o', 'f', 'i', 'e', 'h', 't', 'n', 's', 'a', 'N', 'g', 'l'}
```

通过上面的例子可看出 add 与 update 之间的区别：使用 add 进行添加时，将要添加的内容完整地添加在原集合中；而使用 update 函数进行添加的时候，是将要添加的内容进行拆分，拆分成单独的字母再添加到原集合中。

2. remove()和 discard()：数据的删除

remove()和 discard()都可以表示删除集合中的指定元素，两者的不同之处在于：

- s.remove(x)：remove()从集合 s 中删除 x，若 x 不存在，则引发 KeyError 错误。
- s.discard(x)：如果 x 是 s 的成员，则删除 x。x 不存在，也不出现错误。具体操作如下所示：

```
>>>s1={1,2,3,4,5}
>>>s1.remove(1)
>>>s1
{2, 3, 4, 5}
>>>s1.discard(2)
>>>s1
{3, 4, 5}
>>>s1.remove(1)
Traceback (most recent call last):
  File "<input>", line 1, in <module>
```

```
KeyError: 1
>>>s1.discard(2)
```

此外，pop()方法和 clear()可以清除集合中的元素。s.pop()：删除集合 s 中任意一个对象，并返回它。s.clear()：删除集合 s 中所有元素。具体操作如下所示：

```
>>>s={1,2,3,4,5}
>>>s.pop()
1
>>>s.clear()
>>>s
set()
```

3. 集合的运算

集合是由不相同的元素对象所构成的无序整体，集合包含多种运算。在集合运算中常用的运算有 4 种，分别为：并集、交集、差集及异或集。

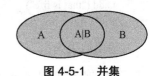

图 4-5-1　并集

（1）并集。在数学中并集的表达式 $A \cup B = \{x | x \in A$ 或 $x \in B\}$，在 Python 中可以使用符号"|"，或者用 union 函数来获得两个集合的并集，如图 4-5-1 所示，具体操作如下所示：

```
Shu= { "羽毛球","游泳","篮球","跑步"}
Wen= { "排球","乒乓球","网球"}
print ( Shu|Wen)
#或者是
a=Shu.union (Wen)
print ( a )
```

输出结果为：

```
{ "羽毛球", "游泳", "篮球", "跑步", "排球", "乒乓球", "网球"}
{ "羽毛球", "游泳", "篮球", "跑步", "排球", "乒乓球", "网球"}
```

（2）交集。在 Python 中利用"&"或者 intersection 函数可以获取两个集合对象的交集，如图 4-5-2 所示，具体操作如下所示：

图 4-5-2　交集

```
Shu= { "羽毛球","游泳","篮球","跑步"}
Wen= { "排球","乒乓球","网球"," 跑步"}
print ( Shu&Wen)
a=Shu.intersection ( Wen)
```

输出结果为：

```
{ "跑步"}
{ "跑步"}
```

（3）差集。在 Python 中差集是用减号"-"表示的，或者用 difference 函数来表示，如图 4-5-3 所示，具体操作如下所示：

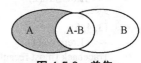

图 4-5-3　差集

```
Shu= { "羽毛球","游泳","篮球","跑步"}
Wen= { "排球","乒乓球","网球"," 跑步"}
```

```
print ( Shu-Wen)
#或者是
a=Shu.difference ( Wen)
print(a)
```

输出结果为：

```
{'篮球', '羽毛球', '游泳'}
{'篮球', '羽毛球', '游泳'}
```

（4）异或集。如图 4-5-4 所示，异或集是由属于 A 或属于 B，但又不同时属于集合 A 和集合 B 的元素所组成的，在集合中用符号"^"表示，或者是函数 symmetric_difference 的集合方法，具体操作如下所示：

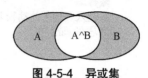

图 4-5-4　异或集

```
Shu= { "羽毛球","游泳","篮球","跑步"}
Wen= { "排球","乒乓球","网球","跑步"}
print ( Shu^Wen)
#或者是
a=Shu.symmetric_difference ( Wen)
print(a)
```

输出结果为：

```
{'篮球', '羽毛球', '排球', '乒乓球', '网球', '游泳'}
{'篮球', '羽毛球', '排球', '乒乓球', '网球', '游泳'}
```

【例 4-24】创建两个动物集合，用上面所学的函数对两个集合取并集、交集、差集和异或集。

```
var = {'蚂蚱','螳螂','蝈蝈','蛐蛐'}          #创建集合
print(var)
var.add("飞鸟")                              #使用 add 函数向集合中添加元素
print(var)
var.remove("蚂蚱")                           #remove 函数指定删除元素
print(var)
var1={"熊猫","孔雀","仓鼠","刺猬"}
a=var|var1                                   #使用集合运算中的并集，将两个集合合并成一个
print(a)
b=var&var1
print(b)
c=var-var1
print(c)
d=var^var1
print(d)
var2={"河马","藏羚羊","狗","猫"}
b=var2.pop()                                 #使用 pop 函数随机删除
print(b)
c=input("请输入要输入的动物名:")
if c in var2:                                #查询元素是否存在于集合中
    print("%s 在 var2 中"%c)
else:
    print("%s 不在 var2 中"%c)
print(len(var2))                             #获取集合中元素的个数
```

155

输出结果为：

```
{'螳螂', '蛐蛐', '蚂蚱', '蝈蝈'}
{'蝈蝈', '蛐蛐', '蚂蚱', '螳螂', '飞鸟'}
{'蝈蝈', '蛐蛐', '螳螂', '飞鸟'}
{'刺猬', '蝈蝈', '熊猫', '蛐蛐', '仓鼠', '螳螂', '飞鸟', '孔雀'}
set()
{'螳螂', '飞鸟', '蛐蛐', '蝈蝈'}
{'刺猬', '蝈蝈', '熊猫', '蛐蛐', '仓鼠', '螳螂', '飞鸟', '孔雀'}
藏羚羊
请输入要输入的动物名:河马
河马在 var2 中
3
```

【即学即练】

1．设 a=set([1,2,2,3,3,3,4,4,4,4])，则 a.remove(4)的值是（　　　　）。

A．{1,2,3}　　　　　　　　　　　　B．{1,2,2,3,3,3,4,4,4}

C．{1,2,2,3,3,3}　　　　　　　　　D．[1,2,2,3,3,3,4,4,4]

2．下列 Python 程序的运行结果是（　　　）。

```
s1=set([1,2,2,3,3,3,4])
s2={1,2,5,6,4}
print(s1&s2-s1.intersection(s2))
```

A．{1,2,4}　　　　　　　　　　　　B．set()

C．[1,2,2,3,3,3,4]　　　　　　　　D．{1,2,5,6,4}

3．{1,2,3,4} & {3,4,5}的值是_____,{1,2,3,4}|{3,4,5}的值是_____, {1,2,3,4}-
{3,4,5}的值是_____。

4．有两门课的成绩，打印出两门课成绩都及格的学生名字。

```
Math= { "Jim":55,"Bob":75,"Linda":85,"Tom":55,"Lucy":66}
English= { "Jim":95,"Bob":88,"Linda":85,"Tom":50,"Lucy":66}
```

4.5.3　任务实现

【例 4-25】生成 20 个 0～20 之间的随机数并输出其中互不相同的数。

【任务实现】：

```
import random
ls=[]
for i in range(20):
    ls.append(random.randint(0,20))
s=set(ls)
print("生成的 20 个 0～20 随机数为： ")
print(ls)
print("其中出现的数有：")
print(s)
```

【任务解析】

随机数的生成可以通过调用 random 库中的 randint()函数来实现。生成的 20 个随机数可以先用列表保存，然后通过 set()函数去除重复项。

【任务结果】

```
生成的 20 个 0～20 随机数为：
[14, 0, 16, 2, 0, 20, 6, 0, 10, 14, 3, 18, 5, 2, 14, 6, 6, 11, 12, 6]
其中出现的数有：
{0, 2, 3, 5, 6, 10, 11, 12, 14, 16, 18, 20}
```

直击二级

【考点】本次任务中，"二级"考试考察的重点在于集合的定义和创建，熟悉掌握集合的常见操作和常用函数。

1．S 和 T 是两个集合，下列对 S&T 的描述中正确的是（　　）。

A．S 和 T 的并运算，包括在集合 S 和 T 中的所有元素

B．S 和 T 的差运算，包括在集合 S 但不在 T 中的元素

C．S 和 T 的交运算，包括同时在集合 S 和 T 中的元素

D．S 和 T 的补运算，包括集合 S 和 T 中的非相同元素

2．S 和 T 是两个集合，下列对 S|T 的描述中正确的是（　　）。

A．S 和 T 的并运算，包括在集合 S 和 T 中的所有元素

B．S 和 T 的差运算，包括在集合 S 但不在 T 中的元素

C．S 和 T 的交运算，包括同时在集合 S 和 T 中的元素

D．S 和 T 的补运算，包括集合 S 和 T 中的非相同元素

3．已知有两个集合 setA 和 setB，以下程序的运行结果是（　　）。

```
setA = set('Hello, World!')
setB = set('Hello, python!')
print(setA − setB)
```

A．{'W','d','r'}　　　　　　　　　　B．{'W','o','r','l','d'}

C．{'H','e','l','o'}　　　　　　　　　D．{'W','n','d','y','P','h','r','t'}

4．以下代码的输出结果为（　　）。

```
Set=set(range(4))
print(Set)
```

A．{0,1,2,3,4}　　　B．{0,1,2,3}　　　C．0,1,2,3,4　　　D．0,1,2,3

5．已知 s1={1,2,3}，s2={2,3,4}两个集合，对 s1 和 s2 进行并集运算，代码的输出结果为（　　）。

```
s1={1,2,3}
s2={2,3,4}
print("并集:",s1|s2)
```

A．并集：1,2,3,2,3,4　　　　　　　B．并集：1,2,3,4

C．并集：{1,2,3,4}　　　　　　　　D．并集：{1,2,3,4,}

6．以下关于集合 Set 操作的描述中，错误的是（　　　）。

A．Set.copy()：生成一个新的集合，复制 Set 的所有元素

B．Set.remove(x)：删除 Set 中所有的 x 元素

C．Set.update()：向集合中添加元素

D．Set.clear()：删除 Set 中所有元素

7．小明想在学校中请一些同学一起做一项问卷调查，为了实验的客观性他先用计算机生成了 N 个 1～1000 之间的随机整数（N<=1000），N 是用户输入的，对于其中重复的数字，只保留一个，把其余相同的数字去掉，不同的数对应不同的学生的学号，然后再把这些数从小到大排序，按照排好的顺序去找同学做调查，请你协助明明完成"去重"与排序工作。

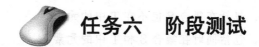

任务六　阶段测试

一、选择题

1．关于列表的说法，描述错误的是（　　　）。

A．list 是一个有序集合，没有固定大小

B．list 可以存放任意类型的元素

C．使用 list 时，其下标可以是负数

D．list 是不可变的数据类型

2．下列不能使用下标访问的是（　　　）。

A．list　　　　　　B．tuple　　　　　　C．set　　　　　　D．str

3．下列函数中，用于返回元组中最小元素的是（　　　）。

A．len　　　　　　B．max　　　　　　C．min　　　　　　D．tuple

4．"for i in range(1,10):"的输出结果是（　　　）。

A．123456789　　　B．0123456789　　　C．12345678910　　　D．012345678910

5．a 和 b 是两个列表，将它们的内容合并为列表 c 的方法是（　　　）。

A．a=a.updata(b)　　B．a.updata　　　　C．c=[a,b]　　　　D．c=a+b

6．以下程序的输出结果是（　　　）。（提示：order（"a"））

```
list_demo = [1,2,3,4,5,'a','b']
print(list_demo[1],list_demo[5])
```

A．1 5　　　　　　B．2 a　　　　　　　C．1 97　　　　　　D．2 97

7．执行下面的操作后，list_two 的值为（　　　）

```
list_one =[4,5,6]
list_two= list_one
list_one[2] = 3
```

A．[4,5,6]　　　　B．[4,3,6]　　　　C．[4,5,3]　　　　D．A,B,C 都不正确

8．阅读下面的程序：

```
list_demo = [1,2,1,3]
nums = set（list_demo）
    for i in nums :
       print(i,end="")
```

　程序执行的结果为（　　　）。

A．1213　　　　　B．213　　　　　C．321　　　　　D．123

9．下列程序执行后输出的结果为（　　　）。

```
x= 'abc'
y=x
y= 100
print(x)
```

A 'abc'　　　　　B．100　　　　　C．97,98,99　　　　D．以上三项均错误

10．列表类型数据结构拥有很多方法和函数，可以实现对列表对象的常用处理，对于列表对象 names=['Lucy','Lily','Tom','Mike','David']，下述列表方法和函数使用正确的是（　　　）。

A．name.append('Helen','Mary')　　　　　B．names.remove(1)

C．names.index('Jack')　　　　　　　　　D．name[2]='Jack'

二、判断题

1．列表中的索引是从 0 开始的。　　　　　　　　　　　　　　　　（　　）

2．通过 insert 方法可以在指定位置插入元素。　　　　　　　　　（　　）

3．使用下标能修改列表的元素。　　　　　　　　　　　　　　　　（　　）

4．列表嵌套指的是一个列表的元素是另一个列表。　　　　　　　（　　）

5．通过下标索引可以修改和访问元组的元素。　　　　　　　　　（　　）

6．在元组中，可以使用 count 方法计算键值对的个数。　　　　　（　　）

三、填空题

1．Python 序列类型包括字典、列表和元组三种，_____是 Python 中唯一的映射类型。

2．Python 中的可变数据类型有_____和_____。

3．在列表中查找元素时可以使用_____和_____运算符。

4．如果要从小到大地排列列表中的元素，可以使用_____方法实现。

5．元组使用_____存放元素，列表使用的是方括号。

四、程序分析题

阅读下面的程序，分析代码是否能够编译通过。如果能编译通过，请列出运行的结果，否则请说明编译失败的原因。

1．代码一

```
tup = ('a','b','c')
tup[3]='d'
print(tup)
```

2．代码二

```
demo = ["1","2","3"]
print(demo[2])
```

3．代码三

```
list_demo = [10,23,66,26,35,1,76,88,58]
list_demo.reverse()
print(list_demo[3])
list_demo.sort()
print(list_demo[3])
```

五、编程题

1．编写一个程序，计算字符串中某个子字符串出现的次数。

2．编写一个函数，用于判断输入的字符串是否由小写字母和字符串构成。

3．已知 info=[1,2,3,4,5]，请通过两种编程方法，将列表变成 info=[5,4,3,2,1]。（使用两种方法）

4．企业发放的奖金根据利润提成。利润低于或等于 10 万元时，奖金可提 10%；利润高于 10 万元，低于 20 万元时，低于 10 万元的部分按 10% 提成，高于 10 万元的部分，可提成 7.5%；利润在 20 万元到 40 万元之间时，高于 20 万元的部分，可提成 5%；利润在 40 万元到 60 万元之间时高于 40 万元的部分，可提成 3%；利润在 60 万元到 100 万元之间时，高于 60 万元的部分，可成 1.5%；利润高于 100 万元时，超过 100 万元的部分按 1% 提成。从键盘输入当月利润 I，求应发放奖金总数。

5．一球从 100 米高度自由落下，每次落地后反跳回原高度的一半；再落下，求它在第 10 次落地时，共经过多少米？第 10 次反弹多高？

项目五　函数与模块

【知识目标】

➢ 掌握函数的定义和调用方法
➢ 掌握闭包的使用
➢ 掌握常用内置函数的使用
➢ 理解装饰器的概念
➢ 掌握异常处理和断言处理的方法

【能力目标】

➢ 能够正确创建函数并掌握函数的调用方法
➢ 会使用 Python 语言编写程序计算 n 的阶乘
➢ 能够灵活使用匿名函数和递归函数进行具体的操作
➢ 能够正确使用装饰器函数

【情景描述】

在经过了前面长时间的学习之后，代码君对 Python 的学习不断深入，越来越感受到 Python 这门计算机语言的魅力，我们可以使用这门编程语言将生活中的许多事物转化为一行行代码。班级事务中永远少不了的就是对班级同学信息的收集和整理工作，作为班长的代码君为了使这份工作变得更加便捷，于是用代码编写了一个学生管理系统，学生管理系统的功能更加精细化和标准化。一起来学习吧！

 任务一　开发学生信息管理系统

【任务描述】函数实现了对整段程序逻辑的封装，能提高应用的模块性和代码的重复利用率。本次任务将开发一个学生信息管理系统，要求使用函数完成各种功能，并且根据键盘的输入来选择对应的函数完成这些功能。

【任务分析】紧跟下面的步伐，可以学习得更快呦！

（1）制作选择菜单

（2）编写添加、删除、查找学生信息函数

（3）编写主程序，在程序中实施函数调用

5.1.1 定义与调用

1. 函数定义

在 Python 语言中，函数可以分为以下 4 类：

（1）内置函数。Python 语言内置了若干常用函数，如 abs()、len()等，在程序中可以直接使用。

（2）标准库函数。安装 Python 语言解释程序的同时会安装若干标准库，如 math、random 等。通过 import 语句，可以导入标准库，然后使用其中定义的函数。

（3）第三方库函数。Python 社区提供了许多其他高质量的库，如 jieba、Numpy、requests 等，通过 import 语句，可以导入库，然后使用其中定义的函数。

（4）用户自定义的函数。本项目将详细讨论用户自定义函数的使用方法。

自定义函数是组织好的，可重复使用的，用来实现单一或相关联功能的代码段，它能够提高应用的模块化和代码的重复利用率。

Python 中定义函数需要使用保留字 def，语法格式为：

```
def 函数名([参数列表]):
    函数体
    [return 返回值列表]
```

函数名是用户自己定义的名称，与变量命名规则相同，用字母开始，后面跟若干字母、数字等，函数可以有很多参数，每一个参数都有一个名称，它们是函数的变量，这些参数称为函数的形式参数（简称形参）。

定义自己想要的函数，需要遵循以下规则：

（1）函数代码块以 def 关键字开头，后接函数标识符名称和圆括号()。

（2）任何传入的参数和自变量必须放在圆括号中间，函数可以没有参数，但圆括号不可缺少。

（3）函数的第一行语句可以选择性地使用文档字符串用于存放函数说明。

（4）函数内容以冒号起始，并且缩进。

（5）[return 返回值列表]结束函数，选择性地返回一个值给调用方。不带表达式的 return 相当于返回 None。

例如：输入两个整数，找出它们中的最大值。

```
def max(a,b):
    c=a
    if b>a:
        c=b
    print(c)
```

上述代码只是定义了一个 max()函数，但是并没有执行函数体，如需执行，则需要调用函数。

2. 函数调用

定义函数之后，就相当于有了一段具有特定功能的代码，但是并不执行，要想让这些代码能够执行，需要调用函数，调用函数方式很简单，通过"函数名()"即可完成调用。

如利用上述定义完成 max(a,b)函数定义后，需要输入命令进行函数的调用：

```
def max(a,b):            #函数定义
    c=a
    if b>a:
        c=b
    print(c)             #不带 return 返回值
max(2,4)                 #函数调用
```

在调用函数时，形参规定了函数需要的数据个数，实际参数（简称实参）必须在数目上与形参相同，一般规则如下：

① 形参是函数的内部变量，有名称。形参出现在函数定义中，在整个函数体内都可以使用，但离开该函数则不能使用。

② 实参的个数必须与形参一致，实参可以是变量、常数、表达式，甚至是一个函数。

③ 当实参是变量时，它不一定要与形参同名称，实参变量与形参变量是不同的内存变量，它们其中一个值的变化不会影响另外一个变量。

④ 函数调用中发生的数据传送是单向的，即只能把实参的值传送给形参，而不能把形参的值反向地传送给实参，因此在函数调用过程中，形参的值发生改变，而实参中的值不会变化。

函数的定义和调用之间的具体关系如图 5-1-1 所示。

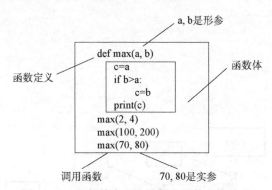

图 5-1-1　函数的定义和调用之间的具体关系

【例 5-1】求两数相加。

```
def addxy(x,y):    #定义双参数（x,y）函数 addxy
    return    x+y
print(addxy(-12,6))
```

输出结果为：

```
-6
```

其中，函数名是合法的标识符，函数名后是一对()，括号中包含 0 个或 1 个以上的参数，这些参数称为形参。def 定义的函数首行后有个冒号（:），其后是缩进的代码块作为函数体，函数最后可以用 return 语句将值返回给调用方，并结束函数。

3. 函数嵌套调用

程序的执行总是从主程序函数开始的，完成对其他函数的调用后再返回到主程序函数，最后由主程序函数结束整个程序。

嵌套调用就是一个函数调用另一个函数，被调用的函数又进一步调用另一个函数，形成一层层的嵌套关系。一个复杂的程序存在多层的函数调用。

图 5-1-2 所展示的是这种关系：主程序函数（main）调用函数 A，在函数 A 中又调用函数 B，函数 B 又调用函数 C，在函数 C 完成后返回函数 B 的调用处，继续函数 B 的执行，之后函数 B 执行完毕返回函数 A 的调用，函数 A 又接着往下执行，随后函数 A 又调用 D 函数，函数 D 执行完成后返回函数 A，函数 A 执行完成后返回主程序函数，主程序接着往下执行，主程序完成后程序即结束。对应的程序结构如下：

```
def D():
    ......
def C():
    ......
def B():
    ......
    C()
    ......
def A():
    ......
    B()
    ......
    D()
    ......
#主程序
......
A()
......
```

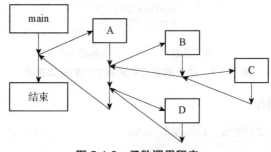

图 5-1-2　函数调用程序

函数可以这样一层层地嵌套下去，但是函数调用一般不可以出现循环。如果出现循环可能会造成死循环。

【例 5-2】输入两个数，求它们的平方和。

```
def myf(x,y):
    return x*x+y*y
print(myf(3,4))
```

程序中只定义了一个函数 myf()，将函数定义和函数调用都放在一个程序文件中，但是输入的形参的值相对固定，因此，还可以定义一个主函数，用于完成程序的总体调度功能。

```
def myf(x,y):
    return x*x+y*y
def main():
    a,b=eval(input())
    print(myf(a,b))
main()
```

输出结果为：

```
请输入两个数：3,4
25
```

程序最后一行为调用主函数，这是调用整个程序的入口。作为一种习惯，通常将一个程序的主函数（程序入口）命名为 main。由主函数来调用其他函数，使得程序呈现模块化结构。

【例 5-3】输入整数 n，计算 1+（1+2）+（1+2+3）+…+（1+2+3+…+n）的和。

```
def sum(m):
    s=0
    for n in range(1,m+1):
        s=s+n
    return s
def sumAll(n):
    s=0
    for m in range(1,n+1):
        s=s+sum(m)
    return s
n=int(input("n="))
print("总和是：",sumAll(n))
```

输出结果为：

```
n=5
总和是：35
```

显然，第 m 项是（1+2+…+m），设计一个函数计算（1+2+…+m）的和，函数为 sum（m），之后再累计 sum（1）+sum（2）+…+sum（n）。

【例 5-4】使用函数，计算 s=a+aa+aaa+aa…aa 的和，其中 a 为 1～9 之间的数，最后一项有 n 个 a，a 与 n 由键盘输入。

```
def test():
    basis = int(input("输入一个基本的数字:"))
    n = int(input("输入数字的长度:"))
    b = basis
    sum = 0
    for i in range(0, n):
        if i == n - 1:
            print("%d " % (basis),end="")
        else:
            print("%d +" % (basis),end="")
        sum += basis
        basis = basis * 10 + b
    print('= %d' % (sum))
test()
```

输出结果为：

```
输入一个基本的数字:5
输入数字的长度:6
5 +55 +555 +5555 +55555 +555555 = 617280
```

根据用户输入的个数（长度）决定循环的次数。区分每次循环输出的内容，只要是最后一次循环，就直接输出最终的结果，其余皆为本次结果跟上加号。

先从个位的数字开始计算，每执行一次循环就把上次的结果数乘以 10，使得每次的结果为 50、550、5550，然后再加上个位的基本数字就行。

【即学即练】

1．下列关于函数的定义中，（　　　）是错误的。

A．不需要指定参数类型　　　　　　　　B．不需要指定函数的返回值

C．可以嵌套定义函数　　　　　　　　　D．没有 return 语句，函数返回 0

2．关于函数的说法中，正确的是（　　　）。

A．函数定义只能使用 def 关键字　　　　B．函数定义后可以自动运行

C．函数的名称可以使用数字开头　　　　D．函数定义后需要调用才能执行

3．下列程序的运行结果是（　　　）。

```
def f(x=2,y=0):
    return x-y
y=f(y=f(),x=5)
print(y)
```

A．-3　　　　　　　　B．3　　　　　　　　C．2　　　　　　　　D．5

5.1.2　函数参数

函数调用时，默认按位置顺序将实参逐个传递给形参，也就是调用时，传递的实参和函数定义时确定的形参在顺序、个数上要一致，否则调用会出错。

在详细了解函数的参数之前，我们先看一下无参数函数的例子，具体操作如下所示：

```
def add2num():
    c=11+22
    print(c)
add2num()
```

输出结果为：

33

这段函数只是固定计算两个数之和没有什么灵活性，若要计算任何两个数之和，我们可以在定义函数的时候，设置函数参数，具体操作如下所示：

```
def add2num(a,b):
    c=a+b
    print(c)
add2num(11,22)
```

输出结果为：

33

这里的 a、b 就是函数的参数，调用时可以传入任何数。函数中设有参数方便了代码的灵活运用。

为了增加函数调用的灵活性和方便性，Python 中的函数参数主要有以下 4 种。

1．位置参数

位置参数，有时也称必备参数，指的是必须按照正确的顺序将实际参数传到函数中，换句话说，调用函数时传入实际参数的数量和位置都必须和定义函数时保持一致。

例如，设计一个求梯形面积的函数，并利用此函数求上底为 4cm，下底为 3cm，高为 5cm 的梯形的面积。但如果交换高和下底参数的传入位置，计算结果将导致错误，具体操作如下所示：

```
def area(upper_base,lower_bottom,height):
    return (upper_base+lower_bottom)*height/2
print("正确结果为：",area(4,3,5))
print("错误结果为：",area(4,5,3))
```

输出结果为：

正确结果为： 17.5
错误结果为： 13.5

在调用函数时，指定的实际参数的数量，必须和形式参数的数量一致（传多传少都不行），否则 Python 解释器会抛出 TypeError 异常，并提示缺少必要的位置参数。

```
def girth(width , height):
    return 2 * (width + height)
#调用函数时，必须传递 2 个参数，否则会引发错误
print(girth(3))
```

输出结果为：

```
Traceback (most recent call last):
    File "D:/python_study/s254.py", line 4, in <module>
        print(girth(3))
TypeError: girth() missing 1 required positional argument: 'height'
```

可以看到，抛出的异常类型为 TypeError，具体是指 girth() 函数缺少一个必要的 height 参数。同样，多传参数也会抛出异常：

```
def girth(width , height):
    return 2 * (width + height)
#调用函数时，必须传递 2 个参数，否则会引发错误
print(girth(3,2,4))
```

输出结果为：

```
Traceback (most recent call last):
    File "C:\Users\mengma\Desktop\1.py", line 4, in <module>
        print(girth(3,2,4))
TypeError: girth() takes 2 positional arguments but 3 were given
```

【例 5-5】函数多种参数求和。

```
def mytotal(x,y=30,*z1,**z2):
    t=x+y
    for i in range(0,len(z1)):
        t+=z1[i]
    for k in z2.values():
        t+=k
    return t
s=mytotal(1,20,2,3,4,5,k1=100,k2=200)
print("结果为{}".format(s))
```

输出结果为：

```
结果为335
```

调用 mytotal() 函数时，实参和形参结合后 x=1,y=20,z1=(2,3,4,5),z2={"k1":100,"k2": 200}，函数体中首先将 x+y 的值赋给 t（t=21），然后累加元组 z1 的全部元素（t=35），再累加字典 z2 的全部值（t=335）。

2. 关键字参数

其实默认参数中已经出现了关键字参数，关键字参数就是在调用函数时，传入实参时带参数名，用这样的方式传入的实参叫作关键字参数。关键字参数的形式为：

```
形参名＝实参值
```

在函数调用中使用关键字参数是指通过形式参数的名称来指示为哪个形参传递什么值，这可以跳过某些参数或脱离参数的顺序。例如：使用关键字调用 say() 函数。

```
def say(name="python",time=3):
    i=0
    while i <=time:
        print(name,end=" ")
```

```
            i+=1
    say(time=5)
```

输出结果为：

```
python python python python python python
```

say(time=5)表示将 5 传递给形参 time，这样 name 就没有给出实参，只能用默认参数"python"。

关键字参数的方法使函数调用时不再需要考虑参数的顺序，函数更易用。特别地，当存在默认参数时，只需要对个别参数赋值就可以了。但方便的同时，更需要避免对同一个参数多次赋值的情况，如果使用如下的调用形式：

```
    say("hello",name=5)
```

运行后，则会给出如下错误提示。

```
    say() got multiple values for argument 'name'
```

因为对于没有给出关键字的实参，"hello"会按位置顺序给形参 name 赋值，然后又用关键字参数再次给 name 赋值，引起错误。

3. 默认参数

调用函数时，如果没有传递参数，则会使用默认参数，以下实例中如果没有传入 age 参数，则使用默认值。调用函数时，默认参数的值可传可不传入，所有的位置参数必须出现在默认参数前，包括函数定义和调用。默认值参数的形式为：

```
形参名=默认值
```

例如：定义了 print_info 函数时使用默认值参数。

```
def print_info(name,age=35):      #默认值 age=35 必须放在形参表的最右端，否则出错
    print("Name:",name)
    print("Age:",age)
print_info(name="Tom")           #调用 print_info 函数
print_info(name="Tom",age=6)     #也可写成 print_info(age=6,name="Tom")
```

输出结果为：

```
Name: Tom
Age: 35
Name: Tom
Age: 6
```

1～3 行代码定义了带有两个参数的 print_info 函数。其中，name 参数没有设置默认值，age 作为默认参数已经设置了默认值。在第 4 行中调用 print_info 函数时，由于只传入 name 参数的值，所以程序会使用 age 参数的默认值；在第 5 行中调用 print_info 函数时，同时传入了 name 和 age 两个参数的值，所以程序会使用传给 age 参数的新值。

4. 不定长参数

在处理一些代码的时候，你可能需要一个函数能处理比当初声明时更多的参数，这些参数叫作不定长参数，和上述默认参数不同，声明时不会命名。其基本的语法格式如下：

```
def 函数([formal_args,] *args,**kwargs):
    "函数__文档字符串"
    函数体
    return 表达式
```

在上述格式中，函数共有 3 个参数。其中，formal_args 为形参（也就是前面所用的参数，如 a，b），*args 和**kwargs 为不定长参数。当调用函数的时候，函数传入的参数个数会优先匹配 formal_args 参数的个数。如果传入的参数个数和 formal_args 参数的个数相同，不定长参数会返回空的元组或字典；如果传入参数的个数比 formal_args 参数的个数多，可以分为如下两种情况：

（1）如果传入的参数没有指定名称，那么*args 会以元组的形式存放这些多余的参数。

（2）如果传入的参数指定了名称，如 m=1，那么**kwargs 会以字典的形式存放这些被命名的参数，如{m:1}。

*args 和**kwargs 是 Python 中经常使用的函数参数，代表着函数的参数数目是可变的，并且*args 使用时必须要在**kwargs 的前面。

为了大家更好地了解，先通过一个简单的案例进行演练。

```
def test(a,b,*args):
    print(a)
    print(b)
    print(args)
test(11,22)
```

输出结果为：

```
11
22
()
```

在案例中，第 1~4 行代码定义了带有多个参数的 test 函数。其中，args 为不定长参数。当在第 5 行中调用 test 函数时，由于只传入 11 和 22 这两个数，所以这两个数会从左向右依次匹配 test 函数定义时的参数 a 和 b，此时，args 参数没有接收到数据，所以为一个空元组。

如果在调用 test 函数时，传入多个参数（参数个数多于 2 个），情况又是什么样的呢？下面看一段代码：

```
def test(a,b,*args):
    print(a)
    print(b)
    print(args)
test(11,22,33,44,55,66,77,88,99)
```

输出结果为：

```
11
22
(33, 44, 55, 66, 77, 88, 99)
```

如果在参数列表的末尾使用**kwargs参数，则如何传递数据呢？具体如下所示：

```
def test(a,b,*args,**kwargs):
    print(a)
    print(b)
    print(args)
    print(kwargs)
test(11,22,33,44,55,66,77,88,99)
```

输出结果为：

```
11
22
(33, 44,55,66,77,88,99)
{}
```

上述例子中传入的是空字典，在字典可变长度参数中，关键字参数和实参值参数被放入一个字典，分别作为字典的关键字和字典的值，具体操作如下所示：

```
def foo(x,**kwargs):
    print(x)
    print(kwargs)
foo(1,y=1,z=2)
```

输出结果为：

```
1
{'y': 1, 'z': 2}
```

foo(1,y=1,z=2)对函数进行了调用，最后1会赋值给参数x，而y=1，z=2会打包成一个字典形式赋值给**kwargs。

> 注意：在Python中使用*args和**kwargs可以定义可变参数，在可变参数之前可以定义任意多个参数，可变参数永远放在参数的最后面。*args和**kwargs中args和kwargs可用其他字母代替。

【即学即练】

1．下面有一段代码，请写出它的运行结果_____。

```
def num(x,y,*args):
    print(x)
    print(y)
    Print(*args)
num(1,2,3,4,5,6)
```

2．以下对自定义函数def interest(money,day=1,interest_rate=0.05)的调用错误的是（　　）。

A．Interest(3000)

B．Interest(3000,3,0.1)

C．Interest(day=2,3000,0.05)

D．Interest(3000,interest_rate=0.1,day=7)

3．函数的参数有默认参数、_____、不定长参数、位置参数等类型。

5.1.3　函数返回值

1．用 return 语句

现实生活中的场景：妈妈给儿子 10 元钱，让儿子给妈妈买酱油。这个例子中，10 元钱是妈妈给儿子的，就相当于调用函数时传递了参数，让儿子买酱油这个事情最终的目标是，让他把酱油带回来然后给妈妈，此时酱油就是返回值。

我们通常编写函数除了代码可以复用，更多的时候需要知道函数的运算结果，那么函数必须把运算的结果返回给我们，这个结果就叫作函数的返回值，使用 return 关键字进行返回。

所谓"返回值"，就是程序中函数完成一件事情后，最后给调用者的结果，例如，下面一段示例代码：

```
def add(a,b):
    c=a+b
    return c
```

或者

```
def add(a,b):
    return a+b
```

在上面的例子中，函数 add 中包含 return 语句，意味着这个函数有一个返回值，其返回值就是 a 和 b 相加的结果，当调用 add()函数时，将 2 传递给 a，将 3 传递给 b，此时 c 为 a 和 b 的和，作为返回值赋给变量 m。

【例 5-6】定义函数计算两个数中最大的值。

```
def maximum(x,y):
    if x>y:
        return x
    elif x==y:
        return "The numbers are equal"
    else:
        return y
a,b=input("请输入两个数（空格分开）: ").split(" ")
print("最大的数为:",maximum(a,b))
```

输出结果为：

```
请输入两个数（空格分开）: 3 5
最大的数为: 5
```

2. 函数返回值的 4 种类型

函数根据有没有参数，有没有返回值，一共可以划分为 4 种。

（1）无参数，无返回值

无参数、无返回值的函数，既不能接收参数，也没有返回值，一般情况下，打印提示等类似的功能，就可以使用这类函数。具体示例如下：

```
def printMenu():
    print("-------------------------")
    print("xx 涮涮锅点菜系统")
    print("1.羊肉涮涮锅")
    print("2.牛肉涮涮锅")
    print("3.猪肉涮涮锅")
    print("-------------------------")
printMenu()
```

输出结果为：

```
-------------------------
xx 涮涮锅  点菜系统
1.   羊肉涮涮锅
2.   牛肉涮涮锅
3.   猪肉涮涮锅
-------------------------
```

（2）无参数，有返回值

此类函数，不能接收参数，但是可以返回某个数据，一般情况下，像采集数据，可用此类函数，具体操作如下所示：

```
#获取温度
def getTemperature():
    #这里是获取温度的处理过程
    return 35
temperature = getTemperature()
print("当前的温度为:%d"%temperature)
```

输出结果为：

```
当前的温度为:35
```

（3）有参数，无返回值

此类函数，能接收参数，但不可以返回数据，一般情况下，对某些变量设置数据而不需结果时，用此类函数。

（4）有参数有返回值

此类函数，不仅能接收参数，还可以返回某个数据，一般情况下，像数据处理并需要处理结果的应用，用此类函数。

【例 5-7】计算 1~100 的累计和。

无返回值代码：

```
def delSum(num):
```

```
        sum= 0
        i = 1
        while i<=num:
            sum = sum + i
            i+=1
    print('1~100 的累积和为:%d'%result)
    calSum(100)
```

有返回值代码：

```
    def calSum(num):
        sum = 0
        i = 1
        while i<=num:
            sum = sum + i
            i+=1
        return sum
    print('1～100 的累积和为:%d'% calSum(100))
```

输出结果为：

```
    1~100 的累积和为: 5050
```

如果函数执行了 return 语句，函数会立刻返回返回值并结束调用，return 之后的其他语句都不会被执行了。

【例 5-8】编写函数，求任意个连续整数的和。

在例 5-7 中介绍了求 1+2+3+……+100 的和，用的是 while 循环，现用 for 循环求和，具体代码如下所示：

```
    def calSum(num):
        sum = 0
        for i in range(num+1):
            sum=sum+i
        return sum
    result = calSum(100)
    print('1～100 的累积和为:%d'%result)
```

在上面的代码中，第 1～5 行是函数定义，第 6 行是函数调用。但是要求不是从 1 加到 100，而是任意连续的整数相加，则需要修改上面的代码。任意连续整数相加意味着需要告诉 calSum()函数累加的初值和终值分别是什么，也就是需要将初值和终值数据传递给函数，将数据传递给函数就需要设置参数。

```
    def calSum(num1,num2):
        sum = 0
        for i in range(num1,num2+1):
            sum=sum+i
        return sum
    m1=int(input("初值："))
    m2=int(input("终值："))
    result = calSum(m1,m2)
    print('{}到{}累加和为{}。'.format(m1,m2,result))
```

输出结果为：

174

初值：1
终值：10
1 到 10 累加和为 55。

对比之前的代码，在第 1 行中明确函数在运行时需要确定的初值和终值，因此设定形参来接收数据。第 3 行根据 num1 和 num2 的值来生成迭代序列。第 6、7 行，由用户输入初值和终值，在调用的时候作为实参传递给函数。

如果遇到这样一个问题"求（2+3+…+19+20）+（11+12+…+99+100）的和"，那还能利用刚才编写的函数求解吗？具体操作如下所示：

```
def calSum(num1,num2):
    sum = 0
    for i in range(num1,num2+1):
        sum=sum+i
    return sum
print("sum=",calSum(2,20)+calSum(11,100))
```

输出结果为：

```
sum=5204
```

不难发现由于原来编写的函数直接输出了结果，而没有传任何值出来，所以无法继续在表达式中参与计算，函数的功能受到了限制。因此，如果希望函数求出的结果可以继续运算，就必须把结果传递出来，此时就需要用到 return 语句。

【例 5-9】输出一个正整数，找出它的所有质因数。

如果正整数是 12，它的因数有 1，2，3，4，6，12，但是只有 1，2，3 是质数，因此 12 的质因数为 1，2，3。

```
def IsPrime(m):
    for n in range(2,m):
        if m%n==0:
            return 0
    return   1
n=int(input("n="))
for p in range(1,n+1):
    if n%p==0 and IsPrime(p)==1:
        print(p)
```

输出结果为：

```
n=12
1
2
3
```

【即学即练】

1．Python 中，函数返回值，需要关键字（　　　）。

A．Back　　　　　　B．ret　　　　　　　　C．ok　　　　　　　D．return

2．如果函数中没有 return 语句或者 return 语句不带任何返回值，那么该函数的返回值为_____。

3．随机生成 6 个学生的成绩并判断这 6 个学生成绩的等级。

4．编写程序求解如下问题：

（1）找出 2～100 中所有的素数。

（2）找出 2～100 中所有的孪生素数。孪生素数是指相差 2 的素数对，如 3 和 5、5 和 7、11 和 13 等。

（3）将 4～20 中所有的偶数分解成两个素数的和。例如，6=3+3、8=3+5、10=3+7 等。

5.1.4 变量作用域

1．局部变量

在定义函数时，往往需要在函数内部对变量进行定义和赋值，在函数体内定义的变量为局部变量。例如：在函数体的内部定义的变量，每个函数可以定义相同名称的局部变量，只能在函数内部进行访问，不会影响其他函数。具体示例如下：

```
def text():
    demo = 'C 语言中文网'
    print(demo)
text()
```

输出结果为：

```
C 语言中文网
```

每个函数在执行时，系统都会为该函数分配一块"临时内存空间"，所有的局部变量都被保存在这块临时内存空间内。当函数执行完成后，这块内存空间就被释放了，这些局部变量也就失效了，因此离开函数之后就不能再访问局部变量了，否则解释器会抛出 NameError 错误。将上述代码修改如下：

```
def text():
    demo = 'C 语言中文网'
    print(demo)
text()
#此处获取局部变量值会引发错误
print('局部变量 demo 的值为：',demo)
```

输出结果为：

```
C 语言中文网
Traceback (most recent call last):
    File "C:\Users\mengma\Desktop\1.py", line 5, in <module>
        print('局部变量 demo 的值为：',demo)
    NameError: name 'demo' is not defined
```

2. 全局变量

全局变量指的是能作用于函数内外的变量，即全局变量既可以在各个函数的外部使用，也可以在各函数内部使用，具体操作如下所示：

```
demo = "C 语言中文网"
def text():
    demo="python 语言中文网"
    print("函数体内访问：",demo)
text()
print('函数体外访问：',demo)
```

输出结果为：

```
函数体内访问：  python 语言中文网
函数体外访问：  C 语言中文网
```

注意：
- 全局变量可以在整个程序范围内访问。
- 如果出现全局变量和局部变量名字相同的情况则访问的是局部变量。
- 全局变量不能在函数体内直接被赋值否则就会报错。

3. global 和 nonlocal 关键字

那么是否外部的全局变量的值无法被修改呢？答案是否定的，我们可以使用 global 和 nonlocal 关键字进行变量的修改。

使用 global 函数可以将局部范围内（比如函数）的局部变量提升为全局变量。具体操作如下所示：

```
b2 = 22         #全局变量
def fun():
    b2 = 99      #局部变量
    print(b2)
fun()           #函数调用全局变量，输出 b2=99
print(b2)        #函数内部没定义 b2 为全局变量，所以依然输出为 22
```

输出结果为：

```
22
99
22
```

上述例子中，并没有将 fun()函数中 b2 使用全局变量，修改局部变量为全局变量，如下所示：

```
b2 = 22       #全局变量
def fun():
    global b2
    print(b2)
    b2 = 99              #将全局变量重新赋值
    print(b2)
```

```
fun()
print(b2)
```

输出结果为：

```
22
99
99
```

一般在嵌套的函数中使用 nonlocal 关键字来修改嵌套的上级函数的作用域的变量，具体示例如下所示：

```
def outer():
    num = 10
    def inner():
        nonlocal num
        num = 100
        print(num)
    inner()
    print(num)
outer()
```

输出结果为：

```
100
100
```

5.1.5 任务实现

【例 5-10】编写学生信息管理系统。

学生管理系统负责编辑学生的信息，适时地更新学生的资料。例如，新生入校，要在学生管理系统中录入刚入校的学生信息。编写一个学生管理系统，要求如下：

（1）使用自定义函数，完成对程序的模块化。

（2）学生信息至少包含姓名、性别及手机号。

（3）该系统具有的功能有添加、删除、修改、显示、退出系统。

学生信息管理系统的具体功能如图 5-1-3 所示。

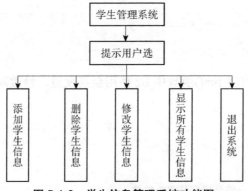

图 5-1-3　学生信息管理系统功能图

【任务步骤】

（1）定义一个可以输出学生信息系统菜单的函数及用于存取学生信息的列表，具体代码如下所示：

```
def print_menu():
    print("="*30)
    print(" 学生信息系统 V8.8 ")
    print("1.添加学生信息")
    print("2.删除学生信息")
    print("3.修改学生信息")
    print("4.显示所有学生信息")
    print("5.退出系统")
    print("="*30)
stuInfos=[]
```

（2）函数可以被其他函数调用，这也是函数的魅力所在，编写学生信息系统的主函数，并调用其各个子函数，可以完成对系统功能的选择，定义一个 main 函数，用于控制整个程序的流程。在该函数中，使用一个死循环保证程序一直能接收用户的输入。在循环中，打印功能菜单提示用户，之后获取用户的输入，并使用 if...elif 语句区分不同序号所对应的功能，具体代码如下所示：

```
def main():
    while True:
        print_menu()
        key = input("请输入功能对应的数字：")
        if key == '1':
            addStuInfo()
        elif key=="2":
            del_info
        elif key == '3':
            modifyStuInfo()
        elif key == '4':
            showStuInfo()
        elif key=="5":
            quit=input("您确定要退出吗？（yes or no）")
            if quit=="yes":
                break
            else:
                print("输入有误，请重新输入")
main()
```

（3）定义一个能实现增加学生信息功能的函数，包括姓名、性别、手机号等信息，使用一个字典将这些信息保存起来，并添加到 student_infos 数组中，具体代码如下所示：

```
def addStuInfo():
    # 提示并获取学生的姓名
    newName = input("请输入新学生的名字：")
    # 提示并获取学生的性别
    newSex = input("请输入新学生的性别：(男/女)")
    # 提示并获取学生的手机号码
    newPhone = input("请输入新学生的手机号码：")
    newInfo = {}
```

```
        newInfo['name'] = newName
        newInfo['sex'] = newSex
        newInfo['phone'] = newPhone
        stuInfos.append(newInfo)
        print(stuInfos)
```

（4）定义一个能实现修改学生信息功能的函数，在该函数中，根据提示输入学生的信息，包括序号、姓名、性别和手机号码。根据序号获取保存在列表中的字典，并将这些新输入的信息替换字典中的旧信息，具体代码如下所示：

```
def modifyStuInfo():
    stuId=int(input("请输入要修改的学生的序号："))
    newName = input("请输入新学生的名字：")
    newSex = input("请输入新学生的性别：(男/女)")
    newPhone = input("请输入新学生的手机号码：")
    stuInfos[stuId - 1]['name'] = newName
    stuInfos[stuId - 1]['sex'] = newSex
    stuInfos[stuId - 1]['phone'] = newPhone
```

（5）定义一个用于删除学生信息的函数。在该函数中，提示用户选择要删除的序号，之后使用 del 语句删除相应的学生信息，具体代码如下所示：

```
def del_info(student):
    del_num=int(input("请输入要删除的序号："))-1
    del student[del_num]
```

（6）定义一个显示所有学生信息的函数。在该函数中，遍历保存学生信息的列表，再一一列出每个学生的详细信息，并按照一定的格式进行输出，具体代码如下所示：

```
def showStuInfo():
    print("=" * 30)
    print("学生的信息如下:")
    print("=" * 30)
    print("序号     姓名      性别     手机号码")
    i = 1
    for tempInfo in stuInfos:
        print("%d     %s      %s     %s" % (i, tempInfo['name'],tempInfo['sex'], tempInfo['phone']))
        i += 1
```

任务结果略，请读者自行运行。

【即学即练】

1．以下关于全局变量及局部变量描述中错误的是（   ）。

A．全局变量可以被任意位置调用

B．局部变量可以在外部被赋值

C．全局变量可以在任意位置被赋值

D．局部变量可以在外部被赋值

2．在函数内部定义的变量称作_____变量。

3．全局变量定义在函数外，可以在_____范围内访问。

4．如果想在函数中修改全局变量，需要在变量的前面加上_____关键字。

直击二级

【考点】本次任务中，"二级"考试考察的重点在于函数的参数传递，即可选参数传递、参数名称传递、函数的返回值。

1．关于 Python 函数，以下选项中描述错误的是（　　　）。

A．函数是一段具有特定功能的语句组

B．函数是一段可重用的语句组

C．函数通过函数名进行调用

D．每次使用函数都需要将相同的参数作为输入

2．关于函数的可变参数，可变参数*args 传入函数时存储的类型是（　　　）。

A．tuple　　　　　　B．list　　　　　　C．set　　　　　　D．dict

3．编写程序，实现将列表 ls=[23,45,78,87,11,67,89,13,243,56,67,311,431,111,141]中的素数去除，并输出除素数后列表 ls 的元素个数。请结合程序整体框架，补充横线处代码。

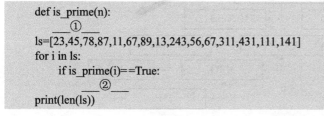

```
def is_prime(n):
    ___①___
ls=[23,45,78,87,11,67,89,13,243,56,67,311,431,111,141]
for i in ls:
    if is_prime(i)==True:
        ___②___
print(len(ls))
```

 任务二　斐波那契数列

【任务描述】斐波那契数列又称为黄金分割数列，指的是这样的一个数列：0、1、1、2、3、5、8、13、21……递归是以自相似的方式重复做一些事情的过程，本任务将通过递归方法计算斐波那契数列，在数学上，斐波那契数列以递归的方法定义为：$F(0)=0$，$F(1)=1$，$F(N)=F(N-1)+F(N-2)$（$N \geq 2$）。

【任务分析】紧跟下面的步伐，可以学习得更快呦！

（1）首先了解什么是递归函数

（2）编写 fib(n)递归函数

（3）最后进行调用输出

5.2.1　递归函数

在 Python 的函数内部，可以调用其他函数，也可以调用函数本身。如果一个函数在内部调用函数本身，这个函数就是递归函数。具体操作如下所示：

【例 5-11】使用递归函数，求出阶乘 $n!=1×2×3×……×n$ 的结果。

```
def factorial(num):
```

```
    if num==1:
        result=1
    else:
        result=factorial(num-1)*num                    #调用函数 factorial()本身
    return result
n=int(input("请输入一个正整数："))
print("{}！=".format(n),factorial(n))
```

输出结果为：

```
请输入一个正整数：5
5！=120
```

执行过程如图 5-2-1 所示。

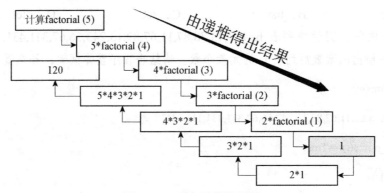

图 5-2-1　递归函数执行图

每个递归函数必须包括两个主要部分。

（1）终止条件。表示递归的结束条件，用于返回函数值，不再递归调用。在 fact()函数中，递归的结束条件为"n=1"。

（2）递归步骤。递归步骤把第 n 步的函数与第 n−1 步的函数关联。对于 fact()函数，其递归步骤为"n*fact（n−1）"，即把求 n 的阶乘转化为求 n−1 的阶乘。

【例 5-12】用递归方法计算下列多项式函数的值。

$$p(x,n)=x-x^2+x^3-x^4+...+(-1)^{n-1}x^n(n>0)$$

分析：函数的定义不是递归定义形式，对原来的定义进行如下数学变换。

$$p(x,n)= x-x^2+x^3-x^4+...+(-1)^{n-1}x^n$$

$$=x[1-(x-x^2+x^3-...+(-1)^{n-2}x^{n-1})]$$

$$=x[1-p(x,n-1)]$$

经变换后，可以将原来的非递归定义形式转化为等价的递归定义：

$$p(x,n) = \begin{cases} x & n=1 \\ x[1-p(x,n-1)] & n>1 \end{cases}$$

由此递归定义，可以确定递归算法和递归结束条件。具体操作如下所示：

```
def p(x, n):
    if n == 1:
        return x
```

```
        else:
            return x * (1 - p(x, n - 1))
print(p(2, 4))
```

输出结果为：

```
-10
```

【即学即练】

1. 用递归求 1 到 9 的和，并打印每一次递归的层次。
2. 递归方法求最大公约数。

5.2.2 匿名函数

1. 认识匿名函数

匿名函数，也就是说函数没有具体的名称。Python 允许使用 lambda 定义匿名函数，从而省去定义函数的过程。对于一些抽象的、不会在其他地方重复使用的函数，有时候给函数命名也会很麻烦（需要避免函数重名），而使用 lambda 语句则不需要考虑函数命名的问题，同时可以避免重复使用的函数。

2. 匿名函数格式

```
lambda [arg1 [,arg2,.....argn]]:expression
```

其中，[arg1 [,arg2,.....argn]] 为参数；expression 为返回值。

lambda 语句中冒号前是函数参数，如有多个函数参数须使用逗号分隔，冒号后是返回值。def 语句也可以创建一个函数对象，只是使用 lambda 语句创建的函数对象没有名称。具体操作如下所示：

```
func=lambda x:x*(x-1)
print(func(2))
```

输出结果为：

```
2
```

lambda 接收的参数数量不是固定的，可运用多个参数，具体示例如下：

```
sum=lambda arg1,arg2:arg1+arg2
print("运行结果：",sum(10,20))
print("运行结果：",sum(20,20))
```

输出结果为：

```
运行结果: 30
运行结果: 40
```

【例 5-13】 求两个数字中的最小值。

```
lower = lambda x,y: x if x<y else y
print(lower(10,11))
```

输出结果为：

```
10
```

> 注意：匿名函数不需要 return 来返回值，表达式本身结果就是返回值。

使用 lambda 定义匿名函数时应注意以下 4 点：

● lambda 定义的是单行函数，如果需要复杂的函数，应使用 def 语句。

● lambda 语句有且只有一个返回值。

● lambda 语句可以包含多个参数。

● lambda 语句中的表达式不能含有命令，且仅有一条表达式。这是为了避免匿名函数的滥用，过于复杂的匿名函数不易于解读。

3. 匿名函数种类

以下几个代码示例会让大家对匿名函数有一个比较深入的了解。

（1）无参匿名函数

```
t = lambda : True
print(t())
```

输出结果为：

```
True
```

（2）带参数匿名函数

```
lambda x: x**3        #一个参数
lambda x,y,z:x+y+z     #多个参数
lambda x,y=3: x*y      #允许参数存在默认值
```

字符串联合，有默认值，具体示例如下：

```
x = lambda x="Boo",y="Too",z="Zoo": x+y+z
print(x("Foo"))
```

输出结果为：

```
FooTooZoo
```

【例 5-14】用匿名函数求两数的和、差、积、商。

```
def cacu(a,b,op):
    result = op(a,b)
    return result
#调用函数,将匿名函数传入 cacu()函数
print('两个数的和为:',cacu(1,2,lambda x,y:x+y))
print('两个数的差为:',cacu(1,2,lambda x,y:x-y))
print('两个数的积为:',cacu(1,2,lambda x,y:x*y))
```

```
print('两个数的商为:',cacu(1,2,lambda x,y:x/y))
```

输出结果为：

```
两个数的和为: 3
两个数的差为: -1
两个数的积为: 2
两个数的商为: 0.5
```

【即学即练】

1．下列程序的运行结果是（　　　）。

```
f=[lambda x=1:x*2,lambda x:x**2]
print(f[1](f[0](3)))
```

A．1   B．6   C．9   D．36

2．已知 f=lambda x,y:x+y，则 f([4],[1,2,3])的值是（　　　）。

A．[1,2,3,4]   B．10   C．[4,1,2,3]   D．{1,2,3,4}

3．设有 f=lambda x,y:{x:y}，则 f(5,10)的值是_____。

5.2.3　map 函数

除了 lambda 函数，Python 中还有其他常用的高阶内置函数，如 map 函数、filter 函数和 fib 函数。由于列表综合使用的引入，reduce 函数在 Python3 中被移到了 functools 模块，apply 函数也逐步被淘汰，这里将不再介绍 apply 函数，有兴趣的同学可以自行进行了解。

1．map 函数格式

map()会根据提供的函数对指定序列做映射。

```
map(function, iterable, ...)
```

其中，function 为函数，　iterable 为一个或多个序列。

2．map 函数作用

这个函数的意思就是将 function 应用于 iterable 的每一个元素，结果以列表的形式返回。这里的 iterable 后面还有省略号，意思就是可以传很多个 iterable，如果有额外的 iterable 参数，则并行地从这些参数中取元素，并调用 function。如果一个 iterable 参数比另外的 iterable 参数要短，将以 None 扩展该参数元素，具体操作如下所示：

```
func=lambda x:x+2
result=map(func,[1,2,3,4,5])
print(list(result))
```

输出结果为：

[3,4,5,6,7]

执行过程，如图 5-2-2 所示。

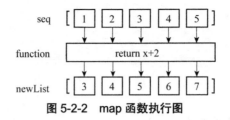

图 5-2-2　map 函数执行图

map 函数是 Python 内置高阶函数，它的基本样式为 map(function,list)，其中 function 是一个函数，list 是一个序列对象。在执行的时候，序列对象的每个元素，按照从左到右的顺序通过把函数 function 依次作用在 list 的每个元素上，得到一个新的 list 并返回。

注意：map 函数不改变原有的 list，而返回新的 list，即 newList。

【即学即练】

1．利用 map()函数，把用户输入的不规范的英文名字，变为首字母大写，其他字母小写的规范名字。输入：['adam','LISA','barT']，输出：['Adam','Lisa','Bart']。

2．Python 提供的 sum()函数可以接收一个 list 并求和，请编写一个 prod()函数，可以接收一个 list 并利用 reduce()求积。

3．有一个 list，list=[1,2,3,4,5,6,7,8,9]，使用 map 函数将 f(x)=x^2 作用于这个 list 上。

5.2.4　filter 函数

1．filter 函数格式

filter(function, list)

其中，function 为判断函数，list 为可迭代对象。

2．filter 函数作用

filter 函数是 Python 内置的另一个常用的高阶函数。filter 函数接收一个函数 function 和一个 list，这个函数 function 的作用是对每个元素进行判断，通过返回 True 或 False 来过滤掉不符合条件的元素，符合条件的元素组成新的 list。filter 函数的定义中第 1 个参数表示函数名称；第 2 个参数表示序列、支持迭代的容器或迭代器。以剔除 list 中的偶数为例，具体操作如下所示：

```
func=lambda x:x%2
result=filter(func,[1,2,3,4,5])
print(list(result))
```

输出结果为：

[1,3,5]

执行过程，如图 5-2-3 所示。

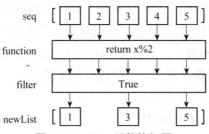

图 5-2-3　filter 函数执行图

相比 map 全部保留元素，filter 只会留下符合要求的部分。

filter()函数用于过滤序列，过滤掉不符合条件的元素，返回由符合条件元素组成的新列表。filter()函数接收两个参数，第一个为函数，第二个为序列。序列的每个元素作为参数传递给函数进行判断，然后返回 True 或 False，最后将返回 True 的元素存放到新列表中。

【例 5-15】利用 lambda()函数及 filter 函数输出列表中所有的负数。

```
f=lambda x:x<0
list=[3,5,-7,4,-1,0,-9]
for i in filter(f,list):
    print(i)
```

输出结果为：

```
-7
-1
-9
```

上面的代码也可以简化为：

```
list=[3,5,-7,4,-1,0,-9]
for i in filter(lambda x: x<0, list):
print(i)
```

【即学即练】

1．用 filter 函数处理数字列表，将列表中所有的偶数筛选出来 num = [1,3,5,6,7,8]。

2．用 filter 函数过滤出 1～100 中平方根是整数的数。

3．利用 filter 删除["python","","java","　　","numpy"]中的 None 和控制符。

5.2.5　reduce 函数

1．reduce 函数格式

```
reduce(function, iterable[, initializer])
```

其中，function 为函数，有两个参数，iterable 为可迭代对象，initializer 可选，初始参数。

2. reduce 函数作用

reduce 跟 map 和 filter 稍微有点区别，它接收两个或者三个参数，第 1 个参数为一个函数，但是这个函数应该接收两个参数的调用；第 2 个参数为一个可迭代对象；第 3 个参数为初始值。如果把传入的函数写作 f，迭代对象的元素记为 x1、x2、x3、x4，初值为 x0，那么 reduce 实际上就相当于：f(f(f(f(fx0,x1),x2),x3),x4)。切记 reduce 不是 Python 内建函数，所以在第一步，需要将其导入。具体操作如下所示：

```
from functools import reduce
print(reduce(lambda x,y:x*y,range(2,6),1))
```

输出结果为：

```
120
```

【例 5-16】reduce 函数对[1,2,3,4,5]中每个元素进行访问并进行累积计算。

```
from functools import reduce
func=lambda x,y:x+y
result=reduce(func,[1,2,3,4,5])
print(result)
```

输出结果为：

```
15
```

【例 5-17】结合 reduce 函数，计算 s=a+aa+aaa+aa…aa 的和，其中 a 为 1～9 之间的数，最后一项有 n 个 a，a 与 n 由键盘输入。

```
from functools import reduce
a = int(input('a:'))
n = int(input(('n:')))
list = []
for i in range(1,n+1):
    list.append(int('{}'.format(a)*i))
s = reduce(lambda x,y:x+y,list)
print(list)
print(s)
```

输出结果为：

```
a:5
n:6
[5, 55, 555, 5555, 55555, 555555]
617280
```

【即学即练】

1．对列表[1,2,3,4,5,6,7,8,9]进行累加计算。

2．编写一个函数用于找出在一个整数数组中第二大的元素，例如：整数数组 num_list=[1,2,4,33,6,9,13]。

5.2.6 任务实现

【例 5-18】斐波那契数列（Fibonacci sequence），又称黄金分割数列，是数学家列昂纳多·斐波那契（Leonardoda Fibonacci）以兔子繁殖为例子而引入的，故又称为"兔子数列"，指的是这样一个数列：1、1、2、3、5、8、13、21、34、……在数学上，斐波纳契数列以如下递推的方法定义：$F(1)=1$，$F(2)=1$，$F(n)=F(n-1)+F(n-2)$。

【任务步骤】

方法一：

```
def fib(n):
    if n<=2:
        return 1
    else:
        return fib(n-1)+fib(n-2)
nterms = int(input("您要输出几项? "))      # 获取用户输入
# 检查输入的数字是否正确
if nterms <= 0:
    print("输入正数")
else:
    print("斐波那契数列:",end="")
    for i in range(1,nterms+1):
        print(fib(i),end=",")
```

【任务解析】

fib(n-1)+fib(n-2)就是调用了这个函数自己来实现递归。为了明确递归的过程，下面介绍一下计算过程（令 n=3）。

（1）n=3，fib(3)，判断为计算 fib(3-1)+fib(3-2)。

（2）先看 fib(3-1)，即 fib(2)，返回结果为 1。

（3）再看 fib(3-2)，即 fib(1)，返回结果也为 1。

（4）最后计算第（1）步，结果为 fib(n-1)+fib(n-2)=2+2=2，将结果返回。

从而得到 fib(3)的结果为 2。从这个计算过程就可以看出，每个递归的过程都是向着最初的已知条件方向得到结果，然后一层层向上反馈计算结果。

【任务结果】

```
您要输出几项? 10
斐波那契数列:1,1,2,3,5,8,13,21,34,55
```

方法二：

```
lis =[]
for i in range(20):
    if i ==0 or i ==1:#第 1,2 项都为 1
        lis.append(1)
    else:
        lis.append(lis[i-2]+lis[i-1])#从第 3 项开始每项值为前两项值之和
print(lis)
```

输出结果为：

```
[1, 1, 2, 3, 5, 8, 13, 21, 34, 55]
```

方法三：

```
def fib( n):
    a =1
    b=1
    while a <= n:
        print(a, end=" ", flush=True)
        a, b = b, a + b    # Python 不借助变量交换两数的值
fib(100)
```

输出结果为：

```
0 1 1 2 3 5 8 13 21 34 55 89
```

直击二级

【考点】本次任务中，"二级"主要考察了对于递归函数、匿名函数的认识，递归函数是在函数的内部调用函数本身，在不借助外部函数的情况下完成计算，因此需要重点把握递归函数的创建及调用方法。

1．关于递归函数，以下选项中正确的是（　　　）。

A．包含一个循环结构　　　　　　　　B．函数比较复杂

C．函数内部包含对本函数的再次使用　　D．函数名称作为返回值

2．关于递归函数基例的说明，以下选项中错误的是（　　　）。

A．递归函数必须有基例　　　　　　　B．递归函数的基例不再进行递归

C．每个递归函数只能有一个基例　　　D．递归函数的基例决定递归的深度

3．编程题：打印出下面这种图案。

```
                    *****
                    ****
                    ***
                    **
                    *
```

4．关于 Python 的 lambda 函数，以下选项中描述错误的是（　　　）。

A．lambda 用于定义简单的、能够在一行之内表示的函数

B．可以使用 lambda 函数定义列表的排序原则

C．f=lambda x,y:x+y 执行后，f 类型为数字类型

D．lambda 函数将函数名作为函数结果返回

5．以下关于 lambda 表达式的描述错误的是（　　　）。

A．lambda 表达式不允许多行

B．lambda 表达式创建函数不需要命名

C．lambda 表达式解释性良好

D．lambda 表达式可视为对象

6．如有定义 g=lambda x:2*x+1，则 g（5）输出_____。

任务三　计算一个数的 *n* 次幂

【任务描述】本次任务通过闭包完成求解一个数的 *n* 次幂。

【任务分析】紧跟下面的步伐，可以学习得更快呦！

　　　　（1）理解闭包

　　　　（2）编写闭包程序代码

　　　　（3）输入一个数，求其平方、立方的值

5.3.1　闭包

1．认识闭包

在函数内部定义一个函数，并且这个函数引用了外部函数的变量，那么将这个函数及用到的一些变量称为闭包。

闭包需要满足如下三个条件：

（1）存在两个嵌套关系的函数中，并且闭包是内部函数。

（2）内部函数引用了外部函数的变量（自由变量）。

（3）外部变量会把内部函数的函数名称返回。

为了更加清楚地认识闭包，接下来通过一个案例进行讲解，具体操作如下所示：

```
def outer(start=0):
    count=[start]
    def inner():
        count[0]+=1
        return count[0]
    return inner
out=outer(5)
print(out())
```

输出结果为：

6

执行过程，如图 5-3-1 所示。

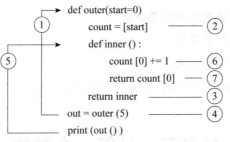

图 5-3-1　闭包程序执行图

① 调用 outer 函数，并且把 5 传递给 start 参数。此时，start 的值为 5。

② 由于 start 引用的值为 5，所以 count 列表中存放的元素为 5。

③ 返回内部函数的名称 inner。

④ 将调用 outer 函数返回的 inner 赋值给 out 变量，即 out=inner。此时，out 变量引用的是 inner 函数占用的内存空间。

⑤ 调用 out 引用的函数，实质上相当于调用 inner 函数。此时，程序会来到 inner 函数的定义部分。

⑥ 让 count 列表的元素加 1，即 5+1=6。计算完以后，把得出的结果再次赋值为列表的元素。此时，列表中存放的元素为 6。

⑦ 返回 count 列表的元素值 6。

从变量的生命周期的角度来讲，在 outer 函数执行结束以后，变量 count 就已经被销毁了。当 outer 函数执行完后，会再执行内部的 inner 函数，由于 inner 函数中使用了 count 变量，所以程序运行时应该出现错误。然而，程序仍能正常运行，这是为什么呢？究其原因，主要在于函数的闭包会记得外层函数的作用域，在 inner 函数（闭包）中引用了外部函数的 count 变量，所以程序是不会释放这个变量的。

【例 5-19】使用闭包求 a*x-b 的值。

```
def func(a, b):
    def line(x):
        return a * x - b
    return line
line = func(2, 3)
print(line(5))
```

输出结果为：

```
7
```

在这个案例中，外函数 func 接收参数 a=2，b=3，内函数 line 接收参数 x=5，在内函数体中计算了 a*x-b 即 2×5-3 的值，并作为返回值，外函数返回内函数的引用，这里的引用指的是内函数 line 在内存中的起始地址，最终调用内函数 line() 得到返回值 7。

【即学即练】

1．下面有一段代码，请上机操作算出结果。

```
def line_conf(a,b):
    def line(x):
        return a*x+b
    return line
line1=line_conf(1,1)
line2=line_conf(4,5)
print(line1(5))
print(line2(5))
```

2．阅读下面一段程序

```
def foo():
    a = 1
    def bar():
        a = a + 1
        return a
    return bar
print(foo()())
```

上述程序执行结果为（　　　）。

A．程序出现异常　　　　　　　　B．2

C．1　　　　　　　　　　　　　　D．没有输出结果

3．

```
def funX():
    x=5
    def funY():
        nonlocal  x
        x+=1
        return x
    return funY
a=funX()
print(a())
print(a())
print(a())
```

上述代码的输出结果为_____。

5.3.2 装饰器

装饰器本质是一个 Python 函数，它可以在不改动其他函数的前提下，对函数的功能进行扩充。实际上，装饰器就是为了给某程序增添功能的。使用装饰器需满足的前提如下：

（1）不能修改被装饰的函数的源代码。

（2）不能修改被装饰的函数的调用方式。

（3）在满足（1）、（2）的情况下给程序增添功能。

在 Python 中，装饰器的语法是以@开头的。下面，为了了解装饰器的功能和使用方法，先看无参数装饰器。

定义计算两个数的平方和与平方差的函数，并调用它们，具体代码如下所示：

```
def square_sum(x,y):          #计算两个数的平方和
    return x**2+y**2
def square_diff(x,y):         #计算两个数的平方差
    return x**2-y**2
print(square_sum(10,20))
print(square_diff(10,20))
```

输出结果为：

```
500
-300
```

在确定了求平方和与平方差的基本功能以后，还需要为函数添加其他的功能，例如输出原始数据，具体代码如下所示：

```
def square_sum(x,y):          #计算两个数的平方和
    print("原始数据：",x,y)    #输出原始数据
    return x**2+y**2
def square_diff(x,y):
    print("原始数据:",x,y)
    return x**2-y**2
print(square_sum(10,20))
print(square_diff(10,20))
```

输出结果为：

```
原始数据：10 20
500
原始数据：10 20
-300
```

虽然可以实现功能，但是却破坏了原有代码的逻辑结构，如果要求已经实现的函数，是不允许在函数内部进行修改的，不能修改，只能扩展，即遵守"封闭开放"原则。而装饰器可以满足上述要求，可以在不更改原代码功能的情况下，扩展新的功能，正是对封闭开放原则的完美体现，这也就是我们为什么要学习装饰器原因。

```
def deco(func):                   #装饰器 deco
    def new_func(x,y):
        print("原始数据:",x,y)     #输出原始数据
        return func(x,y)
    return new_func
@deco                             #调用装饰器，相当于 square_sum=deco(square_sum)
def square_sum(x,y):
    return x**2+y**2
@deco                             #调用装饰器
def square_diff(x,y):             #计算两个数的平方和
    return x**2-y**2
print(square_sum(10,20))
print(square_diff(10,20))
```

输出结果为：

```
原始数据: 10 20
500
```

```
原始数据: 10 20
-300
```

装饰器可以采用 def 的形式定义，如上述程序中的第一个函数 deco 就是装饰函数，它的输入参数就是被装饰的函数对象，并返回一个新的函数对象。注意，装饰函数中一定要返回一个函数对象，否则在装饰函数之外调用函数的地方将会无函数可用。

在定义好装饰器后，就可以通过@语句来调用装饰器了。把@deco 语句放在函数 square_sum()和 square_diff()定义之前，实际上是将 square_sum()或 square_fill()传递给装饰器 deco，并将 deco 返回的新的函数对象赋给原来的函数名，即 square_sum 成 square_diff。所以，函数调用 square_sum(10,20)就相当于执行如下语句：

```
square_sum=deco(square_sum)
square_sum(10,20)
```

【例 5-20】编写一个装饰器函数。

```
def w1(func):
    def inner():
        print("正在验证权限")
    func()
    return inner
@w1 #f1=w1(f1)
def f1():
    print("-----f1-----")
def f2():
    print("-----f2-----")
f1()
f2()
```

输出结果为：

```
-----f1-----
正在验证权限
-----f2-----
```

在编程中使用了装饰器@w1 这个等价于 f1=w1(f1)，如果我们不使用装饰器也要编写 f1=w1(f1)，这样就会使编程显得烦琐，装饰器起到了简化编程的作用。

【即学即练】

1．装饰器本质上是一个＿＿＿＿＿＿＿＿＿。

2．装饰器函数需要接收一个参数，这个参数表示＿＿＿＿＿＿。

3．在函数定义前面添加装饰器和＿＿＿＿＿符号，实现对函数的包装。

4．下列程序的输出结果是＿＿＿＿＿。

```
def deco(func):
    print('before f1')
    return func
@deco
def f1():
```

```
    print('f1')
f1()
f1=deco(f1)
```

5.3.3　异常处理

1. 认识异常

异常（Exception）是指程序运行过程中出现的错误或遇到的意外情况。引发异常的原因有很多，如除数为 0、下标越界、文件不存在、数据类型错误、命名错误、内存空间不够、用户操作不当，等等。如果这些异常得不到有效的处理，会导致程序终止运行。一个好的程序，应具备较强的容错能力，也就是说，除了在正常情况下能够完成所预想的功能，在遇到各种异常的情况下，也能够做出恰当的处理。这种对异常情况给予适当处理的技术就是异常处理。

而 Bug 一般是指程序逻辑上的缺陷和漏洞，它一般很少会跟具体的系统和硬件联系起来。计算 0～100 整数的和的程序代码如下所示：

```
sum=0
for i in range(100):
    sum+=1
print(i)
```

这里可能由于疏忽，忘记了 range 是左闭右开的，所以求和中少了一个 100，就是一个典型的 Bug。对于 Bug 来说，它们大多时候不会使程序直接停止运行，但是往往会导致不正确的结果，因此在编写代码的时候就应该避免出现 Bug。

异常就是一个事件，该事件会在程序执行过程中发生，影响了程序的正常执行。一般情况下，在 Python 无法正常处理程序时就会发生一个异常。异常是 Python 对象，表示一个错误。当 Python 脚本发生异常时我们需要捕获并处理它，否则程序会终止执行，具体操作如下所示：

```
num1=1
num2=int(input())    #int()把输入转为数字
print(num1/num2)
```

这里 num2 完全由用户输入，当然我们也希望用户能输入一个非 0 的数字，但是用户也可能输入既包含数字又包含字母的字符串，也可能直接输入 0。

比如用户输入了 0，这段程序就会报一个异常：

```
Traceback (most recent call last):
File"/Users/jiangjiao/PycharmProjects/LearnPythonWithPractice/Chapter 13/Exception.py",line 3,in<module>
print(num1/num2)
ZeroDivsionError:divsion by zero
```

这里就报了 Python 内置的一个异常：ZeroDivsionError，也就是"除 0 异常"，发生了这个异常后，Python 不知道怎么应付，所以只能选择直接结束掉整个程序。

实际上我们一开始就可以预测到五花八门的用户输入，而不同的输入会引发不同的异常，比如不是纯数字，那么转为整型数据的时候就会引发一个 ValueError，如果转为数字后是 0，那么在做除法的时候就会引发 ZeroDivsionError，因此我们需要对不同的异常进行不同的处理，进而提高程序的健壮性，这就是异常处理的意义。

Python 提供了一套完整的异常处理方法，在一定程度上可以提高程序的健壮性，即程序在非正常环境下仍能正常运行，并能把 Python 晦涩难懂的错误信息转换为友好的提示呈现给最终用户。

2. 异常种类

在 Python 中，所有的异常类都是 Exception 的子类，常见异常类型大概分为以下几类。

（1）AssertionError：当 assert 断言条件为假时抛出的异常。

（2）AttributeError：当访问的对象属性不存在时抛出的异常。

（3）IndexError：超出对象索引的范围时抛出的异常。

（4）KeyError：在字典中查找一个不存在的 key 抛出的异常。

（5）NameError：访问一个不存在的变量时抛出的异常。

（6）OSError：操作系统产生的异常。

（7）SyntaxError：语法错误时会抛出此异常。

（8）TypeError：类型错误，通常是不同类型之间的操作会出现此异常。

（9）ZeroDivisionError：进行数学运算时除数为 0 时会出现此异常。

3. 异常处理

在 Python 中，异常处理是通过一种特殊的控制结构来实现的，即 try...except 语句。try...except 语句用来检测 try 语句块中的错误，从而让 except 语句捕获异常信息并处理。如果不希望在异常发生时结束运行的程序，只需在 try 语句中捕获它。

（1）捕获简单异常。捕获异常可以使用 try...except 语句。具体形式如下：

```
try:
    语句块
except:
    异常处理语句块
```

其异常处理过程是：执行 try 后面的语句块，如果执行正常，语句块执行结束后转向执行 try...except 语句的下一条语句；如果引发异常，则转向异常处理语句块，执行结束后转向 try...except 语句的下一条语句。

接下来试图捕获两个数相除可能会产生的异常，演示如何使用简单的 try...except 语句，具体操作如下所示：

```
try:
    print("-"*20)
    first_number=input("请输入第 1 个数：")
    secend_number=input("请输入第 2 个数：")
```

```
        print(int(first_number)/int(secend_number))
        print("-"*20)
except ZeroDivisionError:
        print("第 2 个数不能为 0")
```

第一次输入第 1 个数为 10，第 2 个数为 10，结果为：

```
--------------------
请输入第 1 个数：10
请输入第 2 个数：20
0.5
--------------------
```

第二次输入第 1 个数为 10，第 2 个数为 0，结果为：

```
--------------------
请输入第 1 个数：10
请输入第 2 个数：0
第 2 个数不能为 0
```

在 try 子句的 input 函数中接收用户输入的两个数值，其中一个数值作为被除数，另一个数值作为除数。如果发生除数为 0 的情况，程序会引发 ZeroDivisionError 异常，此时，except 子句就会捕获到这个异常，并将异常信息打印出来。

（2）捕获多个异常。以上用到的最简单形式的 try…except 语句可以不加区分地对所有异常进行相同的处理，而如果需要对不同类型的异常进行不同处理，则可使用具有多个异常处理分支的 try…except 语句，具体形式如下：

```
try:
    <正常的操作>
except 异常类型 1[ as 错误描述]:
    异常处理语句块 1
    .....................
except 异常类型 n[ as 错误描述]:
    异常处理语句块 n
except:
    <发生异常，执行这块代码>
    .....................
else:
    <如果没有异常执行这块代码>
```

其异常处理过程是：执行 try 后面的语句块，如果执行正常，在语句块执行结束后转向执行 try…except 语句的下一条语句；如果引发异常，则系统依次检查各个 except 子句，试图找到与所发生异常相匹配的异常类型。如果找到了，就执行相应的异常处理语句块。如果找不到，则执行最后一个 except 子句下的默认异常处理语句块（最后一个不含错误类型的 except 子句是可选的）；如果在执行 try 语句块时没有发生异常，Python 系统将执行 else 语句后的语句（如果有 else 的话）。异常处理后转向 try…except 语句的下一条语句，"as 错误描述" 子句为可选项。

上述格式也可写成如下的形式：

```
try:
    <正常的操作>
    .....................
except(Exception1[, Exception2[,...ExceptionN]]):
    <发生以上多个异常中的一个，执行这块代码>
    .....................
else:
    <如果没有异常执行这块代码>
```

为了让大家更好地理解，在两个数相除可能会产生异常的基础上，添加处理
ValueError 异常部分，具体操作如下所示：

```
try:
    first_number=input("请输入第 1 个数：")
    secend_number=input("请输入第 2 个数：")
    print(int(first_number)/int(secend_number))
except ZeroDivisionError:
    print("第 2 个数不能为 0")
except ValueError:
    print("只能输入数字")
```

输入第 1 个数为 10，第 2 个数为字母 b，结果为：

```
请输入第 1 个数：10
请输入第 2 个数：b
只能输入数字
```

如果一个 except 子句想要捕捉多个异常，并且使用同一种处理方式，使用逗号连接多
个异常名称，具体操作如下所示：

```
try:
    first_number=input("请输入第 1 个数：")
    secend_number=input("请输入第 2 个数：")
    print(int(first_number)/int(secend_number))
except (ZeroDivisionError,ValueError):
    print("捕捉到异常")
```

此时，无论出现上述两种异常的任意一种，都会打印 except 里面的语句。但是，只打
印一个错误信息并没有什么帮助。为了区分不同的错误信息，可以使用 as 获取系统反馈
的错误信息，具体操作如下所示：

```
try:
    first_number=input("请输入第 1 个数：")
    secend_number=input("请输入第 2 个数：")
    print(int(first_number)/int(secend_number))
except (ZeroDivisionError,ValueError) as result:
    print("捕捉到异常:%s"%result)
```

输入第 1 个数为 10，第 2 个数为字母 b，结果为：

```
请输入第 1 个数：10
请输入第 2 个数：b
```

> 捕捉到异常:invalid literal for int() with base 10: 'b'

输入第 1 个数为 10，第 2 个数为字母 0，结果为：

> 请输入第 1 个数：10
> 请输入第 2 个数：0
> 捕捉到异常:division by zero

当监控到 ZeroDivisionError 或者 ValueError 这两种异常中的任意一个时，就会把描述信息保存到 result 变量中。从两次结果可以看出，一个 except 子句同样能表达多种异常信息。

即使程序能够处理多个异常，但是防不胜防，很可能有些异常还是没有被捕捉到。如果在编写程序时把 first_number 写成 first_numerb，又会得到类似于下面的错误信息：

> NameError: name 'first_numerb' is not defined

上述这样的情况，可以在原有的基础上捕捉 SyntaxError 异常。如果程序出现几十个错误，就要增加捕捉这些异常的次数，显得非常烦琐。为了解决这种情况，可以在 except 子句中不指明异常类型，这样它就可以处理任何类型的异常。具体操作如下所示：

```python
try:
    first_number=input("请输入第 1 个数：")
    secend_number=input("请输入第 2 个数：")
    print(int(first_number)/int(secend_number))
except:
    print("出现了错误")
```

except 语句没有标注异常的类型，在该语句中统一处理了程序可能会出现的所有错误。无论错输入字母还是分母是 0 都会提示"出现了错误"，所有异常的提示信息都一样。

在 Python 语言中，还有一种捕捉所有异常的方法，就是在 except 语句后使用 Exception 类。由于 Exception 类是所有异常类的"父类"，因此可以将所有的异常进行捕获。具体操作如下所示：

```python
try:
    first_number=input("请输入第 1 个数：")
    secend_number=input("请输入第 2 个数：")
    print(int(first_number)/int(secend_number))
except Exception as result:
    print("捕捉到异常：%s" % result)
```

输入第 1 个数为 10，第 2 个数为字母 b，结果为：

> 请输入第 1 个数：10
> 请输入第 2 个数：b
> 捕捉到异常：invalid literal for int() with base 10: 'b'

输入第 1 个数为 10，第 2 个数为字母 0，结果为：

> 请输入第 1 个数：20

```
请输入第2个数：0
捕捉到异常：division by zero
```

从两次结果可以看出，使用 Exception 同样捕捉到了所有异常，以及获取了它们的描述信息。

（3）抛出异常。异常是程序运行时的一种错误，那么，该异常是如何被抛出的呢？在 Python 中抛出异常的语句是 raise 语句，具体格式如下：

```
raise Exception(异常信息)
```

一旦执行了 raise 语句，raise 后面的语句将不能执行。其中 raise 为抛出语句，Exception(异常信息)表示建立一个异常类 Exception 的对象，该对象用指定的字符串设置其 Messge 属性，具体操作如下所示：

```
print("start")
try:
    print("In try")
    raise Exception("my error")
    print("finish")
except Exception as err:
    print(err)
print("end")
```

输出结果为：

```
start
In try
my error
end
```

由此可见，当执行到 raise Exception("my error")语句时就抛出一个异常，被 except 捕捉到，用 print(err)显示出错误信息，"my error"是抛出的异常信息。

【例 5-21】应用异常处理，输入一个整数，计算它的平方根。

```
import math
while True:
    try:
        n = input("Enter:")
        n = int(n)
        if n< 0:
            raise Exception("整数为负数")
        break
    except Exception as err:
        print("输入错误：",err)
print(math.sqrt(n))
print("done")
```

输出结果为：

```
Enter:-5
输入错误：   整数为负数
Enter:5
2.23606797749979
```

```
done
```

如果输入的字符串不是一个整数，则由 n=int(n)抛出异常；如果是整数，则 n=int(n) 正常执行；如果是负数就自己抛出异常，最后都被 except 捕获执行 print(err)。用 while 循环控制输入，一直输入到正整数时才执行 print(math.sqrt(n))语句。

（4）try/finally 终止异常。在程序中，有一种情况是，无论是否捕捉到异常，都要执行一些终止行为，比如关闭文件、释放锁等，这时可以使用 finally 语句进行处理。finally 子句是指无论是否发生异常都将执行相应的语句块。语句格式如下：

```
try:
    <语句块>
finally:
    <语句块>
```

当对文件进行操作时，不管是否发生异常，都希望关闭文件，接下来创建一个读取文件的案例，并且添加 finally 语句终止行为，具体操作如下所示：

```
try:
    fh=open("test.txt","w")
    while True:
        s=input ()
        if    s.upper()=="Q" :break
        fh.write (s+"\n")
except KeyboardInterrupt:
    print("按  Ctrl+C 快捷键时程序终止! ")
finally:
    print ("正常关闭文件!")
    fh.close()
```

将输入的字符串写入到文件中，直至按 Q 键结束。如果按 Ctrl+C 快捷键，则终止程序运行，最后要保证打开的文件能正常关闭。

【例 5-22】输入学生信息，构造一个异常语句结构，输入学生的 Name、Gender、Age，如果有错误就抛出异常，输入学生的 Name（姓名）、Gender（性别）、Age（年龄），要求 Name 非空、Gender 为 "男" 或者 "女"、Age 在 18~30 之间。

```
try:
    Name=input("姓名:")
    if Name.strip()=="":
        raise Exception("无效的姓名")
    Gender=input("性别:")
    if Gender!="男" and Gender!="女":
        raise Exception("无效的性别")
    Age=input("年龄:")
    Age=float(Age)
    if Age<18 or Age>30:
        raise Exception("无效的年龄")
    print(Name,Gender,Age)
except Exception as err:
    print(err)
```

抛出异常的输出结果为:

姓名:张三
性别:男
年龄:31
无效的年龄

【即学即练】

1．下列程序运行以后，会产生如下（   ）异常。

A．SyntaxError   B．NameError   C．IndexError   D．KeyError

2．当 try 语句中没有任何错误信息时，一定不会执行（   ）语句。

A．try   B．else   C．finally   D．except

3．在完整的异常语句中，语句出现顺序正确的是（   ）。

A．try→except→else→finally   B．try→else→except→finally

C．try→except→finally→else   D．try→else→else→except

4．假设成年人的体重和身高存在此关系：

身高（厘米）-100=标准体重（千克）

如果一个人的体重与其标准体重的差值在正负 5％之间，显示"体重正常"，其他显示"体重超标"或者"体重不达标"。编写程序，能处理用户输入的异常，并且使用自定义异常类来处理身高小于 30cm、大于 250cm 的异常情况。

5.3.4　断言处理

在编写程序时，在程序调试阶段往往需要判断程序执行过程中变量的值，根据变量的值来分析程序的执行情况。虽然可以使用 print()函数打印输出结果，也可以通过断点跟踪调试查看变量，但使用断言更加灵活高效。断言的主要作用是帮助调试程序，以保证程序的正确性。

1．断言中 assert 使用格式

使用 assert（断言）语句可以声明断言，其格式如下：

assert 逻辑表达式 [，字符串表达式]

assert 语句有 1 个或 2 个参数。第 1 个参数（逻辑表达式）是一个逻辑值，如果该值为 True，则什么都不做，如果该值为 False，则断言不通过，抛出一个 AssertionError 异常；第 2 个参数（字符串表达式）是错误的描述，即断言失败时输出的信息，也可以省略不写。具体操作如下所示：

```
a,b=eval(input("请输入 a,b 的值："))
assert b!=0 ,"除数不能为 0！"
c=a/b
print(a,"/",b,"=",c)
```

断言输出结果为：

请输入 a，b 的值：2，0

```
Traceback (most recent call last):
    File "D:/python_study/2.py", line 2, in <module>
        assert b!=0 ,"除数不能为 0！"
AssertionError: 除数不能为 0！
```

2. assert 语句可以在程序中置入检查点

```
age = 1
assert 0<age<10
age = -1
assert 0<age<10
```

当执行最后一句的时候，assert 0<age<10 失败，所以触发异常 AssertionError，显示结果如下：

```
Traceback (most recent call last):
    File "<ipython-input-4-5ad9ee6f8005>", line 1, in <module>
        assert 0<age<10
```

注意：

1. 断言针对的是程序员编码的错误。

2. 对于针对用户的错误，需要抛出异常，而不是断言（输入无效数据等）。

【即学即练】

1．当约束条件不满足时，_____语句会触发 AssertionError 异常。

2．录入一个学生的成绩，把该学生的成绩转化为 A 优秀、B 良好、C 及格、D 不及格的形式，最后将该学生的成绩打印出来。要求使用 assert 断言处理分数不合理的情况。

5.3.5 任务实现

【例 5-23】计算一个数的 n 次幂。

【任务步骤】

```
def nth_power(exponent):
    def exponent_of(base):
        return base ** exponent
    return exponent_of              # 返回值是 exponent_of 函数
square = nth_power(2)               # 计算一个数的平方
cube = nth_power(3)                 # 计算一个数的立方
print(square(2))                    # 计算 2 的平方
print(cube(2))                      # 计算 2 的立方
```

【任务解析】

在上面程序中，外部函数 nth_power() 的返回值是函数 exponent_of()，而不是一个具体的数值。需要注意的是，在执行完 square = nth_power(2)和 cube = nth_power(3)后，外部函数 nth_power()的参数 exponent 会和内部函数 exponent_of 一起赋值给 square 和 cube，这样在之后调用 square(2)或者 cube(2)时，程序就能顺利地输出结果，而不会报错说参数 exponent 没有定义。

【任务结果】

```
4
8
```

直击二级

【考点】本次任务"二级"的考点在于 Python 的内置函数及闭包、装饰器的定义、作用和使用方法。

1．以下程序的输出结果是（　　　）。

```
img1 = [12,34,56,78]
img2 = [1,2,3,4,5]
def displ():
    print(img1)
def modi():
    img1 = img2
modi()
displ()
```

A．（[1,2,3,4,5]）　　　　　　　　B．[12, 34, 56, 78]

C．([12, 34, 56, 78])　　　　　　　D．[1,2,3,4,5]

2．下面代码运行的结果是（　　　）。

```
def func(a,b):
    return a>>b
s=func(5,2)
print(s)
```

A．20　　　　　　B．6　　　　　　C．1　　　　　　D．12

3．下面代码的输出结果是（　　　）。

```
def func(a,b):
    a*=b
    return a
s=func(5,2)
print(s)
```

A．20　　　　　　B．10　　　　　　C．1　　　　　　D．12

4．关于程序的异常处理，以下选项中描述错误的是（　　　）。

A．Python 通过 try、except 等保留字提供异常处理功能

B．程序异常发生后经过妥善处理可以继续执行

C．异常语句可以与 else 和 finally 保留字配合使用

D．编程语言中的异常和错误是完全相同的概念

5．关于程序的异常处理，以下选项中描述错误的是（　　　）。

A．程序异常发生后经过妥善处理可以继续执行

B．异常语句可以与 else 和 finally 保留字配合使用

C．编程语言中的异常和错误是完全相同的概念

D．Python 通过 try、except 等保留字提供异常处理功能

6．执行以下程序，输入 la，输出的结果是（　　　）。

```
la = 'python'
try:
    s = eval(input('请输入整数：'))
    ls = s*2
    print(ls)
except:
    print('请输入整数')
```

A．la   B．请输入整数   C．pythonpython   D．python

 # 任务四　计算两个年份之间的闰年数

【任务描述】本次任务中，通过自定义模块，增加自定义函数 leapdays()，该函数含有两个
整型参数，通过公式计算两个年份之间的闰年总数。

【任务分析】紧跟以下步伐，不要掉队哦！

（1）自定义一个模块

（2）导入模块

（3）输出两个年份，判断闰年的个数

5.4.1　模块的定义

前面介绍了函数，函数是可以实现一项或多项功能的一段程序，而模块是很多功能的
扩展，是可以实现一项或多项功能的程序块。从定义可以看到，函数是一段程序，模块是
一项程序块。

1．标准库模块

标准库模块是 Python 自带的函数模块，也称为标准链接库。Python 提供了大量的标
准库模块，实现了很多常见的功能，包括数学运算、字符串处理、操作系统功能、网络和
Internet 编程、图形绘制、图形用户创建等，这些为应用程序开发者提供了强大的支持。

标准库模块种类繁多却并不是 Python 语言的组成部分，而是由专业开发人员预先设
计好并随语言提供给用户使用的。用户可以在安装了标准 Python 系统的情况下，通过导
入 import 命令来使用所需要的模块。具体示例如下：

```
import math          #导入数学模块
import time          #导入时间模块
```

2. 用户自定义模块

用户自定义一个模块就是建立一个 Python 程序文件，其中包括变量、函数的定义。它可以是单个以.py 结尾的文件，也可以是由多个.py 文件组成的一个模块。每一个 Python 程序文件都可以当成一个模块，模块以磁盘文件的形式存在。为了深入理解自定义模块的创建与使用，接下来，设计一个程序 myModule.py 文件，该文件内包含 myMin 和 myMax 两个函数，并将 myModule.py 保存到磁盘的一个文件夹 module 中，具体操作如下所示：

```
def myMin(a,b):                        #最小值函数
    c=a
    if a>b:
        c=b
    return c
def myMax(a,b):                        #最大值函数
    c=a
    if a<b:
        c=b
    return c
```

设计另外一个程序 abc.py，保存到相同的目录 D:\module，在 abc.py 中引用 myModule.py。

```
import  myModule           #或者 from  myModule  import  myMin, myMax
maxnum=myModule.myMax(11,22)
minnum=myModule.myMin(11,22)
print(maxnum,minnum)
```

输出结果为：

```
22   11
```

由此可见，程序是在 abc.py 中通过 import myModule 语句引入了 myModule 模块，因此在 abc.py 程序中可以使用 myModule.py 中定义的 myMin 和 myMax 函数。

在实际开发中，当一个开发人员编写完一个模块后，为了让模块能够在项目中达到想要的效果，可以自行在 py 文件中添加一些测试信息，即在 myModule 模块代码的后面添加测试信息，具体操作如下：

```
def myMin(a,b):#最小值函数
    c=a
    if a>b:
        c=b
    return c
def myMax(a,b):#最大值函数
    c=a
    if a<b:
        c=b
```

207

```
        return c
#用来测试
result=myMin(11,22)
print("在 myModule 文件中测试，11 和 22 的最小值为：%d"%result)
```

如果 abc.py 文件中引入此模块，具体操作如下：

```
import    myModule
mindata=myModule.myMin(11,22)
print(mindata)
```

输出结果为：

```
在 myModule 文件中测试，11 和 22 的最小值为：11
11
```

从上述结果可以看出，在 abc 文件中运行了 myModule 模块中的测试代码，这显然不合理，为了解决这个问题，Python 提供了一个__name__属性，每个模块都有一个__name__，当其值为__main__时，表示该模块自身在运行，否则表示引用，如果在模块被引入时，我们想让模块中的某一程序块不执行，可以通过__name__属性的值来实现。在 myModule 模块中具体操作如下所示：

```
if __name__=="__main__":
    result=myMin(11,22)
    print("在 myModule 文件中测试，11 和 22 的最小值为：%d"%result)
```

再次运行 abc.py 文件，输出结果为：

```
11
```

注意：
（1）被引用的模块要放在与引用程序相同的目录下，或者放在 Python 能找到的目录下。
（2）引用时不要加"py"，不能写成 import myModule.py。

【即学即练】

1．模块是单个以_____结尾的文件。

2．output.py 文件和 test.py 文件内容如下，且 output.py 和 test.py 位于同一文件夹中，那么运行 test.py 的输出结果是（   ）。

```
#output.py
def show():
    print(__name__)
#test.py
import output
if __name__=='__main__':
    output.show()
```

A．output   B．__name__   C．test   D．__main__

3．Python 中每个模块都有一个名称，通过特殊变量＿＿＿＿＿可以获取模块的名称。特别地，当一个模块被用户单独运行时，模块名称为＿＿＿＿＿。

5.4.2　模块的导入与使用

一个文件可通过加载一个模块（文件），从而读取这个模块（文件）的内容，即导入。具体导入模块有如下 4 种方式。

（1）引入模块名，基本格式为：

```
import 模块 1,模块 2,……
```

具体示例如下：

```
import math
print(math.sqrt(4))                    #这时调用函数需要将模块名作为前缀
```

（2）引入某个指定的函数，基本格式为：

```
from 模块 import 函数 1，函数 2，……
```

具体示例如下：

```
from math import sqrt
print(sqrt(9))                         #这时调用函数直接写函数名即可
```

（3）引入模块的所有内容，基本格式为：

```
from 模块 import *……
```

具体示例如下：

```
from math import *
print(sqrt(9))                         #这时调用函数直接写函数名即可
```

（4）引入自定义别名，基本格式为：

```
import 模块 as 别名……
```

具体示例如下：

```
import math as m
print(m.sqrt(4))                       #这时调用函数写别名即可
```

用 import 导入了模块 math，并且将 math 模块给予别名 m，在之后调用 math 模块的 sqrt 函数时，可以直接用 m.sqrt()进行调用。

【即学即练】

1．建立模块 a.py 内容如下：

```
def B():
    print('BBB')
```

```
def A():
    print('AAA')
```

为了调用模块中的 A()函数，应先使用语句_____。

2．设 Python 中有模块 m，如果希望同时导入 m 中的所有成员，则可以采用_____的导入形式。

5.4.3 随机模块（random）

random 模块是用于生成并运用随机数的标准库模块。下面介绍此模块中常用的几种函数。

1．random.random()

作用：生成一个[0.0，1.0）之间的小数。具体示例如下所示：

```
import random
print(random.random())
```

输出结果为：

```
0.7275761586587137
```

2．random.uniform(a,b)

作用：生成一个[a,b]之间的随机小数，如果 a 的值小于 b 的值，则生成的随机浮点数 N 取值范围为 $a \leq N \leq b$；如果 a 的值大于 b 的值，则生成的随机浮点数 N 的取值范围为 $b \leq N \leq a$，具体示例如下所示：

```
import random
print("random1:",random.uniform(100,200))
print("random2:",random.uniform(200,100))
```

输出结果为：

```
random1: 113.24040737462137
random2: 153.64961425805413
```

3．random.randint(a,b)

作用：从 a 和 b（包括 b）的范围内随机生成一个整数，需要注意的是，a 和 b 的取值必须为整数，并且 a 的值一定要小于 b 的值，具体示例如下所示：

```
import random
print("random:",random.randint(100,200))
```

输出结果为：

```
random: 159
```

4. random.randrange(start,stop,[step])

作用：生成一个[start，stop）之间以 step 为步数的随机整数。

参数： start：随机区间的开始值，整数。

stop：随机区间的结束值，随机数不包含结束值，整数。

step：随机区间的步长值，整数。

具体示例如下所示：

```
import random
print("random:",random.randrange(100,200,2))
```

输出结果为：

```
random: 104
```

5. random. choice(seq)

作用：从一个非空列表中随机选择一个元素，其中，seq 参数可以是列表、元组或字符串。具体示例如下所示：

```
import random
print(random.choice("hello"))
list=[1,2,3,4,5,6]
a=random.choice(list)
print(a)
```

输出结果为：

```
1
5
```

6. random. shuffle(seq)

作用：将序列类型 seq 中元素随机排列，返回打乱后的序列，在内存中地址不变。需要注意的是，如果不想修改原来的序列，可以使用 copy 模块先复制一份原来的序列。具体示例如下所示：

```
import random
num = [1, 2, 3, 4, 5]
random.shuffle(num)
print("shuffle: ",num)
```

输出结果为：

```
shuffle:   [1, 5, 4, 3, 2]
```

7. random. sample(seq,k)

作用：从 seq 类型中随机选取 k 个元素，以列表类型返回。具体示例如下所示：

```
import random
num = [1, 2, 3, 4, 5]
```

```
print("sample: ",random.sample(num, 3))
```

输出结果为：

```
sample:   [5, 1, 4]
```

8. random.seed()

作用：用于指定随机数生成时所用算法开始的整数值，如果使用相同的 seed() 值，则每次生成的随机数都相同，如果不设置这个值，则系统根据时间来自己选择这个值，此时每次生成的随机数因时间差异而不同。具体操作如下所示：

```
import random
# 随机数不一样
random.seed()
print('随机数 1：',random.random())
random.seed()
print('随机数 2：',random.random())
# 随机数一样
random.seed(1)
print('随机数 3：',random.random())
random.seed(1)
print('随机数 4：',random.random())
random.seed(2)
print('随机数 5：',random.random())
```

输出结果为：

```
随机数 1：   0.8347744446703494
随机数 2：   0.6837727253084013
随机数 3：   0.13436424411240122
随机数 4：   0.13436424411240122
随机数 5：   0.9560342718892494
```

注意：

1. 调用 randrange 函数时，其步长是可选的，如果不设定步长，默认步长为 1。

2. 调用 shuffle 函数时，序列类型变量 seq 将被改变，使用 shuffle 函数返回的是 None 值，想要输出返回的打乱的序列，需要再将序列输出。

当直接输出时：

```
import random
list=[1, 2, 3, 4, 5, 6]
a=random.shuffle(list)
print(a)
```

输出的结果是：

```
None
```

当返回列表时：

```
import random
list=[1, 2, 3, 4, 5, 6]
a=random.shuffle(list)
print(list)
```

输出的结果是：

```
[5, 3, 1, 4, 6, 2]
```

调用 randint 函数时，要注意的是，b 一定是小于 a 的。

【例 5-24】随机生成 10 个随机整数，并随机选取其中 5 个数。

```
from random import randint, sample
date = [randint(10,20) for i in range(10)]          #从 10～20 间随机抽取 10 个数
b = sample(date, 5)
print(b)
```

【例 5-25】随机生成红包。

```
import random
def hb(sl, money):
    sum = 0
    li = []
    for i in range(sl- 1):   #  此循环的目的是随机获得红包数量——一个随机数
        s = random.uniform(0, money - sum)
        sum += s
        li.append(s)
    if sum == money:    #  此判断语句的目的是把最后剩余的钱放入列表
        li.append(0)
    else:
        li.append(money - sum)
    random.shuffle(li)   #  打乱列表，这样变相实现公平的分红包
    return li
print(hb(4, 10))   #  第一个参数是红包数量，第二个参数是红包总钱数
```

【即学即练】

1．random 库中用于生成随机整数的函数（   ）。

A．random()   B．randint()   C．getrandint()   D．randrange()

2．生成 10 到 20 之间的随机数。

3．随机生成一个一位数的验证码，验证码是小写字母。

5.4.4 时间模块（time）

time 库是获取并展示时间信息的标准库。

time 库的功能主要分为三个方面：时间处理、计时和时间格式化。

1．表示时间的三种方式

① 时间戳：是指某个时间与 1970 年 1 月 1 日 00:00:00 的差值，单位为秒，是一个浮点型数值。

② 格式化时间：格式化时间是由字母和数字表示的时间，比如：'Mon Oct 29 15:12:27 2019'。

③ 元组（struct time）：将时间的信息放到一个元组中。元组参数，如表 5-4-1 所示。

表 5-4-1　元组参数

关键字	描述
tm_year	年
tm_mon	月（1～12）

续表

关键字	描述
tm_mday	日（1～31）
tm_hour	时（0～23）
tm_min	分（0～59）
tm_sec	秒（0～61），闰年多两秒
tm_wday	周一～周日（0～6）
tm_yday	一年中第几天（1～366）
tm_isdst	是否夏令时（1：是；0：不是；-1：未知；默认：-1）

time 模块中常用的函数如图 5-4-1 所示，展现了三者是如何转换的。针对图中的内容，接下来我们会一一加以介绍。

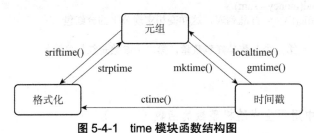

图 5-4-1　time 模块函数结构图

2. 时间处理

（1）time()

作用：返回系统当前的时间戳，也就是距离 1970 年 1 月 1 日 00:00:00 的差值。具体操作如下所示：

```
import time                                              # 引入 time 模块
ticks = time.time()
print ("当前时间戳为:", ticks)
```

输出结果为：

```
当前时间戳为: 1587027434.688084
```

（2）gmtime()

作用：返回系统当前的时间戳对应的 struct_time 对象。具体操作如下所示：

```
import time
print ("gmtime :", time.gmtime())
```

输出结果为：

```
gmtime : time.struct_time(tm_year=2020, tm_mon=4, tm_mday=16, tm_hour=9, tm_min=43, tm_sec=12,
tm_wday=3, tm_yday=107, tm_isdst=0)
```

（3）localtime()

作用：该函数能将一个时间戳转换成元组的形式，如果没有指定时间戳，默认使用当前时间的时间戳。具体操作如下所示：

```
import time
print(time.localtime())
```

输出结果为：

```
time.struct_time(tm_year=2020, tm_mon=4, tm_mday=24, tm_hour=23, tm_min=27, tm_sec=31, tm_wday=4,
tm_yday=115, tm_isdst=0)
```

同样，我们可以指定时间戳，具体操作如下所示：

```
print(time.localtime(1540808367.8872325))
```

输出结果为：

```
time.struct_time(tm_year=2018,  tm_mon=10,  tm_mday=29,  tm_hour=18,  tm_min=19,  tm_sec=27,
tm_wday=0, tm_yday=302, tm_isdst=0)
```

（4）ctime()

作用：返回当前时间戳对应的易读格式化字符串表示。具体操作如下所示：

```
import time
print ("time.ctime() : %s" % time.ctime())
```

输出结果为：

```
time.ctime() : Thu Apr 16 19:20:31 2020
```

（5）mktime(t)

作用：将 struct_time 元组对象变量 t 转换为时间戳。具体操作如下所示：

```
import time
t = (2000, 8, 27, 17, 3, 38, 1, 48, 0)
secs = time.mktime(t)
print("time.mktime(t) : %f" %secs)
```

输出结果为：

```
time.mktime(t) : 967367018.000000
1587036228.0
```

（6）strftime(format,t)

作用：根据 fromat 格式定义（见表 5-4-2），打印输出时间 t。

参数：t 代表时间的 struct_time 对象变量。具体操作如下所示：

```
import time
t = (2020, 4, 16, 17, 3, 38, 1, 48, 0)
t = time.mktime(t)
print(time.strftime("%b %d %Y %H:%M:%S", time.gmtime(t)))
```

输出结果为:

Apr 16 2020 09:03:38

表 5-4-2　strftime()方法的格式化控制符

格式化字符串	日期/时间	值范围和实例
%Y	年份	0001~9999，例如，1900
%m	月份	01~12，例如，10
%B	月名	January~December，例如，April
%b	月名缩写	Jan~Dec，例如，Apr
%d	日期	01~31，例如，25
%A	星期	Monday~Sunday，例如，Wednesday
%a	星期缩写	Mon~Sun，例如，Wed
%H	小时（24h 制）	00~23，例如，12
%I	小时（12h 制）	01~12，例如，7
%p	上/下午	AM，PM，例如，PM
%M	分钟	00~59，例如，26
%S	秒	00~59，例如，26

（7）strptime(string，format)

作用：根据 format 格式定义，解析字符串 string，返回 struct_time 类型时间变量，实际上它是 strftime()的逆操作，具体操作如下所示:

```
import time
structTime = time.strptime("1 May 2019", "%d %b %Y")
print (structTime)
```

输出结果为:

```
time.struct_time(tm_year=2020, tm_mon=5, tm_mday=1, tm_hour=0, tm_min=0, tm_sec=0, tm_wday=4,
tm_yday=122, tm_isdst=-1)
```

（8）sleep(secs)

作用：将当前程序挂起 secs 秒，挂起即暂停执行，secs 表示时间的数值，整数或浮点数。具体操作如下所示:

```
import time
print(time.time())
time.sleep(3)
print(time.time())
```

输出结果为:

```
1554108885.935526
1554108888.946326
```

从输出的结果我们可以看出，运用了 sleep 函数后，明显输出的时间多了 3 秒左右。

注意：

    1．调用 localtime 函数时，需要注意的是，其返回的时间是当地时间。

    2．各个函数都有其返回的格式，格式之间转换时也要特别注意它们之间的对象变量格式。

【即学即练】

1．将字符串的时间"2017-10-10 23:40:00"转换为时间戳和时间元组。

2．获取当前时间戳并转换为指定格式日期。

5.4.5 日历模块（calendar）

calendar 是与日历相关的模块。calendar 模块文件里定义了很多类型，主要有 Calendar、TextCalendar 及 HTMLCalendar 类型。其中 Calendar 是 TextCalendar 与 HTMLCalendar 的基类。该模块文件还对外提供了很多方法，例如，calendar、month、prcal、prmonth 之类的方法。接下来我们主要对 calendar 模块的方法进行介绍。

1. calendar(year,w=2,l=1,c=6)

作用：返回一个多行字符串格式的 year 年年历，3 个月一行。w 表示每个日期之间的间隔字符数，l 表示每周所占用的行数，c 表示每个月之间的间隔字符数。具体示例如下：

```
import calendar
print("2020 年日历如下：")
print(calendar.calendar(2020))
```

2. month(a,b)

作用：返回 a 年 b 月的日历。具体示例如下：

```
import calendar
calendar_three=calendar.month(2020,3)
print("以下输出 2020 年 3 月份的日历：")
print(calendar_three)
```

输出结果为：

```
以下输出 2020 年 3 月份的日历：
     March 2020
Mo Tu We Th Fr Sa Su
                    1
 2  3  4  5  6  7  8
 9 10 11 12 13 14 15
16 17 18 19 20 21 22
23 24 25 26 27 28 29
30 31
```

3. isleap(a)

作用：判断 a 年是不是闰年，返回值为布尔值，是闰年返回 True，不是闰年则返回 False。具体示例如下：

```
import calendar
calendar.isleap(2019)
False
calendar.isleap(2020)
True
```

4. leapdays(a,b)

作用：返回 a，b 年之间的闰年总数。具体示例如下：

```
import calendar
calen1=calendar.leapdays(1980,2018)
print(calen1)
```

输出的结果为：

```
10
```

5. monthcalendar(a,b)

作用：该函数以嵌套列表的形式返回 a 年 b 月的日历。具体示例如下：

```
import calendar
print(calendar.monthcalendar(2019,4))
```

输出的结果为：

```
[[0, 0, 1, 2, 3, 4, 5], [6, 7, 8, 9, 10, 11, 12], [13, 14, 15, 16, 17, 18, 19], [20, 21, 22, 23, 24, 25, 26], [27, 28, 29, 30, 0, 0, 0]]
```

6. monthrange(a,b)

作用：该函数返回两个整数，第一个数为 b 月第一天为星期几（0～6，星期一为 0），第二个数为 b 月有多少天。a 表示想查询的年份，b 表示想查询的月份。具体示例如下：

```
import calendar
print(calendar.monthrange(2020,4))
```

输出的结果为：

```
(2, 30)
```

7. weekday(year,month,day)

作用：返回指定日期所对应的星期日期。

返回值：0（周一）～6（周日）。具体示例如下：

```
import calendar
```

```
print(calendar.weekday(year=2020,month=4,day=1))
```

输出的结果为:

```
2
```

【例 5-26】格式化显示当前时间,并延迟 2 秒,并打印当年日历,每月以延迟 1 秒显示。

```
import time
import calendar
k=0
def nowtime():
    t1=time.time()
    localt1=time.localtime(t1)
    localtime=time.asctime(localt1)
    print(localtime)
while k<=1:
    k+=1
    time.sleep(2)
    nowtime()
for i in range(1,13):
    print(i,calendar.month(2018,i))
    time.sleep(1)
```

【即学即练】

1．判断 2019 年是不是闰年。

2．打印本月日历。

5.4.6　任务实现

【例 5-27】编写自定义函数计算两个年份之间的闰年数。

【任务步骤】

（1）新建一个 Python 文件,将它命名为 calendar_user. py,并将其保存在与 calendar 相同的目录中,或者将其放在其他自定义路径中。

（2）增加自定义函数 leapdays(),具体代码如下所示:

```
def leapdays(y1,y2):
    y1-=1
    y2-=1
    return (y2//4-y1//4)-(y2//100-y1//100)+(y2//400-y1//400)
```

新建一个文件,将调用 calendar_user 模块中的 leapdays 函数,具体代码如下所示:

```
from calendar_user import leapdays
print("从 1990 年到 2020 年一共有{}个闰年。".format(leapdays(1990,2020)))
```

【任务解析】

通过新建 calendar_user 模块,增加自定义函数 leapdays(),该函数包含两个整型参数，返回值为两个年份之间的闰年数。闰年数即通过计算两个年份间被 4 整除的年份数和被 400 整除的年份数，并减去能被 100 整除的年份数。最后要注意区间的临界值问题，可以先将参数进行减 1 操作。

【任务结果】

从 1990 年到 2020 年一共有 7 个闰年。

直击二级

【考点】本次任务中，"二级"考试考察的重点在于对模块的掌握、导入模块的不同方法及不同模块中的函数，考试考察的模块主要有随机模块、时间模块、日历模块。

1．返回系统当前时间戳对应的 strut_time 对象的函数是（　　　　）。

A．time.time()　　　　　　　　　　B．time.gmtime()

C．time.localtime()　　　　　　　　D．time.ctime()

2．time.sleep(secs) 的作用是（　　　　）。

A．返回一个代表时间的精确浮点数，两次或多次调用，其差值用来计时

B．返回系统当前时间戳对应的本地时间的 struct_time 对象，本地时间经过时区转化

C．将当前程序挂起 secs 秒，挂起即暂停执行

D．返回系统当前时间戳对应的 struct_time 对象

3．生成一个[10，99]之间的随机整数的函数是（　　　　）。

A．random.randint(10,99)　　　　　B．random.random()

C．random.randrange(10,99,2)　　　D．random.uniform(10,99)

4．给出如下代码，以下选项错误的是（　　　　）。

```
import random
num=random.randint(1,10)
while True:
    guess=input()
    i=int(guess)
    if i==num:
        print("你猜对了")
        break
    elif i<num:
        print("小了")
    elif i>num:
        print("大了")
```

A．random.randint(1,10) 生成的是[1，10]之间的整数

B．这道题实现了简单的猜数字的游戏

C．"import random"这行代码是可以省略的

D．"while True:"创建了一个无限循环

5．请补充横线处的代码，让 Python 帮你随机选一个饮品吧！

import _____

```
listC=['加多宝','雪碧','可乐','勇闯天涯','椰子汁']
print(random._____(listC))
```

6．编写程序，随机产生 20 个长度不超过 3 位的数字，让其首尾相连以字符串形式输出，随机种子为 17。

任务五　阶段测试

一、选择题

1．以下关于函数的描述中正确的是（　　　）。

A．函数用于创建对象

B．函数可以让程序执行得更快

C．函数是一段代码用于执行特定的任务

D．以上说法都是正确的

2．如果函数没有使用 return 语句，则函数返回的是（　　　）。

A．0　　　　　　　　　　　　　　B．None 对象

C．任意的整数　　　　　　　　　D．错误!函数必须要有返回值

3．关于装饰器，下列说法中错误的是（　　　）。

A．装饰器是一个包裹函数

B．装饰器只能有一个参数

C．通过在函数前面加上@符号和装饰器名使得装饰器生效

D．如果装饰器函数支持参数，其必须再嵌套一层函数

4．使用（　　　）关键字声明匿名函数。

A．function　　　　B．func　　　　C．def　　　　D．lambda

5．以下关于全局变量及局部变量的描述中错误的是（　　　）。

A．全局变量可以被任意位置调用

B．局部变量可以在外部被赋值

C．全局变量可以在任意位置被调用

D．局部变量可以在外部被调用

6．使用（　　　）关键字创建自定义函数。

A．function　　　　B．func　　　　C．def　　　　D．prroiedure

7．下列选项中，不能作为 filter 函数的是（　　　）。

A．列表　　　　　B．元组　　　　C．字符串　　　　D．整数

8．下列函数中，用于函数对指定序列进行过滤的是（　　　）。

A．map 函数　　　B．select 函数　　　C．filter 函数　　　D．reduce 函数

9．阅读下面一段程序：

```
def foo():
    a=1
    def bar():
        a=a+1
        return a
    return bar
print(foo()())
```

上述程序的执行结果为（　　　）。

A．程序出现异常　　　B．2　　　　　　　C．1　　　　　　　　D．没有输出结果

10．阅读下面一段程序：

```
def funX():
    x=5
    def funY():
        nonlocal x
        x+=1
        return x
    return funY()
a=funX()
print(a())
print(a())
print(a())
```

上述程序的执行结果为（　　　）。

A．5　　　　　　　　B．6　　　　　　　　C．1 无输出　　　D．程序出现异常

二、填空题

1．函数可以有多个参数，参数之间使用_____隔开。

2．使用_____语句可以返回函数值并退出函数。

3．装饰器本质上是一个_____。

4．filter 传入函数的返回值是_____。

5．内部函数引用外部函数作用域中的变量，那么内部函数叫作_____。

6．Python 内置函数_____用来返回序列中的最大元素。

7．Python 中，变量名只能包含字母_____和_____。

8．装饰器函数需要接收一个参数，这个参数表示_____的函数。

9．_____函数会根据提供的函数对指定的函数做映射。

10．reduce 传入的是带有_____个参数的函数，该函数不能为 None。

三、判断题

1．不带 return 的函数返回 None。　　　　　　　　　　　　　　　　　（　　　）

2．函数定义后，系统会自动执行其内部的功能。　　　　　　　　　　（　　　）

3．带默认值的参数一定要位于参数列表的末尾。　　　　　　　　　　（　　　）

4．装饰器函数至少要接收一个参数。　　　　　　　　　　　　　　　（　　　）

5．装饰器是一个变量。　　　　　　　　　　　　　　　　　　　　　（　　　）

6．map 函数只能传递一个序列。　　　　　　　　　　　　（　　）

7．filter 函数的返回值为字符串，它的序列类型一定为字符串。（　　）

8．map 传入函数的参数个数必须跟序列的个数一样。　　　（　　）

9．filter 函数只能对序列执行过滤操作。　　　　　　　　（　　）

10．filter 传入的参数可以为 None。　　　　　　　　　　（　　）

四、操作题

1．已知有列表[1，2，3，4，5]，让每个元素加 1，把结果不能被 2 整除的元素筛选出来。

2．使用递归函数计算 5 的阶乘。

3．利用递归函数获取斐波那契列中的第 10 个数。

4．自定义不同分数段的分数的等级，随机生成 10 个学生的成绩，并判断这 10 个学生成绩的等级。

5．计算传入的字符串中数字、字母、空格，以及其他字符的个数。

6．编写函数，输出斐波那契数列中的第 10 个数。

7．编写函数，接收一个列表（包含 10 个整型数）和一个整型数 k，返回一个新列表。（函数要求：将列表下标 k 之前对应（不包含 k）的元素逆序；将下标 k 及之后的元素逆序）

项目六　文件操作

【知识目标】

➤ 理解文件的概念

➤ 了解文件的种类

➤ 了解 os 模块的概念

【能力目标】

➤ 可以使用不同的模式打开文件

➤ 能够掌握 4 种常用的读取文件信息的方法

➤ 会在进行完文件的读取和数据的写入后关闭文件

➤ 能够使用 os 模块内的方法删除文件和对文件进行重命名

➤ 能够使用 path 模块中的方法查询文件目录

【情景描述】

通过前面的学习，我们已经掌握了一定的编程能力，接下来我们学习文件的操作。代码君在学校里时常要处理一大堆的文件，由于文件的种类不同，因此要使用不同的文件操作软件，这让代码君起了偷懒的念头，因此他开始学习使用 Python 语言进行对不同种类文件的操作。

 ## 任务一　学生信息文件读写操作

【任务描述】在实际的应用系统中，若我们要储存数据量大、访问频繁的数据，可以使用一个文件将数据储存起来，在需要的时候打开文件并将里面的数据读取出来。

【任务分析】紧跟以下步伐，可以让我们学得更快哦！

（1）在当前目录文件下创建一个新的文本文件并向里面输入学生信息。

（2）使用文件打开方法打开文件

（3）使用文件不同的读取方法将文件中的信息读取出来

（4）使用文件写操作向文件中写入新的信息并重新输出进行检验

（5）读取信息、写入数据结束后关闭文件

6.1.1　文件概述

1.　什么是文件

文件是存储在存储器上的数据集合，这里的存储器一般是指磁盘、光盘、磁带等。文件的基本单位是字节，文件所含的字节数就是文件的长度，而文件所含的字节是从文件的开头到文件的结束，每个字节有一个默认的位置，位置从 0 开始。

2.　文件的分类

按文件数据的组织形式可以把文件分为文本文件和二进制文件两种类型。

（1）文本文件。文本文件也称为 ASCII 文件，是一种计算机文件，它是一种典型的顺序文件，其文件的逻辑结构又属于流式文件。可以通过字处理软件进行创建、编辑和修改。与其他文件不同的是，文本文件在磁盘中存放时每个字符对应一个字符，用于存放对应的 ASCII。例如，字符串"1234"的存储形式在磁盘上是 31H、32H、33H、34H 等 4 个字符，即 '1' '2' '3' '4' 的 ASCII 码，在 Windows 的记事本程序中输入 1234 后存盘为一个文件，就可以看到该文件在磁盘中占 4 个字符，打开此文件后可以看到"1234"的字符串。

（2）二进制文件。二进制文件是由 0 和 1 组成的字节流，它和文本文件最主要的区别是没有统一的字符编码，通常也无法直接被人阅读和理解，比如图像文件、音频文件、视频文件、可执行文件、数据库文件等都属于二进制文件。

当我们在进行文字处理的时候必然要使用到文件系统，文件系统操作是操作系统的重要组成部分，它用于明确磁盘或分区文件的组织形式和保存方法。在应用程序中，文件是保存数据的重要途径之一，经常需要创建文件夹来保存数据，或从文件中读取数据，本节介绍在 Python 中的基本文件操作方法。

6.1.2　文件打开操作

1.　文件打开格式

我们在进行文件操作之前，首先需要有一个文件，而我们对文件进行的第一个操作就是打开文件，不管什么类型的文件上，对其进行的主要处理就是读和写，但是在此之前必须先将要处理的文件打开，而 open()函数是我们常用的打开指定文件的方法，其语法格式如下：

```
文件对象=open(文件说明符,访问模式,buffering)
```

其中，文件说明符可以包含盘符、路径和文件名，它是一个字符串，用于表达文件路径。访问模式用于指定打开文件后的操作方式，该参数是字符串，必须小写。整型参数 buffering 是可选参数，用于指定访问文件所采用的缓冲方式。如果 buffering=0，表示不使用缓冲；如果 buffering=1，表示只缓冲一行，给定值作为缓冲区大小。而访问模式决定了文件是以怎样的模式打开的，表 6-1-1 中所罗列出来的文件访问可取值就是打开文件的不同模式，后面我们也将结合文件的读操作具体介绍几种常用的文件打开模式。

表 6-1-1　访问模式参数的可取值

可取值	含义
r	以只读模式打开，如果文件不存在，将出现错误提示
w	以只写模式打开，如果文件不存在，则会创建新的文件；文件若存在则会清空文件
a	以追加的模式打开，从文件末尾开始，必要时创建新文件
r+	以读写模式打开
w+	以读写模式打开
a+	以追加的读写模式打开
rb	以二进制读模式打开
wb	以二进制写模式打开
ab	以二进制追加模式打开
rb+/wb+/ab+	以二进制读写模式打开

2. 文件路径格式

在日常工作中，有时候需要打开不在程序文件所属目录下的文件，那么在程序里就需要提供文件所在路径，让 Python 到系统特定位置去查找并读取相应文件内容。

假如正在运行的 Python 程序储存在文件夹 D 盘下的 python_study 文件夹中，但是现需要调用文件夹 text_file 下的 e_point.txt 文件。这时需要找到文件所在的路径，而文件的路径分为相对路径和绝对路径，下面进行具体介绍。

（1）相对路径。如果文件夹 text_file 是文件夹 python_study 的子文件夹，即文件夹 text_file 在文件夹 python_study 中，那么需要提供相对文件路径让 Python 到指定位置查找文件，而该位置是相对于当前运行的程序所在的目录而言的，即相对文件路径，具体操作如下：

```
>>>with open('text_file\e_point.txt','r') as f:  # 相对文件路径
...  print(f.read())
```

（2）绝对路径。如果将文件夹 text_file 放置到 E 盘下，与文件夹 python_study 没有关系，那么需要提供完整准确的储存位置（即绝对文件路径）给程序，不需要考虑当前运行程序储存在什么位置，具体操作如下所示：

```
>>>with open(r'E: \text_file\e_point.txt','r') as f:# 绝对文件路径
...  print(f.read())
```

　　特别的，在绝对路径前面加了 r，这是因为在 Windows 系统下，读取文件可以用反斜杠（\）表示，但是在字符串中反斜杠被当作转义字符来使用，文件路径可能会被转义，所以需要在绝对文件路径前添加字符 r，显式声明字符串不用转义。

　　也可以采用双反斜杠（\\）的方式表示路径，此时不需要声明字符串，具体操作如下所示：

```
>>>with open('E: \\text_file\\e_point.txt','r') as f:    # 双反斜杠方式
...   print(f.read())
```

　　Linux 表示路径的方法是使用正斜杠（/），该方法也不需要声明字符串，在 Linux 及 Windows 操作系统下均可使用，具体操作如下所示：

```
>>>with open('E: /text_file/e_point.txt','r') as f:
...   print(f.read())
```

　　下面，我们用几个可取值来进行一次文件操作，以 r 只读模式与 w 只写模式为例，我们先在编译器所在的文件夹下创建一个文本文件，自定义输入字符串，保存并关闭，具体操作如图 6-1-1 和图 6-1-2 所示。

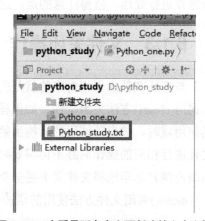

　　图 6-1-1　编辑文本文档　　　　　　　图 6-1-2　查看是否存在上面创建的文本文档

编辑好了文本文件之后我们就来进行文件打开操作：

```
Method_1=open("python_study.txt","r")
Method_2=open("python_study.txt","w")
print(Method_1)
print(Method_2)
```

输出结果为：

```
<_io.TextIOWrapper name='python_study.txt' mode='r' encoding='cp936'>
<_io.TextIOWrapper name='python_study.txt' mode='w' encoding='cp936'>
```

　　通过上面的输出结果我们发现，仅仅打开文件并没有把我们创建的文本文档中的字符串顺利地输出，而是输出一串字符串编码，这是由于我们仅仅只是进行了打开一个文件的操作，并没有将里面的信息提取出来。这就像我们打开一个盒子，要伸手拿盒子里面的东

西，而打开模式就像打开盒子这个过程，不过是区分了用小刀、剪刀等不同的工具来打开，盒子打开后里面的东西不会自己跑出来，这时候就需要一只"手"，把盒子里面的东西拿出来，而在文件操作中充当"手"的，就是我们之后要介绍的文件读操作。

除了读操作，还可以用 for 循环读取文本中的信息，以读取目录下的 poem.txt 为例，具体操作如下所示：

```
file=open("poem.txt","r",encoding="utf-8")
for line in file:
    print(line,end="")
file.close()
```

输出结果为：

```
    静夜思
    [唐]李白
床前明月光，疑是地上霜。
举头望明月，低头思故乡。
```

由于文本文件可以看作是由行组成的组合类型，这里使用 for 循环从文件中逐行读取内容并进行处理。值得注意的是，这个操作仅适合于文本文件。

6.1.3　文件关闭操作

与打开文件操作相对应的就是关闭文件操作，当我们进行完文件读写的操作后，就应当调用 close()方法关闭文件。如果程序没有用 close()主动关闭文件，则在文件流对象退出其作用域时，被自动调用的析构函数会关闭该对象所联系的文件。因此我们提倡在打开的文件进行相应的操作后并不再需要时应及时并主动地将之关闭，以便尽早地释放所占用的系统资源并尽早地将文件置于更安全的状态。

close()关闭文件方法使用的语法格式如下：

```
file=open(文件名,访问模式,buffering)
对文件 file 进行读写操作
file.close()
```

下面结合上面我们操作的例子来进行文件关闭操作，使用 close()方法关闭已打开的 Python_study.txt 文件，具体操作如下所示：

```
file=open("Python_study.txt","r")
for line in file:
    print(line)
file.close()
```

上述的代码中使用 close()方法来关闭文件。值得注意的是，文件打开后都要进行关闭操作。在实际开发中，为了避免打开文件后未进行关闭文件操作而引发错误，可以使用 Python 提供的关键字 with 来处理，不管在处理文件过程中是否发生异常，都能保证 with 语句执行完毕后已经关闭了打开的文件句柄，格式如下：

```
with open(filename,mode) as f:
```

因此上面的代码可以改写为：

```
with open(' Python_study.txt ','r') as f:
    for line in file:
        print(line,end='')
```

【即学即练】

1．使用下列语句找到文件的位置应该在（　　　）。

```
f=open("test.txt","w")
```

A．C 盘根目录下　　　　　　　　B．D 盘根目录下
C．Python 安装目录下　　　　　　D．与源文件在相同的目录下

2．Python 描述路径时常见的 3 种方式不包含（　　　）。

A．\\　　　　　　B．\　　　　　　C．/　　　　　　D．//

3．打开一个已有文件，然后在文件末尾添加信息，正确的打开方式为（　　　）。

A．'r'　　　　　　B．'w'　　　　　　C．'a'　　　　　　D．'w+'

4．假设文件不存在，如果使用 open 方法打开文件则会报错，那么该文件的打开方式是下列哪种方式？（　　　）

A．'r'　　　　　　B．'w'　　　　　　C．'a'　　　　　　D．'w+'

5．在读写文件之前，用于创建文件对象的函数是（　　　）。

A．open　　　　　B．create　　　　C．file　　　　　D．folder

6.1.4 文件读操作

文件读操作，顾名思义就是将文件的内容读取出来，同时也就是我们上面所提到的把东西拿出来的那只"手"。Python 也为我们提供了几种读取文件内容的方法，下面将对这些方法进行详细介绍。

1．read()方法

使用 read()读取文件的语法格式如下：

```
str=file.read([size])
```

其中 file 是我们需要读取的文件对象，size 是可选参数，我们可以自行指定要读取的字节数，如果不指定，将会读取所有内容。结合我们上面创建的 Python_study.txt 文件，我们来对它进行读操作，具体操作如下所示：

```
file=open("Python_study.txt","r")
read_file=file.read()
print(read_file)
```

输出的结果为：

Hello everyone！　Welcome to Python world！

【例 6-1】用只读模式结合使用 read()方法读取上面的 Python_study.txt 文件，并且每次读取 10 个字节。

```
file=open("Python_study.txt","r")        #打开文件
while True:                              #循环读取
    str=file.read(10)                    #设置每轮读取的字节数
    if not str:
        break                           #若没有读取到内容，则退出循环
    else:
        print(str)                       #打印读取出来的文件
```

输出结果为：

Hello ever
yone！Welc
ome to Pyt
hon world！

上面结果中输出的每一行都是调用 read()方法读取的内容。

通过 read()读取文件的方法，我们可以结合文件打开方式进行一些实例操作，两者结合可以让我们更加直观地了解文件的打开和读写操作。

（1）使用 read()方法以只写（w）的方式读取 Python_example.txt 文件，具体操作如图 6-1-3 所示。

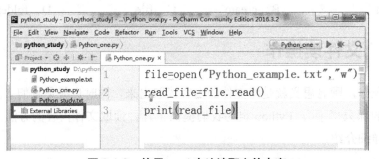

图 6-1-3　使用 read 方法读取文件内容

结合图 6-1-2 和图 6-1-3 我们可以看出，在原来的文件目录底下 Python_example.txt 并不存在，但是我们使用了只写（w）的模式来打开文件，系统在检测到没有这个文件的时候，就会自动创建这个文件。

（2）使用 read()方法以追加的读写模式（a+）的方式读取 Python_test.txt 文件，具体操作如图 6-1-4 所示。

通过图 6-1-2 和图 6-1-4 我们可以发现，在原来目录底下 Python_test.txt 也是不存在的，但是在我们输入并运行了上面的代码后，Python_test.txt 文件就自动生成了。

（3）使用 read()方法以二进制读模式（rb）的方式读取原来我们创建的 Python_study.txt 文件，具体操作如图 6-1-5 所示。

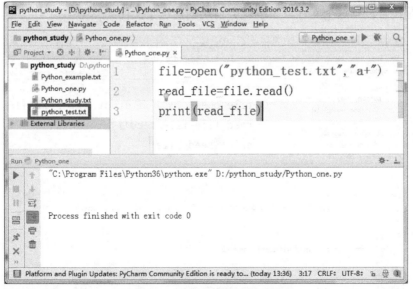

图 6-1-4　运行代码自动生成文件

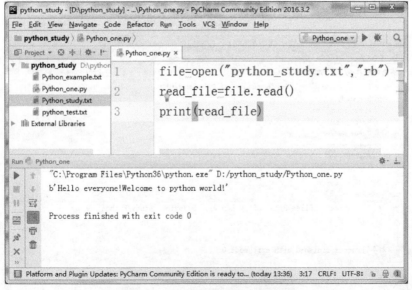

图 6-1-5　以二进制方式读取文件

观察上面的操作我们可以发现，使用二进制读写方式可以顺利地将 Python_study.txt 文件中的信息顺利输出，但是前面会有一个"b"，这就代表输出的字符串是一个二进制的字符串。

（4）使用 read() 方法以二进制读写模式（wb+）的方式读取原来我们创建的 Python_study.txt 文件，具体操作如图 6-1-6 所示。

通过图 6-1-6 我们可以看出，使用 wb+二进制读写模式编写出来的代码运行后并没有返回任何元素，而是返回一个二进制的空字符串，这是因为 b+写模式会自动将已有文件中的所有内容自动清空，再次打开 Python_study.txt 文件时里面没有任何内容，如图 6-1-7

所示。但是倘若没有这个文件，系统就会自动创建这个文件。

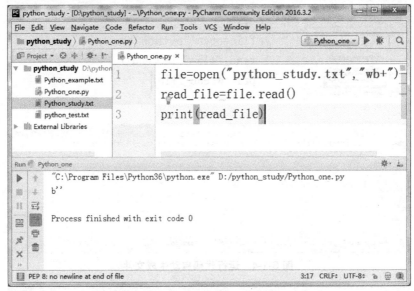

图 6-1-6　以二进制读写模式读取文件

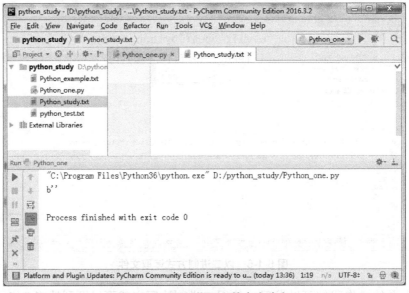

图 6-1-7　运行代码文件内容清空

不同的文件打开模式结合不同的文件读取操作会有不一样的运行结果，这里我们就介绍上面的 4 种方法，其余的知识要点留给读者进行课外拓展。

2.　readlines([size])

readlines([size])方法可用于读取文件中所有的行，它返回的结果是一个列表，如果指定参数，则返回总和大约为 size 字节的行，实际读取值可能比 size 大些，因为需要填充缓冲区，语法格式如下：

```
list=file.readlines()
```

其中，file 是读取的文件对象，读取出来的内容会返回到一个列表中。

【例 6-2】用只读模式结合使用 readlines()方法读取上面的 Python_study.txt 文件。

```
file=open("Python_study.txt","r")
read_file=file.readlines()
print(read_file)
```

输出结果为：

```
['Hello everyone！Welcome to Python world！']
```

3.　readline()

readline()方法用于从文件读取整行内容，包括"\n"字符，如果指定了一个非负数的参数，则返回该行指定大小的字节数，包括"\n"字符。我们来对上面创建的 Python_study.txt 文件进行小小的变动，将每一句进行换行处理，如图 6-1-8 所示。

图 6-1-8　换行输入字符语句

【例 6-3】使用 readline()方法逐行读取 Python_study.txt 文件中的内容。

```
file=open("Python_study.txt","r")
content1=file.readline()
content2=file.readline()
content3=file.readline(3)
print(content1,end="")
print(content2,end="")
print(content3,end="")
file.close()
```

输出结果为：

```
Hello everyone!
Welcome to Python world!
Let
```

4.　使用 in 关键字读取文件

使用 in 关键字可以遍历文件中所有的行，使用的语法格式如下：

```
for line in 文件对象:
    处理行数据 line
```

使用 in 关键字读取 Python_study.txt 文件中的内容，具体操作如下所示：

```
file=open("Python_study.txt","r")
for line in file:
    print(line,end="")
file.close()
```

输出结果为：

```
Hello everyone!
Welcome to Python world!
Let's learn Python together!
```

5. 用 try...finally...读取文件

在文件读取的过程中，一旦程序抛出 IOError 错误，后面的 close 函数将不会被调用。所以，在程序运行过程中，无论是否出错，都要确保能正常关闭文件，可以使用 try...finally...结构实现。具体操作如下所示：

```
try:
    f = open("e_point.txt","r")
    print(f.read())
finally:
    if f:
    f.close()
```

6. 用 with 读取文件

上面的代码虽然运行良好，但是每次都这样写会显得烦琐，所以 Python 提供了更加优雅简短的语法。使用 with 语句可以很好地处理上下文环境产生的异常，会自动调用 close 函数，如下所示：

```
with open("e_point.txt","r") as f:
    print(f.read())
```

这种 with 语句的使用效果与 try...finally...结构的使用效果是一样的，但代码更为简洁，且不必调用 close 函数。

【即学即练】

1．Python 提供了＿＿＿＿＿、＿＿＿＿＿和＿＿＿＿＿方法用于读取文本文件的内容。

2．假设 file 是文本文件对象，下列选项中，哪个用于读取一行内容？（　　）

A．file.read()　　　　B．file.read(200)　　　C．file.readline()　　　D．file.readlines()

3．若文本文件 abc.txt 中的内容如下：

```
abcdef
```

阅读下面的程序：

```
file=open("abc.txt", "r")
s=file.readline()
sl=list(s)
print(sl)
```

上述程序执行的结果为（　　　）。

A．['abcdef']   B．['abcdef\n']

C．['a,' 'b','c','d','e','f']   D．['a','b','c','d','e','f','\n']

6.1.5　文件写操作

前面我们学习了文件打开、文件关闭及读文件操作，现在，我们来学习如何向打开的文件中写入数据信息。下面具体介绍 3 种向文件中写入数据的方法。

1．write()方法

其实写文件和读文件是一样的，唯一的区别就是调用 open()函数时，传入的标识符由原来的"r"读模式转变成了"w"或"wb"等表示写文本文件或写二进制文件的模式。改变读写模式的同时，使用 write()方法可以向文件中写入内容，其语法格式如下：

```
file.write(str)
```

其中 file 表示写入数据的文件对象。

【例 6-4】在当前目录文件夹底下创建一个 Python_write.txt 文本文件，使用 write()方法向文件中写入"Python 是一门使用方便的计算机语言"，写入后将其关闭保存。

```
file=open("Python_write.txt","w")
write_file=file.write("Python 是一门使用方便的计算机语言")
file.close()
```

这样我们就完成了数据的写入，但是如果我们要验证所输入的信息是否有保存到文件中时，我们就可以使用上面所学的文件读取方法，再将文件读取出来，操作如下：

```
file=open("Python_write.txt","r")
read_file=file.read()
print(read_file)
file.close()
```

输出结果为：

```
Python 是一门使用方便的计算机语言
```

2．writelines()方法

writelines()方法其实是和 readline()方法对应的，也是一个针对列表的操作方法，它接收一个字符串列表作为参数，将它们写入到文件中。这里需要注意的是，使用 writelines()方法写入文件的时候，换行符不会自动加入，因此，需要我们手动加入换行符。其书写的语法格式如下：

```
file.writelines(seq)
```

file 表示写入的内容的文件对象，参数 seq 表示返回字符串的序列（列表、元组、集

合、字典等）。

【例 6-5】创建一个同学名单文件 student.txt，并将下面列表中的同学姓名用 writelines() 方法写入文件。

```
student_list=["Jim","Linda","Cindy","Ailce"]
file=open("student.txt","w")
write_file=file.writelines(student_list)
file.close()
```

同样，若想查看信息是否成功存入文件夹，只需要使用 read() 方法将文件中的内容读取出来。

```
file=open("student.txt","r")
read_file=file.read()
print(read_file)
```

输出结果为：

```
JimLindaCindyAilce
```

由输出的结果我们可以发现，刚刚输入的名单输出时并没有换行，若想达到换行的效果，还需我们自己手动输入换行符，具体操作如下：

```
#写入数据
student_list=["Jim\n","Linda\n","Cindy\n","Ailce\n"]
file=open("student.txt","w")
write_file=file.writelines(student_list)
file.close()            #关闭文件夹
#读取数据
file=open("student.txt","r")
read_file=file.read()
print(read_file)
file.close()            #关闭文件夹
```

输出结果为：

```
Jim
Linda
Cindy
Ailce
```

这样来看，输出的效果是不是好很多，但是同时需要我们注意的是，在我们进行完文件读取操作后，一定要使用 close() 方法关闭文件。

3. 追加写入

以 w 为参数调用 open() 方法时，如果写入文件但是又不希望文件里面原来的内容被覆盖，这时候我们就可以使用追加写入数据的方式，以 a 或 a+ 为参数调用 open() 方法打开这个文件。

给上面操作的学生名单文件中追加写入 Lucy，具体操作如下所示：

```
file=open("student.txt","a")
```

```
file.write("Lucy")
file.close()
```

将 Lucy 追加写入后，我们再来读一次文件，检验是否追加成功。

```
file=open("student.txt","r")
read_file=file.read()
print(read_file)
file.close()
```

输出结果为：

```
Jim
Linda
Cindy
Ailce
Lucy
```

由此可见，名字追加成功，并且保留原来文件中的数据。

【例 6-6】文件的备份。

```
#提示输入源文件和目标文件的名称
oldFileName=input('请输入源文件名称:')
newFileName=input('请输入目标文件名称:')
#以只读和只写的方式分别打开文件
oldFile=open(oldFileName,'r',encoding='utf8')
newFile=open(newFileName,'w',encoding='utf8')
for line in oldFile.readlines():
    newFile.write(line)
print('文件复制成功')
oldFile.close()
newFile.close()
```

输出结果为：

```
请输入源文件名称:E:\python_study\poem.txt
请输入目标文件名称:E:\python_study\poem1.txt
文件复制成功
```

【即学即练】

1．下列方法中，用于向文件中写内容的是（　　　）。

A．open　　　　　　　B．write　　　　　　　C．close　　　　　　　D．read

2．二进制文件的读取与写入可以分别使用_____和_____方法。

3．打开一个英文文本文件，编写程序读取其内容，并把其中的大写字母变成小写字母，小写字母变成大写字母。

6.1.6　文件指针操作

1．什么是文件指针

文件指针是指向一个文件的指针变量，用于标识当前读写文件的位置，通过文件指针就可以对它所指的文件进行各种操作。在程序来看，文件就是由一连串的字节组成的字节流，每一个字节都会有一个文件编号，类似于序列中元素的下标。假设一个文件中有 n 个元素，从第一个元素开始，它们的下标分别为：0，1，2，3···，$n-1$，在第 n 个字节的后面有一个文件结束标志 EOF（End Of File），如图 6-1-9 所示，其中标明了文件字节值、文件位置编号及文件指针的关系，该文件中一共有 6 个字节，分别为 0x11、0x12、0x13、0x14、0x15、0x16，指针目前指向第三个字节。

字节值	11	12	13	14	15	16	EOF
位置	1	2	3	4	5	6	7
指针			↑				

图 6-1-9　文件指针示意图

2．tell()方法：获取文件指针的位置

在文件操作中，我们通常调用 tell()方法来获取文件指针的位置，使用语法格式如下：

```
pos=file.tell()
```

其中，file 为文件对象。tell()方法返回一个整数，表示文件指针的位置，打开一个文件时，文件指针的位置就为 0。当读文件时，文件指针的位置就会前移至读写的最后位置。具体操作如下所示：

```
file=open("python_test.txt","w")
print(file.tell())
file.write("hello")
print(file.tell())
file.write("world")
print(file.tell())
file=open("python_test.txt","r")
str=file.read(5)
print(file.tell())
file.close()
```

输出结果为：

```
0
5
10
5
```

我们对上面的代码做一个简单的解析：实际上，在我们刚打开 Python_test.txt 文件的时候，Python_test.txt 文件中并不存在任何元素，所以使用 tell()方法就会返回 0；而当我们后面不断地向文件中添加元素的时候，文件指针就会自动移动到元素的最后位置，并返回最后一个元素的下标，随着数据的不断写入，元素也在不断增加，文件中最后一个元素的位置下标也会不断地发生变化。

3. seek()方法：移动文件指针

除了通过读写文件操作和自动移动文件指针，我们还可以通过调用 seek()方法来移动文件指针的位置，seek()方法使用的语法格式如下：

```
file.seek(offset,whence)
```

其中，file 为操作的文件对象，offset 代表文件指针的偏移量，单位为字节，当它为正数时，文件指针向文件尾移动；相反，为负数时，文件指针向文件头移动。whence 代表参照物，可以有三个取值：等于 0 时，文件指针从文件的开头开始移动；等于 1 时，文件指针从当前文件指针所在的位置移动；等于 2 时，文件指针从文件的结尾开始移动。下面通过一个实例来了解 seek()方法的具体使用。具体操作如下所示：

```
file=open("python_test.txt","rb+")
words=file.read(4)
print("读取的数据是： ",words)
position=file.tell()
print("当前文件位置： ",position)
file.seek(2,1)                    #重新设置位置，从当前位置移动 2 个字节
position=file.tell()
print("当前文件位置： ",position)
file.seek(-4,2)                   #重新设置位置,从文件尾部移动 4 个字节
position=file.tell()
print("当前文件位置： ",position)
str=file.readline()
print(str)
file.close()
```

输出结果为：

```
读取的数据是：  b'hell'
当前文件位置：  4
当前文件位置：  6
当前文件位置：  17
b'thon'
```

【即学即练】

1．seek 方法用于移动指针到指定位置，_____参数表示要偏移的字节数。

2．seek(0)将文件指针定位于_____，seek(0,1)将文件指针定位于_____，seek(0,2)将文件指针定位于_____。

3．下列程序的输出结果是（　　）。

```
f=open('f.txt','w')
f.writelines(['Python programming.'])
f.close()
f=open('f.txt','rb')
f.seek(10,1)
print(f.tell())
```

A．1 　　　　　　　B．10 　　　　　　C．gramming 　　　　D．Python

6.1.7 任务实现

【例 6-7】现在有一张学生信息表（见表 6-1-2），我们要将表中的学生信息存储进一个文件中，在将信息存储进去后再打开、读取文件，将里面的学生信息打印输出，并在操作结束后关闭文件。

表 6-1-2 学生信息表

学 号	姓 名	性 别	家庭住址
1	张三	男	北京
2	李四	男	南京
3	小东	男	上海
4	小西	女	武汉
5	小南	男	合肥
6	小北	女	长沙

【任务步骤】

```
print("输入学生信息（若要结束输入，请按*）：")
list=[]
while True:
    str=input("请输入学生信息：")
    if str=="*":
        break
    list.append(str+"\n")
file=open("student.txt","w")
file.writelines(list)
file.close()
file=open("student.txt","r")
str=file.read()
print("输出所有学生信息：")
print(str.strip())
file.close()
```

【任务解析】

通过 while 循环输入学生信息，当输入*时，会结束学生信息的录入，以"w"模式打开 student.txt，如果文件不存在，将会自动创建，将学生信息存放在列表中，通过 writelines 方式将列表信息写入到文本文件中。

【任务结果】

```
输入学生信息（若要结束输入，请按*）：
请输入学生信息：张三    男    北京
请输入学生信息：李四    男    南京
请输入学生信息：小东    男    上海
请输入学生信息：小西    女    武汉
请输入学生信息：小南    男    合肥
请输入学生信息：小北    女    长沙
请输入学生信息：*
输出所有学生信息：
```

张三	男	北京
李四	男	南京
小东	男	上海
小西	女	武汉
小南	男	合肥
小北	女	长沙

直击二级

【考点】本次任务中，"二级"考试考察的重点在于文件的使用：文件打开、关闭和读写。

1．关于 Python 对文件的处理，以下选项中描述错误的是（　　　）。

A．Python 能够以文本和二进制两种方式处理文件

B．Python 通过解释器内置的 open()函数打开一个文件

C．当文件以文本方式打开时，读写按照字节流方式

D．文件使用结束后要用 close()方法关闭，释放文件的使用授权

2．以下选项中，不是 Python 对文件的读操作方法的是（　　　）。

A．read 　　　　　　　B．readline 　　　　　　C．readlines 　　　　　　D．readtext

3．给出如下代码：

```
fname=input("请输入要打开的文件：")
fi=open(fname,"r")
for line in fi.readlines():
    print(line)
fi.close()
```

以下选项中描述错误的是（　　　）。

A．用户输入文件路径，以文本文件方式读入文件内容并逐行打印

B．通过 fi.readlines()方法将文件的全部内容读入一个字典 fi

C．通过 fi.readlines()方法将文件的全部内容读入一个列表 fi

D．上述代码中 fi.readlines()可以优化为 fi

 # 任务二　批量修改文件名

【任务描述】os 模块是常用的文件模块，本次任务中，我们将学习 os 模块的使用方法，并掌握利用 os 模块对文件进行相应的操作。

【任务分析】紧跟以下步伐，可以让我们学得更快哦！

（1）学习 os 模块的概念

（2）使用 import 关键字导入 os 模块

（3）调用 os 模块中的方法获取路径下的所有文件名字

（4）使用 rename()对文件进行重命名操作

6.2.1　认识 os 模块

1.　什么是 os 模块

os 模块是 Python 标准库中的一个用于访问操作系统的模块，包含普遍的操作系统功能，如复制、创建、修改、删除文件及文件夹。要使用这个模块，需要先导入它，然后调用相关的方法。

2.　导入 os 模块

在 Python 中，import 是我们用来导入模块的关键字，所以，在想要使用 os 模块中的函数之前，我们先要用下面这行代码将 os 模块导入进来。

```
import os
```

这时，当解释器遇到 import 语句时，如果模块位于当前的搜索路径，那么该模块就会被自动调用。但是如果我们要使用模块中的某一函数，我们就必须要以下面这种方法来引用：

```
模块名.函数名
```

在这里之所以要加上函数名是因为在多个模块中可能会存在相同名称的函数，如果不标明具体的模块名，解释器无法知道到底要用哪一个函数。所以要想准确无误地调用函数，就必须要在调用函数的时候加上模块名。

6.2.2　文件和目录操作

系统操作实际上就是对目录进行删除、修改、查询目录当前路径等操作，为了使代码编写起来更加方便，下面的程序我们都将在 Python Console 或 IDLE 下操作运行。

1.　os.name()

格式：os.name()

作用：判断现在正在使用的平台，Windows 返回"nt"，Linux 返回"posix"，具体操作如下所示：

```
>>>import os
>>>os.name
'nt'
```

2.　os.getcwd()

格式：os.getcwd()

作用：返回当前工作目录，具体操作如下所示：

```
>>>import os
>>>os.getcwd()
```

'D:\\python_study'

3. os.listdir()

格式：os.listdir(path)

作用：返回 path 指定的文件夹所包含的文件或文件夹的名字的列表，具体操作如下所示：

```
>>>import os
>>>os.sys
<module 'sys' (built-in)>
>>>path="D:/python_study"
>>>dirs=os.listdir(path)
>>>for file in dirs:
    print(file)
```

输出结果为：

```
.idea
python_test.txt
Python_write.py
Python_write.txt
student.txt
```

4. os.mkdir()

格式：os.mkdir(path[,mode])

作用：以数字 mode 创建一个名为 path 的文件夹，默认的 mode 是 0777（八进制）。
在 D:/python_study 路径下创建一个 test 文件夹，具体操作如下所示：

```
>>>import os
>>>os.mkdir("D:/python_study/test")
```

创建前后如图 6-2-1 和图 6-2-2 所示。

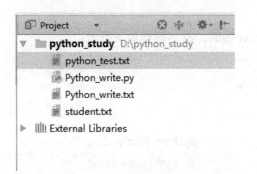

图 6-2-1 创建前

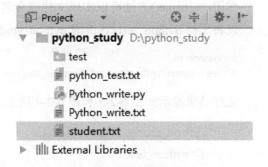

图 6-2-2 创建后

5. os.chdir()

格式：os.chdir(path)

作用：改变当前工作目录到指定路径，具体操作如下所示：

```
>>>import os
>>>path="./test"
>>>retval=os.getcwd()
>>>print("当前工作目录为：%s"%retval)
当前工作目录为：D:\python_study
>>>os.chdir(path)
>>>retval=os.getcwd()
>>>print("目录修改成功%s"%retval)
目录修改成功/D:python_study\test
```

6. os.rmdir()

格式：os.rmdir(path)

作用：删除 path 指定的空目录，如果目录非空，则抛出一个 OSError 异常，具体操作
如下所示：

```
>>>import os
>>>os.rmdir("mydir")
```

7. os.listdir()

格式：os.listdir(path)

作用：获取指定的目录列表，具体操作如下所示：

```
>>>import os
>>>print("目录为: %s"%os.listdir(os.getcwd()))
目录为: ['.idea', 'mydir', 'python_test.txt', 'Python_write.py', 'Python_write.txt', 'student.txt']
>>>os.rmdir("mydir")
>>>print("目录为: %s" %os.listdir(os.getcwd()))
目录为: ['.idea', 'python_test.txt', 'Python_write.py', 'Python_write.txt', 'student.txt']
```

8. rename()：文件重命名

格式：rename("当期文件名","新文件名")

作用：rename()方法可以实现文件重命名。

以将文件 python_test.txt 改成 python_study.txt 为例，具体操作如下所示：

```
>>>import os
>>>os.rename("python_test.txt","python_study.txt")
```

运行结果显示如图 6-2-3 和图 6-2-4 所示。

| 图 6-2-3　重命名前 | 图 6-2-4　重命名后 |

9. remove()：删除文件

格式：os.remove("文件名")

作用：remove()方法可以删除文件，具体操作如下所示：

```
>>>import os
>>>os.remove("python_study.txt")
```

运行结果显示如图 6-2-5 和图 6-2-6 所示。

▼ 📁 **python_study** D:\python_study
　　📄 python_study.txt
　　📄 Python_write.py
　　📄 Python_write.txt
　　📄 student.txt
▶ 📚 External Libraries

▼ 📁 **python_study** D:\python_study
　　📄 Python_write.py
　　📄 Python_write.txt
　　📄 student.txt
▶ 📚 External Libraries

图 6-2-5　删除前 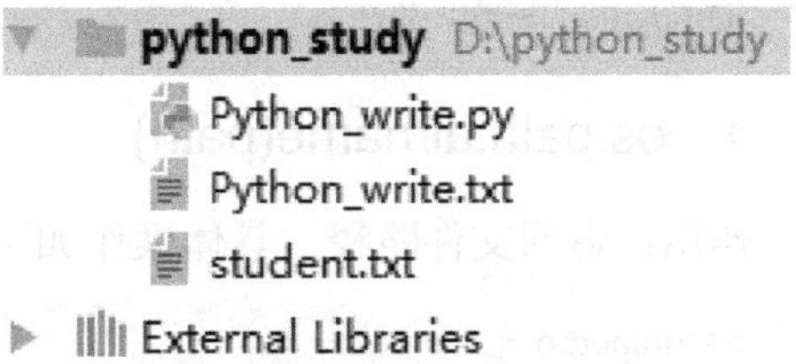　　　　　　　　　　　图 6-2-6　删除后

【即学即练】

1．Python 的_____模块提供了许多文件管理方法。

2．os 模块中的 mkdir 方法用于创建_____。

3．下列方法中用于改变当前工作目录的是（　　　）。

A．getcwd()　　　　　B．listdir()　　　　　C．chdir()　　　　　D．rmdir()

6.2.3　path 模块

path 模块是 os 模块中的一种，我们可以通过调用 path 模块中的方法对文件、目录有更加全面的操作。下面将对 path 模块中经常用到的方法进行实际操作。

1. os.path.abspath(path)

作用：返回 path 的绝对路径。

绝对路径示例为"D:\Learn\python\day15"；相对路径示例为".\python\day5"，具体操作如下所示：

```
>>>import os
>>>print(os.path.abspath("."))
D:\python_study
```

2. os.path.split(path)

作用：将路径分解为(文件夹,文件名)，返回的是元组类型，具体操作如下所示：

```
>>>import os
print(os.path.split(r"D:\python\file\hello.py"))
```

('D:\\python\\file', 'hello.py')

3. os.path.join(path1,path2,···)

作用：将 path 进行组合，若其中有绝对路径，则之前的 path 将会被删除，具体操作如下所示：

```
>>>import os
>>>os.path.join(r"D:\python\test",'hello.py')
'D:\\python\\test\\hello.py'
>>>os.path.join(r"D:\python\test\hello.py",r"D:\python\test\hello2.py")
'D:\\python\\test\\hello2.py'
```

4. os.path.dirname(path)

作用：返回文件路径，具体操作如下所示：

```
>>>import os
>>>os.path.dirname(r"D:\python\test\hello.py")
'D:\\python\\test'
>>>os.path.dirname(r"D:\python\test")
'D:\\python'
```

5. os.path.basename(path)

作用：返回 path 中的文件名，具体操作如下所示：

```
>>>import os
>>>os.path.basename(r"D:\python\test\hello.py")
'hello.py'
>>>os.path.basename(".")
'.'
>>>os.path.basename(r"D:\python\test")
'test'
```

6. os.path.getsize(path)

作用：获取文件的大小，若是文件夹则返回 0，具体操作如下所示：

```
>>>import os
>>>os.path.getsize(r"D:\python_study\Python_write.py")
67
>>>os.path.getsize(r"D:\python_study\Python")
0
```

7. os.path.exists(path)

作用：判断文件是否存在，若存在返回 True，否则返回 False，具体操作如下所示：

```
>>>import os
>>>os.path.exists(r"d:\python_study\Python_write.py")
True
>>>os.path.exists(r"d:\python_study\Python_read.py")
False
```

8. os.path.isdir(path)

作用：判断该路径是否为目录，具体操作如下所示：

```
>>>import os
>>>os.path.isdir(r"C:\Users\PycharmProjects\python")
False
>>>os.path.isdir(r"D:\python_study")
True
```

9. os.path.isfile(path)

作用：判断该路径是否为文件，具体操作如下所示：

```
>>>import os
>>>os.path.isdir(r"D:\python_study\Python_read.py")
False
>>>os.path.isdir(r"D:\python_study")
True
```

【例 6-8】统计某个文件夹中子文件夹和文件的数量，具体操作如下所示：

```
import os
dirnum = 0
filenum=0
path='d:/123'
for lists in os.listdir(path):
    sub_path=os.path.join(path,lists) #输出文件夹和文件的列表
    print(sub_path)
    if os.path.isfile(sub_path):
        filenum=filenum+1                #统计文件的数量
    elif os.path.isdir(sub_path):
        dirnum = dirnum+1                #统计文件夹的数量
print('文件夹的数量:',dirnum)
print('文件的数量:',filenum)
```

程序中首先定义了三个变量分别存放文件夹的数量、文件的数量和要统计的路径，然后使用循环将该路径下的文件名进行拼接并依次输出，并根据文件夹或是文件分别进行累加，最后输出文件夹和文件的数量。

【即学即练】

1．os.path 模块中用于将目录和文件名合成一个路径的方法为（   ）。

A．join()   B．split()   C．basename()   D．exists()

2．os.path 模块中的_____方法用于返回文件路径。

6.2.4 任务实现

【例 6-9】编写一段修改文件名的小程序代码。

【任务步骤】

```
# 批量在文件名前加前缀
import os
funFlag = 1                    # 1 表示添加标志    2 表示删除标志
folderName = './'
# 获取指定路径的所有文件名字
dirList = os.listdir(folderName)
# 遍历输出所有文件名字
for name in dirList:
    print(name)
    if funFlag == 1:
        newName = '[bigdata]-' + name
    elif funFlag == 2:
        num = len('[bigdata]-')
        newName = name[num:]
    print(newName)
    os.rename(folderName+name, folderName+newName)
```

【任务解析】

通过设置 funFlag，用于判断是统一添加标志还是统一删除标志，导入 os 模块下的 listdir 函数获取当前文件路径，用 for 循环遍历当前文件夹下的文件，获取文件名称，最后通过 rename 修改文件名从而完成任务。

【任务结果】

略

直击二级

【考点】本次任务中，"二级"考试考察的重点在于 os 模块的系统操作、文件操作及 path 模块中对文件、目录的操作。

1．以下程序的输出结果是（　　　　）。

```
fo = open("text.txt",'w+')
x,y ='this is a test','hello'
fo.write('{}+{}\n'.format(x,y))
print(fo.read())
fo.close()
```

A．this is a test hello
B．this is a test
C．this is a test,hello.
D．this is a test+hello

2．文件 dat.txt 中的内容如下：

```
QQ&Wechat
Google & Baidu
```

以下程序的输出结果是（　　　）。

```
fo = open("dat.txt",'r')
fo.seek(2)
print(fo.read(8))
fo.close()
```

A．Wechat
B．&Wechat G
C．Wechat Go
D．&Wechat

任务三 阶段测试

一、选择题

1. Python 描述路径时常见的 3 种方式中不包括（　　）。

A．\\　　　　　　　B．\　　　　　　　C．/　　　　　　　D．//

2. Python 对文件的处理，以下选项中描述错误的是 （　　）。

A．Python 能够以文本和二进制两种方式处理文件

B．Python 通过解释器内置的 open()函数打开一个文件

C．当文件以文本方式打开时，读写按照字节流方式

D．文件使用结束后要用 close()方法关闭，释放文件的使用授权

3. 以下选项中，不是 Python 对文件的读操作方法的是（　　）。

A．read　　　　　B．readline　　　　　C．readlines　　　　D．readtest

4. os 模块不能进行的操作是（　　）。

A．查询工作路径　　B．删除空文件夹　　C．复制文件　　　　D．删除文件

5. shutil 模块不能进行的操作是（　　）。

A．移动文件夹　　　B．创建文件夹　　　C．压缩文件　　　　D．删除非空文件

6. 在读写文件之前，必须通过下述（　　）方法创建文件。

A．create()　　　　B．open()　　　　　C．file()　　　　　D．close()

7. 关于文件，下列说法错误的是（　　）。

A．对文件操作完成后，即使不关闭程序也不会报错，所以可以不关闭程序

B．对已经关闭的文件进行读写操作会导致 ValueError 错误

C．文件默认的打开方式是只读方式

D．对于非空文本文件，read()返回字符串，readlines()返回列表

8. os.path 模块中用于将目录和文件名合成一个路径的方法为（　　）。

A．join　　　　　　B．split()　　　　　C．basename()　　　D．exists()

9. 打开一个文件用于读写，如果该文件已存在则覆盖，如果不存在则创建，应该使用（　　）方法打开文件夹。

A．r+　　　　　　　B．w+　　　　　　　C．a　　　　　　　D．w

10. 下面对文件的描述中错误的是（　　）。

A．文件中可以包含任何数据内容

B．文件是存储在辅助存储器上的数据序列

C．文本文件和二进制文件是文件的不同类型

D．文本文件不能用二进制文件方式进入

二、填空题

1. 打开文件后，可以对文件进行读写操作。操作完成后，应该调用_____方法关

闭文件释放文件资源。

2．使用＿＿＿＿＿＿＿方法可以读取文件中的所有行。

3．调用＿＿＿＿＿＿＿方法可以创建文件夹。

4．使用＿＿＿＿＿＿＿模块的 copy()函数可以复制文件。

5．使用 os 模块的＿＿＿＿＿＿＿函数可以获取当前目录。

6．文本文件分为两类，即文本文件和＿＿＿＿＿＿＿。

7．读取整个文件的方法是＿＿＿＿＿＿＿，逐行读取文件的方法是＿＿＿＿＿＿＿。

8．二进制文件和文本文件的主要区别在＿＿＿＿＿＿＿。

9．os.path 模块中的＿＿＿＿＿＿＿方法用于返回文件路径。

10．seek 方法用于移动指针到指定位置，该方法中表示偏移的字节数使用＿＿＿＿＿＿＿参数。

三、编程题

1．打开文本文件"c:\abc.txt"（若不存在进行创建），往 abc.txt 中换行输入 abc 和 python，写入后打开文件并读取全部内容，把其内容显示在屏幕上。

2．打开一个文件 a.txt，如果该文件不存在则创建，存在则产生异常并报警。

3．创建文件 data.txt，文件共 50 行，每行存放一个 1～100 之间的整数。

4．编写一个程序，获取用户输入的学生姓名，并将学生姓名写入到 student.txt 中，当用户输入"#"程序结束。

5．假设文件 test.txt 中有如下内容：python Java Hadoop c++ Android，现在要将文件中的内容读取出来，结合文件操作和无限循环的知识，编写程序实现此功能。

项目七　面向对象

【知识目标】

➢ 掌握类和对象的概念

➢ 理解面向对象程序设计的思想

➢ 了解封装在面向对象程序设计思想中的作用

➢ 掌握继承的语法结构和实现步骤

➢ 掌握多态的定义和适用范围

【能力目标】

➢ 能够创建和使用类

➢ 掌握使用面向对象思想分析任务的需求方法及步骤

➢ 能够熟练使用多态方法

➢ 能够正确使用单继承与多继承

➢ 会熟练使用面向对象解决实际问题

【情景描述】

在现实生活中存在不同形态的事物，而在这些事物之中也存在着各种各样的联系。代码君在学习及生活中发现，任何对象之间都存在着千丝万缕的关系，住房查询需要住户的信息，游戏之间存在对抗合作的关系，动物之间也有着遗传继承的联系。而在程序中使用对象来映射现实中的事物，使用对象间的关系来描述事物之间的联系，这一种思想被我们称为面向对象。这一阶段的 Python 学习逐渐接近尾声，在本项目中我们将了解什么是面向对象、面向对象的关系及如何使用面向对象来表现生活中的事例。

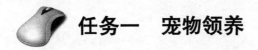 任务一　宠物领养

【任务描述】宠物店的宠物资料中会详细记录每一个宠物的姓名、性别、出生日期及被领

养时间。被领养后，宠物的信息便不会出现在待领养的信息中。本次任务我们将来制作一个宠物领养的信息表，并释放已被领养宠物所占的信息资源。

【任务分析】 紧跟下面的步伐，可以学习得更快哟！

（1）定义宠物类并利用构造方法定义类的属性

（2）定义类方法，编辑宠物的详细信息及相应的属性

（3）创建宠物的实例对象，调用类方法输出宠物信息

（4）使用析构方法删除已被领养的宠物对象并释放类所占用的资源

7.1.1 面向对象概述

何谓面向对象？何谓面向过程？对于这编程界的两大思想，一直贯穿在我们学习和工作当中。我们知道面向过程和面向对象，但要让我们讲出个所以然来，又感觉不知从何说起，而这种茫然，其实就是对这两大编程思想的"迷糊"之处。

1．认识面向对象

在现实生活中存在各种不同形态的事物，事物与事物之间都存在着这样或者那样的联系。在程序中使用对象来映射现实生活中的事物，使用对象间的关系来描述事物之间的联系，这种思想就是面向对象。

面向对象技术是软件工程领域中的重要技术，这种开发思想比较自然地模拟了人类对客观世界的认识，成为当期计算机软件工程学的主流方法。Python 作为一门面向对象的计算机编程语言，掌握面向对象编程思想至关重要。传统的面向过程的编程思想总结起来就8 个字——自顶向下，逐步细化！

2．面向对象编程

说到面向对象，自然会想到面向过程，面向过程就是分析出解决问题的步骤，然后用函数把这些步骤一一实现，使用的时候再依次调用。

面向对象编程（Object Oriented Programming，OOP），是一种程序设计思想。OOP 把对象作为程序的基本单元，一个对象包含了数据和操作数据的函数。面向过程的程序设计把计算机程序视为一系列的命令集合，即一组函数的顺序执行。

这里通过一个我们日常玩的五子棋游戏的实现流程图来更加直观地了解面向过程和面向对象编程的区别。面向过程的的设计步骤如下：

① 游戏开始
② 黑棋走
③ 绘制画面
④ 判断输赢
⑤ 白棋走

⑥ 绘制画面

⑦ 判断输赢

⑧ 执行步骤②

⑨ 判断最后输赢

我们用函数来实现上面的步骤，转化成具体流程图如图 7-1-1 所示。

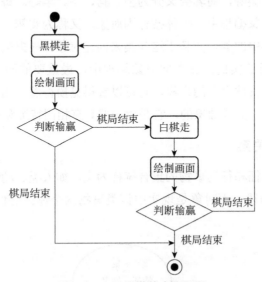

图 7-1-1　五子棋游戏流程图

而当我们使用面向对象的思维来解决这个问题时，就会将五子棋分为以下三类对象：

① 黑白棋手：行为方式一致，都负责下棋控制棋子。

② 绘图系统：绘制棋盘画面。

③ 规则系统：判断游戏的犯规、输赢。

在以上三类对象中，当第一类对象(黑白棋手)输入了棋子的控制指令后，第二类对象(绘图系统)就会收到指令并绘制出棋盘画面，绘制完成后第三类对象(规则系统)就会自动对棋局进行判定并给出反应。

面向对象保证了代码功能的统一性，从而可以使代码更加容易维护，假如我们要加入悔棋的功能，如果使用面向过程开发的话，那么输入、判断、显示的一系列步骤都需要进行修改，甚至需要在步骤之间进行大规模的变动，显然这是非常麻烦的。但是如果我们使用面向对象进行开发的话，只需要改动棋盘对象就可以了，棋盘对象保存了黑白双方的棋谱，只需要进行简单的回溯，而显示和规则不需要变动，同时整个对象的调用顺序也不用发生变化，它的改动仅仅是局部的变动。由此可见，相比起面向过程，面向对象编程更方便于后期的维护与修改。

7.1.2 类与对象

面向对象编程是模拟人类认识事物的方式的编程方法，是最有效的编程方法之一。人类通过将事物进行分类来认识世界，比如，人类将自然界中的事物分为生物和非生物，将生物分为动物、植物、微生物，将动物分为有脊椎动物和无脊椎动物，继而又分为哺乳类、鸟类、鱼类、爬行类等，哺乳类又分为猫、狗、牛、羊等。每一类的个体都具有一些共同的属性，在面向对象编程中，个体被称为对象，又称为实例，我们将通过面向对象编程，编写表示现实世界中的类，并基于这些类来创建对象。根据类来创建对象被称为实例化，这让我们能使用类的实例。在面向对象编程中，最重要的两个核心概念就是类和对象，对象是现实生活中具体存在的事物，它可以看得见摸得着，比如，手上的一本书就是一个对象。和对象相比，类是抽象的，它是对一群具有相同特征和行为的事物的统称。

1. 类和对象的关系

我们把具有相似特征和行为事物的集合统称为类，如人类、动物类、植物类等。类是对某一类事物的抽象描述，而对象是现实中该类事物的个体。它们之间的关系如图 7-1-2 所示。

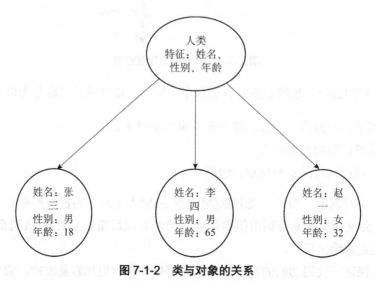

图 7-1-2 类与对象的关系

在图 7-1-2 中，可以把人类看作一个类，把每一个具体的人看作一个对象，从而把人类与具体人物之间的关系看作类与对象的关系。类用于描述多个对象的共同特征，它是对象的模板，对象用于描述现实的个体，它是类的实例。一个类可以创建 N 个对象，每个对象都是独一无二的。

2. 创建和使用类

人们在认识客观世界时，采用抽象的方法把具有共同性质的事物划分为一类，类是具有相同属性和行为的一组对象的集合，在系统中通常有很多相似的对象，它们具有相同名称和类型的属性、响应相同的消息、使用相同的方法。

（1）定义类

在日常生活中，要描述一类事物，既要说明它的特征，又要说明它的用途。例如，如果要描述人这一类事物，通常要给这类事物下一个定义或起个名字，人类的特征包括姓名、性别、年龄等，人类的行为包括运动、说话、学习等。把人类的特征和行为组合在一起，就可以完整地描述人类。

其中，把事物的特征当作类的属性，事物的行为当作类的方法，而对象是类的一个实例，所以要创建一个对象，必须要先定义一个类。类的组成如下所示。

① 类名：类的名称，它的首字母必须是大写的，如人类（Person）。

② 属性：用于描述事物的特征，比如，人具有姓名、性别、年龄等特征。

③ 方法：用于描述事物的行为，比如，人具有运动、说话、学习等行为。

在 Python 语言中，通过 class 关键字来定义类，其基本语法格式如下所示：

```
class 类名 ():
    类的属性
    类的方法
```

类的定义由类头和类体两部分组成：类头由关键字 class 开头，后面紧接着的是类名，其命名规则与一般标识符的命名规则一致。类名的首字母必须采用大写，类名后面有个冒号。类体包括类的所有细节，向右缩进对齐。下面是一段实例代码：

```
class Person():
#属性
#方法
def dress(self):
    print("***穿衣服***")
```

在上面的示例中，使用 class 定义了一个名称为 Person 的类，其中定义了一个 dress 方法。从中可以看出，方法和函数的格式是一样的，主要的区别在于必须声明一个 self 参数，而且位于参数列表的开头。self 代表的是类的实例（对象）本身，可以用来引用对象的属性和方法。

（2）根据类创建对象

程序想要完成具体的功能，不仅需要有类，还要根据类来创建实例对象，我们可通过下面的语法来创建一个对象：

```
对象名=类名()
```

例如，创建一个 Flower 类的一个对象 flower，示例代码如下：

```
flower=Flower()
```

在上述代码中，flower 实际上是一个变量，可以使用它来访问类的属性和方法。想要给对象添加属性，可以通过如下方式：

```
对象名.新的属性名 = 值
```

例如，使用 flower 给 Flower 类的对象添加 color 属性，代码如下：

```
flower.color = "蓝色"
```

下面，我们通过一个完整的案例来演示如何创建对象，并给对象添加属性和调用方法。

【例 7-1】创建 Dog 类。

```
class Dog():
    def eat(self):
        print("小狗在吃饭")
    def sleep(self):
        print("小狗在睡觉")
#创建一个实例（对象），并用变量 wangwang 保存它的引用
wangwang=Dog()
#添加表示颜色的属性
wangwang.color="白色"
#调用方法
wangwang.eat()
wangwang.sleep()
#访问属性
print(wangwang.color)
```

输出结果为：

```
小狗在吃饭
小狗在睡觉
白色
```

在上面的例子中，我们定义了一个 Dog 类，类里面定义了 eat 和 sleep 两个方法，然后创建了一个 Dog 类的对象 wangwang，动态地添加了 color 属性并且赋值为"白色"，然后依次调用了 eat()和 sleep()方法，并打印输出了 color 属性的值。

7.1.3 构造方法

1. 构造方法和实例方法

在方法的定义中，第一个参数永远是 self，self 的字面意思是自己，表示的是对象自己，当某个对象调用方法时，Python 解释器会把这个对象作为第一个参数传给 self，开发者只需要传递后面的参数就可以了。

实例方法是类中最常定义的成员，它至少有一个参数并且以实例参数作为第一个参数，一般以名为"self"的变量作为第一个参数，同样也可以以其他名称的变量作为第一个参数。在类外实例方法只能通过实例对象去调用，不能通过其他方式去调用。

【例 7-2】定义一个 Person 类并定义它的实例方法。

```
class Person():
    place="Beijing"
    def getplace(self):
        return self.place
```

```
p=Person()
print(p.getplace())             #类的实例方法
```

运行结果为：

```
Beijing
```

相反，当我们通过其他方法去调用时，就会报错，如下所示：

```
class Person():
    place="Beijing"
    def getplace(self):
        return self.place
p=Person()
print(Person.getplace())
```

运行结果为：

```
Traceback (most recent call last):
    File "G:/Python_study/1.py", line 6, in <module>
        print(Person.getplace())
TypeError: getplace() missing 1 required positional argument: 'self'
```

当我们使用 Person 去调用时，系统运行就会产生错误，错误原因就是 getplace()缺少一个必需的位置参数："self"。由此可见，类外的实例方法只能通过实例方法去调用。

在面向对象的程序设计中，对象实例化时往往要对实例做一些初始化工作，例如，设置实例属性的初始值，而这些工作是自动完成的，因此有默认方法被调用，这个默认方法就是构造方法。

在 Python 中有一些内置的方法，这些方法命名都有比较特殊的地方（其方法名以两个下画线开始然后以两个下画线结束）。类中最常用的就是构造方法和析构方法，构造方法__init__(self,....)在生成对象时调用，可以用来进行一些初始化操作，不需要显式地去调用，系统会默认去执行。如果用户自己没有重新定义构造方法，系统就自动执行默认的构造方法。下面我们会具体学习如何使用构造函数。

2. 构造函数

构造函数__init__是建立对象实例的自动调用函数，可以在这个函数中为实例对象初始化属性值，是类的一个特殊方法，每当根据类创建新实例时，Python 会自动运行它。这是一个初始化手段，Python 中的__init__方法用于初始化类的实例对象。

【例 7-3】利用构造方法定义学生姓名和成绩。

```
class Student():
    def __init__(self,name,score):             #定义构造函数，添加属性
        self.name=name
        self.score=score
```

__init__为构造函数名，构造函数名在调用类创建实例对象时自动被调用，完成对实例对象的初始化，构造方法的作用就是对类进行初始化。

【例 7-4】构造方法和 self 的使用。

```
#定义类
class Flower():
    def __init__(self,new_color):
        self.color=new_color
    def print_color(self):
        print("花的颜色为：%s"%self.color)
flower1=Flower("红色")
flower1.print_color()
flower2=Flower("蓝色")
flower2.print_color()
```

输出结果为：

```
花的颜色为：红色
花的颜色为：蓝色
```

在上面的例子中，我们定义了一个 Flower 类，在 __init__ 方法中，通过参数设置 color 属性的初始值，然后在 print_color 方法中获取了 color 的值。在后面，程序创建了一个 Flower 类的对象，设置 color 属性的默认值为"红色"，并让 flower1 指向了该对象所占用的内存空间，然后 flower1 调用了 print_color 方法，默认会把 flower1 引用的内存地址赋值给 self，这时 self 也指向了这块内存空间，执行打印语句时会访问 flower1 的 color 属性的值，所以程序会输出红色。

同样的道理，当 flower2 调用 print_color 方法的时候，默认会把 flower2（Flower 类的实例）传给 self，self 此时指向了 flower2 引用的内存，所以程序会输出蓝色。

【例 7-5】设置 __init__ 中有默认的参数。

```
class Person():
    def __init__(self,n="",g="male",a=0):
        self.name=n
        self.gender=g
        self.age=a
    def show(self):
        print(self.name,self.gender,self.age)
a=Person("mike")
b=Person("mike","female")
c=Person("mike","male",18)
a.show()
b.show()
c.show()
```

运行结果都是正确的，输出为：

```
mike male 0
mike female 0
mike male 18
```

在 Python 中只允许一个 __init__ 函数，通过对 __init__ 函数参数的默认方法可以实现重载，修改 __init__ 的定义，使得它带有默认参数就可以了。

【即学即练】

1．在实例方法的定义中，第一个参数一定是（　　）。

A．self　　　　　　B．object　　　　　　C．me　　　　　　D．Self

2．以下代码的输出结果为（　　）。

```
class Person():
    def __init__(self,age,sex):
        self.age=age
        self.sex=sex
    def info(self):
        print("年龄：%d"%self.age)
Person.info(18,'男')
```

A．年龄：18　　　B．无输出　　　　C．程序报错　　　D．以上选项都不对

3．设计一个 Circle 类，包括圆心位置、半径、颜色等属性，编写构造方法和其他方法，计算周长和面积。

7.1.4　析构方法

前面我们介绍了__init__方法，当创建对象以后，Python 解释器默认会调用__init__()方法，当删除一个对象来释放类占用资源的时候，Python 解释器会自动调用另外一个方法，这个方法就是析构方法__del__()。

在 Python 中，

（1）当使用类名()创建对象时，为对象分配完空间后会自动调用__init__()方法。

（2）当一个对象从内存中被销毁前，会自动调用__del__()方法。

【例 7-6】 使用析构方法示例。

```
class Cat():
    def __init__(self,new_name):
        self.name=new_name
        print("%s 来了"%self.name)
    def __del__(self):
        print("%s 走了"%self.name)
tom=Cat("Tom")
print(tom.name)
del tom
print("*"*20)
```

输出结果为：

```
Tom 来了
Tom
Tom 走了
********************
```

当我们使用__del__()函数时，如果希望在对象被销毁前再做一些事情，可以考虑使用 del 方法。此外，一个对象具有生命周期，一个对象从类名()创建，生命周期开始；一个对

象的__del__()方法一旦被调用，生命周期结束。

【例 7-7】使用析构方法示例。

```
class Person():
    def __init__(self,name,age,gender):
        self.name=name
        self.age=age
        self.gender=gender
    def __del__(self):
        print("析构方法被调用")
p=Person("张三",40,"男")
del p
print("使用析构方法")
```

输出结果为：

```
析构方法被调用
使用析构方法
```

当程序结束的时候，会把其占用的内存空间释放掉。那么，我们能不能手动释放空间呢？使用 del 语句可以删除一个对象，释放它所占用的资源。从输出结果可以看出，程序先输出了"析构方法被调用"再输出"使用析构方法"，这是因为 Python 有自动回收垃圾的机制，当 Python 程序结束的时候，Python 解释器会检测当前是否有需要释放的内存空间，如果有就自动调用 del 语句删掉，如果已经手动调用了 del 语句，就不再自动删除了。

【即学即练】

1．关于面向对象和面向过程，下列说法错误的是（   ）。

A．面向过程和面向对象都是解决问题的一种思路

B．面向过程是基于面向对象的

C．面向过程强调的是解决问题的步骤

D．面向对象强调的是解决问题的对象

2．对于类和对象的关系，下列描述正确的是（   ）。

A．类是面向对象的核心

B．类是现实中事物的个体

C．对象是根据类创建的，并且一个类只能对应一个对象

D．对象描述的是现实的个体

3．构造方法的作用是（   ）。

A．一般成员方法　　　　　　　　B．类的初始化

C．对象的初始化　　　　　　　　D．对象的建立

4．构造方法是类的一个特殊方法，Python 中它的名称为（   ）。

A．与类同名　　　B．_construct　　　C．__init__　　　D．init

5．Python 类中包含一个特殊的变量（   ），它表示当前对象自身，可以访问类的

成员。

A. self B. me C. this D. 与类同名

7.1.5 任务实现

【例 7-8】定义一个宠物类，其中包含宠物编号、宠物名、宠物性别及被领养时间几个属性，创建"旺旺""喵喵""嘎嘎"三个对象，并输出对象信息。

【任务步骤】

```
#宠物类
class Pet():
    #构造方法
    def __init__(self,PNo,Pname,Psex,Pbirthday,adoption_time):
        self.PNo = PNo
        self.Pname = Pname
        self.Psex = Psex#（雌性为：F；雄性为：M）
        self.Pbirthday = Pbirthday
        self.adoption_time = adoption_time
    #析构方法
    def __del__(self):
        print("释放%s 这个宠物的资源"%self.Pname)
    #定义方法，输出宠物信息
    def display(self):print("PNo=%s,Pname=%s,Psex=%s,Pbirthday=%s,adoption_time=%s"%(self.
PNo,self.Pname,self.Psex,self.Pbirthday,self.adoption_time))
    #定义方法，玩耍
    def play(self):
        print("%s 在玩耍"%self.Pname)
    #定义方法，睡觉
    def sleep(self):
        print("%s 在睡觉"%self.Pname)
#创建宠物对象
P_wangwang = Pet("001","旺旺","F","2020-03-18","2020-4-06")
P_miaomiao = Pet("002","喵喵","M","2019-09-12","2020-4-08")
P_gaga = Pet("003","嘎嘎","M","2020-1-31","2020-4-11")
#调用方法
P_wangwang.display()
P_miaomiao.display()
P_wangwang.play()
P_gaga.sleep()
#删除对象
del P_wangwang
del P_miaomiao
del P_gaga
```

【任务解析】

这里我们需要定义的宠物类，包含了宠物编号、宠物名、宠物性别及被领养时间几个属性，属性通过__init__()方法完成初始化，输出宠物的信息通过 display()方法来完成。此外我们还增加了宠物类的一些行为方法，比如玩耍 play()、睡觉 sleep()。而"旺旺""喵喵""嘎嘎"是宠物类的三个对象，通过实例化对象时赋值，并调用我们之前定义的方法。

【任务结果】

PNo=001,Pname=旺旺,Psex=F,Pbirthday=2020-03-18,adoption_time=2020-4-06
PNo=002,Pname=喵喵,Psex=M,Pbirthday=2019-09-12,adoption_time=2020-4-08
旺旺在玩耍
嘎嘎在睡觉
释放旺旺这个对象的资源
释放喵喵这个对象的资源
释放嘎嘎这个对象的资源

直击二级

【考点】本次任务中，二级考试考察的重点在于对类的掌握与了解，着重掌握类的创建方法及类的使用方法、对象的创建方法及使用方法，以及对象的私有属性的概念及使用方法。

1．在面向对象方法中，类之间共享属性和操作的机制是（　　　）。

A．继承　　　　　　　B．封装　　　　　　　C．多态　　　　　　　D．对象

2．在面向对象方法中，类的实例称为（　　　）。

A．对象　　　　　　　B．多重继承　　　　　C．信息隐蔽　　　　　D．父类

3．下列选项中，不属于面向对象设计方法的特征是（　　　）。

A．继承性　　　　　　B．多态性　　　　　　C．分类性　　　　　　D．封装性

任务二　果农采摘水果

【任务描述】果园采摘水果的季节，农场会雇佣果农进行水果采摘，因此要详细记录每一位果农的姓名、对应的工作量及最后果农的总人数和他们采摘的水果总质量。

【任务分析】紧跟下面的步伐，可以学习得更快哟！

（1）定义一个果农类并设置类的属性

（2）初始化类的实例对象

（3）设置类的实例属性

（4）定义类方法并通过内建函数来进行标识

（5）创建具体对象来调用类中的方法输出果农信息

（6）调用类方法输出果农总人数及水果总质量

7.2.1　类属性和实例属性

1．类属性

类属性就是类所拥有的属性，它需要在类中显式定义（唯一类的内部，方法的外面），它被所有类的实例对象所共有，在内存中只存在一个副本。

类属性示例：

```
class Cat():
    #类属性
number=0
```

对于公有的类属性，在类的外部可以通过类对象和实例对象访问。

2. 实例属性

前面我们所接触到的，通过"实例.属性"的方式添加属性和访问属性的值，其中的属性都是实例属性。实例属性是不需要在类中显式定义的，而是在__init__构造函数中定义的，定义时以 self 为前缀。在其他方法中也可以随意添加新的实例属性，但是我们并不提倡这么做，所有的实例属性最好在__init__中给出。实例属性属于实例（对象），只能通过对象名访问。

实例属性示例：

```
def __init__(self):
    #实例属性
    self.age=1
```

【例 7-9】统计工具数量总数。

```
class Tool():
    #使用赋值语句定义类属性，记录所有工具对象的数量
    count=0                      #类属性
    def __init__(self,name):
        self.name=name           #实例属性
        Tool.count+=1
tool1=Tool("水桶")
tool2=Tool("锤子")
print(Tool.count)
print("工具对象总数为：%d"%Tool.count)
```

输出结果为：

```
2
工具对象总数为：2
```

实例属性是对象持有的，不是共享的属性，实例属性只有对象能够访问。如果需要在类外修改类属性，必须通过类对象去引用然后进行修改。如果通过实例对象去引用，会产生一个同名的实例属性，这种方式修改的是实例属性，不会影响到类属性。

【即学即练】

1．下列关于类属性和实例属性说法正确的是（　　　）。

A．类属性既可以显式定义，又能在方法中定义

B．公有类属性可以通过类和类的实例访问

C．通过类可以获取实例属性的值

D．类的实例只能获取实例属性的值

2．实例属性只能通过（　　）进行访问。

A．对象名　　　　　B．方法名　　　　　C．实例　　　　　D．以上选项都不对

3．定义一个学生类，包含下面的类属性：

a．姓名

b．年龄

c．成绩（语文，数学，英语）[每课成绩的类型为整数]

类方法：

d．获取学生的姓名：get_name()返回类型：str

e．获取学生的年龄：get_age()返回类型：int

f．返回 3 门科目中最高的分数：get_course()返回类型：int

请使用面向对象的编程语言将其实现。

7.2.2　类方法和静态方法

在 Python 中有一些内置方法，我们最常用到的方法就是构造方法和析构方法，这两种方法我们在前面已经学习过了。下面来学习的是 Python 中另外两种常用方法——类方法和静态方法。

1．类方法

类方法是类对象所拥有的方法，需要用修饰器"@classmethod"来标识其为类方法。

对于类方法，第一个参数一般是"cls"而不是 self，但是，如果我们直接将 self 换成 cls 来创建类方法是不对的。Python 的解释器看见第一个参数是 cls 并不能知道这个是类方法，它还是将其当作实例方法来对待，所以需要通过使用修饰器@classmethod 来标识类方法。

基本语法如下：

```
class 类名():
    @classmethod
    def 类方法名(cls):
    方法体
```

要想调用类方法，既可以通过对象名调用类方法，又可以通过类名调用类方法，但不管你是用类来调用这个方法还是用类实例调用这个方法，该方法的第一个参数总是定义该方法的类对象。

【例 7-10】类方法的使用。

```
class People():
    country="China"
    @classmethod
    def getcountry(cls):
```

```
                return cls.country
    p=People()
    print(p.getcountry())              #实例对象调用类方法
    print(People.getcountry())         #用类调用类方法
```

输出结果为：

```
China
China
```

2. 静态方法

成员变量随着对象创建而创建。只有对象存在，成员变量才存在。每个对象都各自拥有自己的成员变量。我们使用修饰器@staticmethod 来标识静态方法。使用静态方法的好处是，不需要定义实例即可使用这个方法。

基本语法如下：

```
class 类名():
    @staticmethod
    def 静态方法名():
        方法体
```

静态方法是没有 self 参数的，在静态方法中无法访问实例变量。

【例 7-11】静态方法的使用。

```
class Person():
    @staticmethod
    def static_method():
        print("hello")
Person.static_method()
```

输出结果为：

```
hello
```

静态方法通过类名调用，不需要用实例来调用，静态变量的内存空间是在程序中第一次使用该变量所在的类时分配的，所以静态变量可以通过类名直接调用。

另外，可以多个实例共享一个静态方法（静态方法无法访问类属性、实例属性，相当于一个相对独立的方法，跟类其实没什么关系，简单地讲，静态方法就是放在一个类的作用域里的函数而已）。

【例 7-12】多个实例共享一个静态方法。

```
class Person():
    @staticmethod
    def static_method():
        print("hello")
people=Person()
people1=Person()
people2=Person()
people.static_method()
people1.static_method()
```

people2.static_method()

输出结果为：

hello
hello
hello

【即学即练】

1．下列选项中，用于标识为静态方法的是（　　　）。

A．@classmethod　　　　　　　　　　B．@instancemethod

C．@staticmethod　　　　　　　　　　D．@privatemethod

2．下列选项中，用于标识为类方法的是（　　　）。

A．@classmethod　　　　　　　　　　B．@instancemethod

C．@staticmethod　　　　　　　　　　D．@privatemethod

3．下列方法中，可以使用类名直接访问的是（　　　）。

A．实例方法　　　　B．构造方法　　　　C．静态方法　　　　D．以上三项都不对

7.2.3　运算符重载

运算符的重载在面向对象程序的设计中具有很大意义，类可以重载所有 Python 表达式运算符，重载是通过提供特殊名称的类方法来实现的，使类的实例对象支持 Python 的各种内置操作，实际上就是调用了对象的各种方法。关于运算符重载的方法有很多种，如表 7-2-1 所示。

表 7-2-1　运算符重载方法

方法	具体解释	何时调用方法
__add__	加法运算	对象加法：x+y，x+=y
__sub__	减法运算	对象减法：X-Y，X-=Y
__mul__	乘法运算	对象乘法：X*Y，X*=Y
__diy__	除法运算	对象除法：X/Y，X/=Y
__mod__	求余运算	对象求余：X%Y，X%=Y
__bool__	真值测试	测试对象是否为真值：（bool）
__len__	求长度	len(X)
__getitem__	索引、分片	x[i]、x[i:j]、没有__iter__的 for 循环等
__setitem__	索引赋值	x[i]=值、x[i:j]=序列对象
__delitem__	索引和分片删除	del x[i]、del x[i:j]
__contains__	成员测试	item in X
__repr__、__str__	打印、转换	print(X)、repr(X)、str(X)
__iter__、__next__	迭代	iter(X)、next(X)、for 循环等

方法	具体解释	何时调用方法
__eq__ 、 __ne__	相等测试、不相等测试	X==Y，X!=Y
__ge__ 、 __gt__	大于等于测试、大于测试	X>=Y，X>Y
__le__ 、 __lt__	小于等于测试、小于测试	X<=Y，X<Y
__setattr__	取值	X.any=Value

1. __add__和__sub__的重载

加法运算符重载是通过实现__add__()方法完成的，当两个实例对象执行加法运算时，自动调用了__add__方法，运算符是类中提供的__add__方法，当调用"+"实现加法运算时，实际上是调用__add__方法。减法运算符同样如此，当我们调用"-"实现减法运算时，就是在调用__sub__方法。运算符重载是通过实现特定的方法，使类的实例对象支持Python的各种内置操作。

比如我们有这样两个运算：

```
print(1+2)
print("1"+"2")
```

我们知道，返回的结果一个是 3，一个是 12，前面一个是 int 类型的数值，后面一个是字符串，不同类型的加法会有不同的解释。同样，当我们运行 print(3-2)和 print("3"-"2")两行代码时，一个会输出结果 1，而第二个则会报错，其原因是字符串类型是不支持的操作数类型。

因此当需要在类中进行加减操作的时候，我们就要在类中重新定义一个加法和减法的重载。

【例 7-13】加法运算符的重载。

```
class Employee():
    def __init__(self,name,age):
        self.name=name
        self.age=age
    def __add__(self, other):
        return self.age+other.age
    def __sub__(self, other):
        return self.age-other.age
emp1=Employee("Lily",20)
emp2=Employee("Lucy",22)
sum_age=emp1+emp2
print("平均年龄为：%d"%(sum_age/2))
print("两人相差%d 岁"%(abs(emp1-emp2)))
```

输出结果为：

```
平均年龄为：21
两人相差 2 岁
```

在上述代码中，在__init__构造方法中添加了 name 和 age 属性，我们通过创建实例的方式给属性赋值，然后通过调用__add__方法和__sub__方法计算结果返回两个人的平均年龄及年龄差。

2. 索引和分片重载

与索引和分片方法相关的重载方法有三种，下面通过实际例子来对这三种方法进行学习和了解。

（1）__setitem__方法

在通过赋值语句给索引或者分片赋值时，调用__setitem__方法来实现对序列对象的修改。

【例 7-14】索引分片赋值重载。

```
class Demo():
    def __init__(self,obj):
        self.data=obj[:]
    def __setitem__(self,index, value):
        self.data[index]=value
demo=Demo([1,2,3,4,5])
print(demo.data)
demo[0]="abc"
print(demo.data)
demo[1:3]=["a","b","c"]
print(demo.data)
```

输出结果为：

```
[1, 2, 3, 4, 5]
['abc', 2, 3, 4, 5]
['abc', 'a', 'b', 'c', 4, 5]
```

上述案例中，定义了 Demo 类，在构造方法中添加了 data 列表，然后重写了索引分片赋值时调用的方法__setitem__。程序测试过程先显示了列表中的所有元素，再通过赋值语句修改列表的第一个元素，然后把列表中的分片进行替换，将列表中的分片[1:3]替换为列表["a","b","c"]，分别输出两次修改后的列表。

（2）__getiem__()方法

在对实例对象执行索引、分片或 for 循环迭代时，会自动调用__getiem__()方法。

【例 7-15】__getiem__()方法的使用。

```
class Index():
    data = [1,2,3,4,5]
    def __getitem__(self,item):
        return self.data[item]
index = Index()
print(index[0])        #索引返回单个值
print(index[:])        #分片返回全部的值
print(index[:2])       #分片返回部分值
for i in index:        #for 循环迭代
    print(i)
```

输出结果为：

```
1
[1, 2, 3, 4, 5]
[1, 2]
1
2
3
4
5
```

（3）__delitem__方法

当使用 del 关键字的时候，实质上会调用__delitem__方法来实现删除操作。这里，让__delitem__方法重载 del 运算，实现删除、索引或分片的操作。

【例 7-16】__delitem__()方法的使用。

```
#定义类
class Demo():
    #定义构造方法
    def __init__(self,obj):
        self.data=obj[:]
        #重载索引、分片删除运算方法
    def __delitem__(self, index):
        del self.data[index]
#创建实例对象，并用列表初始化
demo=Demo([1,2,3,4,5])
#显示对象属性中的列表
print(demo.data)
#删除列表的第一个元素
del demo[0]
#显示删除元素后的列表
print(demo.data)
#删除分片
del demo[1:3]
#显示删除分片后的列表
print(demo.data)
```

输出结果为：

```
[1, 2, 3, 4, 5]
[2, 3, 4, 5]
[2, 5]
```

在上面的例子中，我们先定义了 Demo 类，在构造方法中添加了 data 属性，然后在重载索引和分片删除时调用方法__delitem__。

3. 只重载__repr__方法

重载__repr__方法，可以保证各种操作下都能正确获得实例对象自定义的字符串形式。

【例 7-17】重载__repr__方法。

```
class Demo():
    data_one=100
    #定义属性为 data_two 赋值的方法
```

```
        def __set__(self, number):
            self.data_two=number
    #重载方法
        def __repr__(self):
            #返回自定义的字符串
            return "data_one=%s;data_two=%s"%(self.data_one,self.data_two)
#创建实例对象
demo=Demo()
#调用方法给属性赋值，创建属性
demo.__set__(200)
print(demo)
print(str(demo))
print(repr(demo))                #调用__repr__方法进行转换
```

输出结果为：

```
data_one=100;data_two=200
data_one=100;data_two=200
data_one=100;data_two=200
```

我们在重写的__repr__方法中使用 return 返回自定义的字符串，在进行测试的时候，首先创建 demo 实例，再调用 set 方法赋值，然后分别使用 print、str、repr 函数输出对象的信息。

4. 只重载__str__方法

如果只是重载了__str__方法，只有 str 和 print 函数可以调用这个方法进行转换，接下来，我们通过一个案例来转换对象为字符串。

【例 7-18】重载__str__方法。

```
class Demo():
    num=100
    def set(self,number):
        self.num2=number
    def __str__(self):
        return "num=%s;num2=%s"%(self.num,self.num2)
demo=Demo()
demo.set(200)
print(demo)
print(str(demo))
print(repr(demo))
```

输出结果为：

```
num=100;num2=200
num=100;num2=200
<__main__.Demo object at 0x000001AA52237860>
```

在上面的例子中，我们在重写的__str__方法中使用 return 返回自定义的字符串。在测试代码中，我们先创建一个 demo 实例，再调用 set 方法进行赋值，然后分别使用 print、str、repr 函数输出对象信息。我们在调用 repr 函数输出结果时结果显示没有进行转换。

5. 同时重载__str__和__repr__方法

如果同时重载了__str__和__repr__方法，则 str 和 print 函数调用的是__str__方法，交互模式下直接显示对象和 repr 函数调用的是__repr__方法。

【例 7-19】同时重载__repr__和__str__方法。

```
class Demo():
    num=100
    def set(self,number):
        self.num2=number
    def __str__(self):
        return "str 转换：num=%s;num2=%s"%(self.num,self.num2)
    def __repr__(self):
        return "repr 转换：num=%s;num2=%s"%(self.num,self.num2)
demo=Demo()
demo.set("abc")
print(str(demo))            #使用 str 函数的时候自动调用__str__方法进行转换
print(repr(demo))           #使用 repr 函数的时候自动调用__repr__方法进行转换
print(demo)
```

输出结果为：

```
str 转换：num=100;num2=abc
repr 转换：num=100;num2=abc
str 转换：num=100;num2=abc
```

在上述案例中，在重写的__str__方法中使用 return 返回自定义的字符串，同样在重载的__repr__方法中返回了自定义的字符串。首先创建 demo 实例，再调用 set 方法给属性赋值的方式，最后使用 str、repr、print 函数输出对象信息。

7.2.4　任务实现

【例 7-20】定义果农（Growers）类，每个果农包含果农的姓名和采摘水果的质量，统计果农的总人数及采摘水果的总数量。创建果农对象，输出每位果农采摘水果的质量，输出果农的总人数及采摘水果的总质量。

【任务步骤】

```
class Growers():
    Count = 0                            # 类属性：总人数
    fruit_weight = 0                     # 类属性：总工资
    def __init__(self, name, weight):    # 初始化
        self.name = name
        self.weight = weight
        Growers.Count += 1               # 果农人数+1
        Growers.fruit_weight += weight   # 水果质量累加
    def displaySelf(self):               # 输出果农信息
        print("姓名 : ", self.name, ", 采摘水果的质量: ", self.weight)
    @classmethod
    def displayClass(cls):
        print("一共有 %d 位果农，一共采摘了 %d（kg）水果" % (cls.Count, cls.fruit_weight))

# 创建 Growers 类的三个对象
emp1 = Growers("Jim", 200)
emp2 = Growers("Mike", 500)
```

```
emp3 = Growers("Bob", 300)
# 输出果农信息
emp1.displaySelf()
emp2.displaySelf()
emp3.displaySelf()
# 输出果农总人数
Growers.displayClass()          #方法一
emp2.displayClass()             #方法二
```

【任务解析】

由于每一位果农的姓名还有采摘的水果质量是不一样的，所以应该将姓名和水果质量定义为实例属性；果农的人数和总质量在确定果农人数的情况下是不变的，所以将其定义为类属性。同样道理，输出每位果农的信息使用实例方法；输出果农的总人数和果农采摘水果的总质量使用类方法。最后通过创建 Growers 类的三个对象，调用类方法，以达到输出果农信息、果农总人数及果农采摘水果的总质量的目的。

【任务结果】

```
姓名： Jim，采摘水果的质量： 200
姓名： Mike，采摘水果的质量： 500
姓名： Bob，采摘水果的质量： 300
一共有 3 位果农，一共采摘了 1000（kg）水果
一共有 3 位果农，一共采摘了 1000（kg）水果
```

直击二级

【考点】本次任务中，"二级"考试考察的重点在于对类的掌握与了解，着重掌握类的创建方法及类的使用方法、对象的创建方法及使用方法，以及对象的私有属性的概念和使用方法。

1．采用面向对象技术开发的应用系统的特点是（   ）。

A．重用性强　　　　B．运行速度快　　　C．占用储存量小　　　D．维护更复杂

2．下列选项中，符合类的命名规范的是（   ）。

A．HolidayResort　　B．Holiday Resort　　C．holidayResort　　　D．holidayresort

3．Python 中用于释放类占用资源的方法是（   ）。

A．__init__　　　　　B．__del__　　　　　C．del　　　　　　　D．delete

 任务三　男孩与宠物的日常

【任务描述】日常生活中，人与宠物的相处模式总是丰富多样的。宠物在日常的玩耍休息之余，也会履行自己相应的职责，本次任务，我们学习如何使用面向对象的三大特性来编辑代码，展现出男孩与宠物的日常状态。

【任务分析】紧跟下面的步伐，可以学习得更快哟！

（1）创建一个父类，定义父类的属性和方法

272

（2）创建不同的子类对象，继承父类的属性与方法并对其进行重写

（3）创建实例对象，通过调用具体的方法来输出

7.3.1　继承

1. 继承的意义

继承是面向对象软件技术当中的一个概念。在现实生活中，继承一般指的是子女继承父辈的财产。而在程序中，继承描述的是事物之间的从属关系，例如，猫和狗都属于动物，程序中便可以描述为猫和狗继承自动物。继承可以使得子类别具有父类别的各种属性和方法，而不需要再次编写相同的代码。在令子类别继承父类别的同时，可以重新定义某些属性，并重写某些方法，即覆盖父类别的原有属性和方法，使其获得与父类别不同的功能。另外，为子类别追加新的属性和方法也是常见的做法。一般面向对象编程语言都是静态的，继承就属于静态语言，意为子类别的行为在编译期就已经决定，无法在执行期扩充，通俗而言就是子类拥有父类的所有方法和属性。

面向对象程序设计带来的主要好处之一是代码的重用。当设计一个新类时，为了实现这种重用可以继承一个已设计好的类。一个新类从已有的类那里获得其已有特性，这种现象称为类的继承。通过继承，在定义一个新类时，先把已有类的功能包含进来，然后再给出新功能的定义或对已有类的某些功能重新定义，从而实现类的重用。从另一角度说，从已有类产生新类的过程就称为类的派生，即派生是继承的另一种说法，只是表述问题的角度不同而已。

由图 7-3-1 可知：

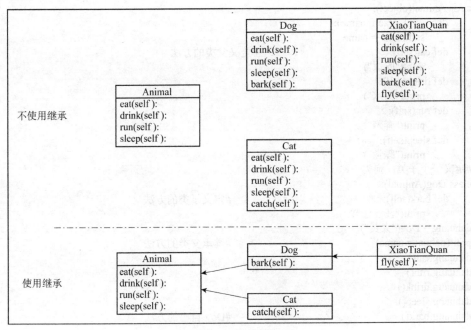

图 7-3-1　动物继承图

（1）Dog 类是 Animal 类的子类，Animal 类是 Dog 类的父类，Dog 类从 Animal 类继承。

（2）Dog 类是 Animal 类的派生类，Animal 类是 Dog 类的父类，Dog 类从 Animal 类派生。

2. 单继承

如果一个类别 A "继承自" 另一个类别 B，就把这个 A 称为 "B 的子类别"，而把 B 称为 "A 的父类别"，也可以称 "B 是 A 的超类"。

Python 程序中，单继承使用如下语法格式：

```
class  子类名(父类名):
       pass
```

假设有一个类为 A，A 派生出来子类 B，语法如下：

```
class  B(A):
class  A(object):                          #默认是继承 object 的
```

当我们自定义一个类，object 则为超类。每一个 Python 类都隐含了一个超类：object。它是一个非常简单的类定义，几乎不做任何事情。我们可以创建 object 的实例，但是我们不能用它做太多，因为许多特殊的方法容易抛出异常。

在之前定义类的时候，并没有明确地标出该类的父类。如果在类的定义中没有标注出父类，这个类默认是继承自 object 的，例如：class Person（object）和 class Person 两者是等价的。

【例 7-21】利用单继承方法进行操作。

```
#定义一个父类：动物类
class Animal(object):
    def __init__(self, name):
        self.name = name
    def eat(self):                          #定义父类的方法
        print("吃饭")
    def drink(self):
        print("喝水")
    def run(self):
        print("奔跑")
    def sleep(self):
        print("睡觉")
#定义一个子类：狗类
class Dog(Animal):
    def bark(self):                         #定义子类的方法
        print("汪汪汪")
dahuang = Dog("大黄")
print(dahuang.name)                         #继承父类的方法
dahuang.eat()
dahuang.run()
dahuang.drink()
dahuang.sleep()
dahuang.bark()                              #Dog 自己的方法
```

输出结果为：

```
大黄
吃饭
奔跑
喝水
睡觉
汪汪汪
```

在子类中我们并没有定义属性 name，属性 name 是继承父类的。子类继承了父类的 name 属性和 eat、drink、run、sleep 方法，并且在创建 Dog 类实例的时候，使用的是继承自父类的方法；唯有 bark 是 Dog 类自己的方法。

3. 多继承

在现实生活中，一个子类往往会有多个父类。例如，沙发床是沙发和床的功能的组合，水鸟既有鸟的特点，能在天空飞翔，又具有鱼的特点，能在水里遨游，这些都是多重继承的体现。多重继承可以看作是对单继承的扩展，通过子类名称的括号中标注出要继承的多个父类，并且多个父类间使用逗号进行分隔。Python 程序中使用如下格式：

```
class　子类名(父类名 1,父类名 2,…):
```

【例 7-22】多继承操作。

```
class Bird(object):
    def fly(self):
        print("鸟儿在天上飞翔")
class Fish(object):
    def swim(self):
        print("鱼儿在水中遨游")
class BF(Bird,Fish):
    pass
v=BF()
v.fly()
v.swim()
```

输出结果为：

```
鸟儿在天上飞翔
鱼儿在水中遨游
```

在上述代码中，定义了一个 Bird（鸟）类，该类有一个 fly 方法，然后定义了一个表示鱼的类 Fish，该类有一个 swim 方法，然后定义了一个继承自 Bird 和 Fish 的子类 BF（飞鱼），该类内部没有添加任何方法，创建一个 BF 类的对象，分别调用 fly 和 swim 方法。从输出的结果可以看出，子类同时继承了多个父类的方法。

4. 重写父类方法

在继承关系中，子类会自动拥有父类定义的方法，但是有时子类想要按照自己的方式实现方法，即对父类中继承来的方法进行重写，使得子类中的方法覆盖掉跟父类同名的方法，需要注意的是，在子类中重写的方法要和父类被重写的方法具有相同的方法名和参数列表。如果子类想要调用父类中被重写的方法，需要使用 super()方法访问父类中的成员。

【例 7-23】重写父类的方法。

```
class Animal(object):
    def __init__(self, name):
        self.name = name
    def eat(self):
        print("吃饭")
    def drink(self):
        print("喝水")
class Dog(Animal):
    def __init__(self, name):
        """初始化分类的属性"""
        super(Dog,self).__init__(name)
    def bark(self):
        print("汪汪汪")
dahuang = Dog('大黄')
print(dahuang.name)                    #继承父类的方法
dahuang.eat()
dahuang.drink()                        #自己的方法
dahuang.bark()
```

输出结果为：

```
大黄
吃饭
喝水
汪汪汪
```

因为子类 Dog 继承了父类 Animal，所以代码中子类 Dog 的实例既可以调用自己的方法又可以调用父类的方法，关于 super()，super()是一个特殊的函数，帮助 Python 将父类和子类关联起来。

它所在的这行代码让 Python 调用 Dog 的父类方法__init__()，让 Dog 实例包含父类的所有属性。父类也成为超类（superclass），名称 super 因此得名，注意 super 后面不要忘记带()，不然会报错误。

【例 7-24】以大学里的学生和教师为例，可以定义一个父类 UniversityMember，然后类 Student 和类 Teacher 分别继承类 UniversityMember。

```
class UniversityMember:        #定义父类
    print('===大学成员信息查询===')
    def __init__(self,name,age):
        self.name=name
        self.age=age
        print('成员:',self.name)
    def tell(self):
        print('姓名:{}；年龄:{}'.format(self.name,self.age))
class Student(UniversityMember):              #定义子类 Student
    def __init__(self,name,age,score):
        UniversityMember.__init__(self,name,age)
        self.score=score
```

```
                print('身份：学生')
                print('学生姓名：',self.name)
        def tell(self):
                UniversityMember.tell(self)
                print('分数：',self.score)
class Teacher(UniversityMember):            #定义子类 Teacher
        def __init__(self,name,age,salary):
                UniversityMember.__init__(self,name,age) #显式调用父类构造方法
                self.salary=salary
                print('身份：教师')
                print('教师姓名：',self.name)
        def tell(self):
                UniversityMember.tell(self)
                print('薪资：',self.salary)
s=Student('Brenden',18,92)
t=Teacher('Jasmine',28,7450)
members=[s,t]
print
for member in members:
        member.tell()
```

输出结果为：

```
===大学成员信息查询===
成员: Brenden
身份：学生
学生姓名：  Brenden
成员: Jasmine
身份：教师
教师姓名：  Jasmine
姓名:Brenden；年龄:18
分数：  92
姓名:Jasmine；年龄:28
薪资：  7450
```

在大学中每个成员都有姓名和年龄，而学生有分数属性，教师有工资属性，从上面类的定义中可以看到：

（1）在 Python 中，如果父类和子类都重新定义了构造方法__init__，在进行子类实例化的时候，子类的构造方法不会自动调用父类的构造方法，必须在子类中显式调用。

（2）如果要在子类中调用父类的方法，则需以"父类名.方法"这种方式调用，以这种方式调用的时候，注意要传递 self 参数。

对于继承关系，子类继承了父类所有的公有属性和方法，可以在子类中通过父类名来调用；而对于私有的属性和方法，子类是不进行继承的，因此在子类中是无法通过父类名来访问的。

7.3.2　多态

多态（Polymorphism）按字面的意思就是"多种状态"。在面向对象语言中，接口的多种不同的实现方式即为多态。多态性是允许你将父类对象设置成为一个或更多的它的子

对象相等的技术，赋值之后，父类对象就可以根据当前赋值给它的子对象的特性以不同的方式运作。简单地说，就是允许将子类类型的指针赋值给父类类型的指针。上面所说的多态必须是在有继承的前提下的，然而 Python 中的多态也可以用继承的方式来实现，意为同一件事物，多种表现形式。例如：中国人打招呼为你好！美国人打招呼则是 Hello！

【例 7-25】输出不同的打招呼的方式。

```python
class Person(object):
    def print_self(self):
        print("你好！")
class English(Person):
    def print_self(self):
        print("Hello！")
def introduce(temp):
    temp.print_self()
person1=Person()
person2=English()
introduce(person1)
introduce(person2)
```

输出结果为：

```
你好！
Hello!
```

定义时的类型和运行时的类型不一样，也就是定义时并不确定要调用的是哪个方法，只有运行的时候才能确定调用的是哪个。

Python 是动态语言，可以调用实例方法，不检查类型，只需要方法存在，参数正确就可以调用，这就是与静态语言最大的差别之一，表明了动态（运行时）绑定的存在。

多态性使得能够利用同一类型（父类）的指针来引用不同类的对象，以及根据所引用对象的不同，以不同的方式执行相同的操作。

7.3.3　封装

我们通常把隐藏属性、方法与方法实现细节的过程称为封装。在 Python 中可以通过在属性变量名前，加上双下画线定义属性为私有属性，如果要获取对象的数据属性，那么并不需要通过特殊的方法，直接在程序外部调用数据属性即可，为防止程序开发人员无意中修改对象的状态，需要对类的数据属性和方法进行私有化。Python 不支持直接私有方式，但可以使用一些小技巧达到私有的目的，为了让方法的数据属性或方法变为私有，只需要在它的名字前面加上双下画线即可。

关于父类继承中的私有属性和私有方法有以下几个注意点：

（1）子类对象不能在自己的方法内部，直接访问父类的私有属性或私有方法。

（2）子类对象可以通过父类的公有方法间接访问到私有属性或私有方法。

（3）私有属性、方法是对象的"隐私"，不对外公开，外界及子类都不能直接访问。

（4）私有属性、方法通常用于做一些内部的事情。

【例 7-26】区分类的私有属性和公有属性。

```
class C():
    def __init__(self):
        self.name="公有属性"
        self.__foo="私有属性"
```

双下画线前缀的属性和方法可以称为"伪私有"属性和方法，之所以称为伪私有是因为 Python 在处理这类变量名时，会自动在带双下画线前缀的变量名前加上"__类名"，从而可以在类外直接访问。

【例 7-27】私有属性方法。

```
class Secret():
    def __init__(self,name,weight):
        self.name = name
        self.weight = weight
    def __secret(self):
        print("这是一个不能说的秘密")
    def printMySecret(self):
        self.__secret()
girl = Secret("Lucy","75")
girl.printMySecret()
```

输出结果为：

```
这是一个不能说的秘密
```

其中__secret 这个私有方法只能在类中调用，所以外部对象实例想要获取私有方法或者私有属性，那么就需要定义一个公有的方法来传递数值。

双下画线前缀的属性和方法可以称为"伪私有"属性和方法，之所以称为伪私有是因为 Python 在处理这类变量名时，会自动在带双下画线前缀的变量名前加上"__类名"，从而可以在类外直接访问。

【例 7-28】定义伪私有方法和属性。

```
class Person():
    def __init__(self, name):
        self.name = name
        # 定义私有属性
        self.__like = "看苍老师表演艺术"
    def like(self):
        # 私有属性在对象的内部是可以访问的
        print(F"{self.name} 爱看电影，特别喜欢{self.__like}")
    # 定义私有方法
    def __secret(self):
        print("私有方法在对象的内部是也是可以访问的")
    def love(self):
        # 私有方法在对象的内部是也是可以访问的
        self.__secret()
boy = Person("小明")
boy.like()
boy.love()
print("====伪私有====")
```

```
print(boy._Person__like)
print(boy._Person__secret)
```

输出结果为：

```
小明 爱看电影，特别喜欢看苍老师表演艺术
私有方法在对象的内部是也是可以访问的
====伪私有===
看苍老师表演艺术
<bound method Person.__secret of <__main__.Person object at 0x000001A114107860>>
```

因为在 Python 中，并没有真正意义上的私有属性或方法，在定义私有属性或方法时，实际上是对名称做了一些特殊处理，使得外界无法访问到。其处理方式是在私有属性或方法的名称前面加上 _类名，即_类名__名称。按照处理后方式，在外部一样可以访问到私有的属性或方法，但是在实际开发中建议不要这么做！

【即学即练】

1．Python 中定义私有属性的方法是（　　　）。

A．使用 private 关键字　　　　　　　　　B．使用 public 关键字

C．使用__XX__定义属性　　　　　　　　D．使用__XX定义属性名

2．下列选项中，不属于面向对象程序设计的三大特征的是（　　　）。

A．抽象　　　　　　B．封装　　　　　　C．继承　　　　　　D．多态

3．下列选项中，与 class Person 等价的是（　　　）。

A．class Person（Object）　　　　　　　B．class Person（Animal）

C．class Person（object）　　　　　　　D．class Person：object

4．设计一个表示动物（Animal）的类，该类包括颜色（color）属性和名字（name）方法。再设计一个表示鱼（Fish）的类，包括尾巴（tail）和颜色（color）两个属性，以及（name）方法。（提示：让 Fish 类继承自 Animal 类，重新__init()和 name 方法）

7.3.4　任务实现

【例 7-29】定义三个类，分别为人、狗、猫，按照下面的要求定义类，并设置类的属性和方法，实现类的封装、继承和多态。

①人：姓名，年龄，宠物；吃饭，玩球，睡觉（格式：名字：xx，年龄 x 的 yy 在 zz）

养宠物：让宠物吃饭、玩球、睡觉。

让宠物进行工作：小狗看家，小猫抓老鼠。

②狗：姓名，年龄；吃饭，玩球，睡觉，看家（格式：名字：xx，年龄 x 的小狗在 zz）。

③猫：姓名，年龄；吃饭，玩球，睡觉，抓老鼠（格式：名字：xx，年龄 x 的小猫在 zz）。（注：yy 指小狗、小猫、男孩，zz 指吃饭、玩球、睡觉、看家等）

根据以上要求编写代码。

【任务步骤】

```
class Animal(object):
    def __init__(self, name, age=1):
        self.name = name
        self.age = age
    def eat(self):
        print("%s 在吃饭" % self)
    def play(self):
        print("%s 在玩球" % self)
    def sleep(self):
        print("%s 在睡觉" % self)
    def __str__(self, char):
        return "名字：%s，年龄%d 岁的%s" % (self.name, self.age, char)
# 1  创建三个类
# 1.1  创建人类
class Person(Animal):
    def __init__(self, name, pets, age=1):
        super().__init__(name, age)
        self.pets = pets
    def boy(self):
        for pet in self.pets:
            pet.eat()
            pet.play()
            pet.sleep()
    def petsWork(self):
        for pet in self.pets:
            pet.work()
    def __str__(self):
        return super().__str__("男孩")
# 1.2  创建狗类
class Dog(Animal):
    def work(self):
        print("%s 在看家" % self)
    def __str__(self):
        return super().__str__("小狗")
# 1.3  创建猫类
class Cat(Animal):
    def work(self):
        print("%s 捉老鼠" % self)
    def __str__(self):
        return super().__str__("小猫")
# 2  宠物工作代码
dog = Dog("汪汪", 3)
cat = Cat("喵喵", 4)
person = Person("Jim", [dog, cat], 18)
person.boy()
person.petsWork()
person.eat()
dog.eat()
cat.eat()
```

【任务解析】

本例包含了对类的创建和使用及面向对象的三大特性。要想实现面向对象的封装、继承和多态，必须先要正确地定义和创建一个父类（Animal）和子类（Person、Dog、Cat）。

封装，即将属性和方法封装到类对象中，根据题目给出的要求设置类的属性和方法；继承，即人、狗、猫类都继承了动物类中的属性和方法，可以通过后面的调用实现子类对父类方法及属性的继承；多态，即动物类衍生出了人类、狗类和猫类三种形态，并且动物类中的同一种方法在调用的时候，传入的 self 是什么类型的实例，就执行其对应的行为，实现了两种形式的多态。

【任务结果】

名字：汪汪，年龄 3 岁的小狗在吃饭
名字：汪汪，年龄 3 岁的小狗在玩球
名字：汪汪，年龄 3 岁的小狗在睡觉
名字：喵喵，年龄 4 岁的小猫在吃饭
名字：喵喵，年龄 4 岁的小猫在玩球
名字：喵喵，年龄 4 岁的小猫在睡觉
名字：汪汪，年龄 3 岁的小狗在看家
名字：喵喵，年龄 4 岁的小猫捉老鼠
名字：Jim，年龄 18 岁的男孩在吃饭
名字：汪汪，年龄 3 岁的小狗在吃饭
名字：喵喵，年龄 4 岁的小猫在吃饭

直击二级

【考点】本次任务中，"二级"考试考察的重点在于类的继承方法、私有属性的定义方法及私有方法的调用。

1．关于面向对象的继承，以下选项中描述正确的是（　　　）。

A．继承是指一组对象所具有的相似性质

B．继承是指类之间共享属性和操作的机制

C．继承是指各对象之间的共同性质

D．继承是指一个对象具有另一个对象的性质

2．关于结构化程序设计方法原则的描述，以下选项中错误的是（　　　）。

A．逐步求精　　　　B．多态继承　　　　C．模块化　　　　D．自顶向下

任务四　阶段测试

一、选择题

1．在面向对象程序设计的发展中引入了对象、对象类、方法、实例等概念和术语，采用动态连编和单继承机制，以至于被视为面向对象的基础的语言是（　　　）。

A．Simula　　　　B．Smautalk　　　　C．BASIC　　　　D．Java

2．下列不属于面向对象技术的基本特征的是（　　　）。

A．封装性　　　　B．模块性　　　　C．多态性　　　　D．继承性

3．在面向对象程序设计语言中，对象之间通过（　　　）方式进行通信。

A．消息传递　　B．继承　　　　　C．引用　　　　　D．多态

4．下面说法中不正确的是（　　　）。

A．一个对象通过继承可以获得另一个对象的特性

B．面向对象就是将世界看成是由一组彼此相关并能相互间通信的实体，即对象组成的

C．面向对象要求程序员集中于事物的本质特征，用抽象的观点看待程序

D．同一函数为不同的对象接收时，产生的行为是一样的，这称为一致性

5．面向对象方法的多态性是指（　　　）。

A．一个类可以派生出多个特殊类

B．一个对象在不同的运行环境中可以有不同的变体

C．针对一消息，不同的对象可以以适合自身的方式加以响应

D．一个对象可以是由多个其他对象组合而成的

6．（　　　）不是面向对象系统所包含的要素。

A．重载　　　　　B．对象　　　　　C．类　　　　　　D．继承

7．下列关于类的描述中，错误的是（　　　）。

A．类就是C语言中的结构类型

B．类是创建对象的模板

C．类是抽象数据类型的实现

D．类是具有共同行为的若干对象的统一描述体

8．下列关于成员函数的描述中，错误的是（　　　）。

A．成员函数的定义必须在类体外

B．成员函数可以是公有的，也可以是私有的

C．成员函数在类体外定义时，前加inline可为内联函数

D．成员函数可以设置参数的默认值

9．下列关于构造函数的描述中，错误的是（　　　）。

A．构造函数可以重载

B．构造函数名同类名

C．带参数的构造函数具有类型转换作用

D．构造函数是系统自动调用的

10．下列关于静态成员的描述中，错误的是（　　　）。

A．静态成员都是使用static来说明的

B．静态成员是属于类的，不属于某个对象

C．静态成员只可以用类名加作用域运算符来引用，不可用对象引用

D．静态数据成员的初始化是在类体外进行的

11．在类的继承中，子类不能从父类中继承的是（　　　）。

A．__init__函数　　　B．__getName 函数　C．name 属性　　　　D．iter 函数

12．A 的子类有 B、C，而 B 的子类有 D、E，E 的子类有 F，下面不属于 F 的父类的是（　　）。

A．A　　　　　　　B．B　　　　　　　C．C　　　　　　　D．E

二、填空题

1．在 Python 中，可以使用_____关键字来声明一个变量。

2．面向对象需要把问题划分为多个独立的_____，然后调用其方法解决问题。

3．类方法中必须要有一个_____参数，位于参数列表的开头。

4．Python 提供了名称为_____的构造方法，实现让类的对象完成初始化。

5．如果想修改属性的默认值，可以在构造方法中使用_____设置。

6．如果姓名前加了两个_____，就表明它是私有属性。

7．在现有类的基础上构建新类，新的类称为子类，现有的类称为_____。

8．子类想要按照自己的方式实现方法，需要_____从父类继承的方法。

9．位于类内部、方法外部的方法是_____。

10．类方法是类拥有的方法，使用修饰器_____来标识。

三、简答题

1．什么是面向对象的新式类？什么是经典类？

2．面向对象为什么要有继承？继承的好处是什么？

3．面向对象的三大特性是什么？

四、判断题

1．面向对象是基于面向过程的。　　　　　　　　　　　　　　　　　　（　　）

2．通过类可以创建对象，有且只有一个对象。　　　　　　　　　　　　（　　）

3．方法和函数的格式是完全一样的。　　　　　　　　　　　　　　　　（　　）

4．创建完对象后，其属性的初始值是固定的，外界无法进行修改。　　　（　　）

5．使用 del 语句删除对象，可以手动释放它所占用的资源。　　　　　　（　　）

五、编程题

1．通过创建一个 Person 类的方式编写程序，程序满足以下要求：

（1）小明体重 75.0kg

（2）每次跑步会减肥 0.5kg

（3）每次吃东西体重会增加 1kg

（4）小美的体重是 45.0kg

2．结合类属性的知识编写程序：通过创建一个 Tool 类，依次输入"斧头、锤子、锯子、扳手"，统计并输出用户输入以上工具的总数量。

3．结合我们所学的多态的知识，打印"Linda 和柯基一起玩""柯基在院子里玩"。

4．结合我们所学的类方法的知识，记录用户输入的所有玩具的数量。

5．定义一个 Circle 类，根据圆的半径求周长和面积。再由 Circle 类创建两个圆对象，其半径分别为 5 和 10，要求输出各自的周长和面积。

6．定义三角形类 Triangle，包含三条边长信息。将三条边长设为私有属性，并增加修改私有属性值和获取私有属性值的方法。在修改私有属性值方法中，进行三条边的判断，如果任意一条边长小于等于零，不能修改边长；如果任意两条边长和小于等于第三条边，不能修改边长。创建三角形，三条边初始值为 3、4、5。

7．定义 MyList 类，包含列表属性。创建两个对象，将两个对象的列表元素对应求和生成第三个对象，并输出新生成的对象信息。

例如：两个列表分别为 list1=[1,2,3,4,5]、list2=[9,8,7]，求和可得列表 list3=[10,10,10,4,5]。

项目八　海龟乐园&jieba 王国

【知识目标】

➤ 认识 turtle 函数库及 jieba 中文分词

➤ 理解 turtle 函数库的作用及应用领域

➤ 掌握 jieba 中文分词工具的使用方法

➤ 掌握两者的使用技巧及操作方法

【能力目标】

➤ 会导入 turtle 函数库

➤ 会下载 jieba 分词工具

➤ 能够使用 turtle 函数库进行绘图

➤ 可以正确使用 jieba 分词工具进行文本分析

【情景描述】

经过前面的 Python 语言知识的学习，是不是觉得有点枯燥乏味呢？接下来我们将要进入到一个新的学习领域，学习两种有趣的新知识——小海龟 turtle 函数库和 jieba 中文分词工具。这两个知识都在 Python 计算机"二级"考试范围之内，要求同学们对其进行了解、掌握，做到熟练使用。现在，就让我们一同进入海龟乐园和 jieba 王国，来感受一下这两种库的魅力吧！

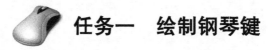

任务一　绘制钢琴键

【任务描述】本次任务，我们利用 turtle 函数库来绘制钢琴键，除此之外，还将了解绘图的常用函数、函数的作用及程序执行的基本过程。

【任务分析】紧跟以下步伐，可以让我们学得更快哦！

（1）导入 turtle 库

（2）明确钢琴键的构图

（3）明确每一个图形开始绘制时画笔落下的坐标

（4）确定每一个部分的边长确定画笔移动的距离

（5）完善图形，进行颜色填充

（6）展示绘制的完整的钢琴键图形

8.1.1　初识 turtle 函数库

1．认识 turtle 函数库

turtle 函数库是 Python 语言中一个很流行并且常用的一个函数库，是海龟绘图体系在 Python 语言功能的实现，同时也是 Python 中一个非常重要的标准库，通常作为程序设计入门教学内容。turtle 图形绘制的概念诞生于 1969 年，成功应用于 LOGO 编程语言，由于 turtle 的图形绘制概念十分直观清晰，应用起来十分方便，于是 Python 接受了这个概念，形成了 Python 的 turtle 库，并成为标准库之一。同时，turtle 也被认为是最有价值的程序入门实践库及程序入门层面最常用的基本绘图库。

turtle 绘制图形有一个基本的框架：有一只小海龟在屏幕上建立的一个坐标系中来回爬行，以它爬行的轨迹为一条条线条，最终由这些线条组成一个完整的图形形状，海龟由程序控制，可以变换颜色改变宽度等。而对于小海龟来说，它可以有"前进""后退""旋转"等爬行行为，对坐标的探索也有小海龟自身角度方位来完成。刚开始绘图的时候，小海龟位于画布正中央坐标为（0，0）的位置，前进方向为水平右方，如图 8-1-1 所示。

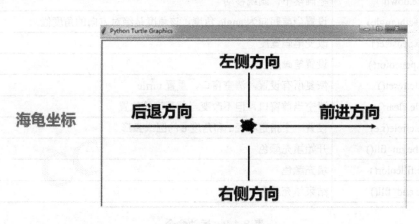

图 8-1-1　海龟坐标图

2．导入 turtle 函数库

与 Python 中所有的函数库一样，在使用 turtle 函数库之前要先在 Python 中进行导入，而导入库则需要使用到 import 保留字，现有三种引用 turtle 函数的方法：import turtle、from turtle import *、import turtle as t。

这三种引用方式是我们导入库中函数常用的操作，它们的书写方式虽然不同，但是它们的作用是基本相同的。

3. turtle 绘图属性

turtle 绘图有三个要素，分别是位置、方向和画笔。

（1）位置是指箭头在 turtle 图形窗口中的位置，turtle 图形窗口的坐标系采用笛卡儿坐标系，即以窗口中心点为原点，向右为 x 轴方向，向上为 y 轴方向。在 turtle 模块中，reset()函数使得箭头回到坐标原点。

（2）方向是指箭头的指向，使用 left()函数及 right()函数使得箭头分别向左、向右旋转指定的角度。

（3）画笔是指绘制的线条的颜色和宽度。

8.1.2　turtle 库常用命令和函数

1. turtle 绘图的简单命令

turtle 库中有很多常用的绘图命令，我们通常使用"turtle.命令()"格式来使用这些函数，此外熟练使用这些绘图命令可以帮助我们更加准确地绘制图形，常用的绘图命令如表 8-1-1 至表 8-1-3 所示。

表 8-1-1　画笔控制命令

绘图命令	命令描述
turtle.up()	笔画抬起，笔头移动，不画线
turtle.down()	笔画落下，画线移动
turtle.seth(angle)	设置当前朝向为 angle 角度，该角度是绝对方向的角度值
turtle.pensize()	改变笔画宽度
turtle.pencolor()	设置笔画颜色
turtle.reset()	恢复所有设置，清空窗口，重置 turtle
turtle.clear()	清空当前窗口，但不改变当前画笔的位置
turtle.circle(r,e)	设置一个指定半径 r 和角度 e 的圆或弧形
turtle.begin_fill()	开始填充颜色
turtle.fillcolor()	填充颜色
turtle.end_fill()	结束填充颜色

表 8-1-2　运动命令

绘图命令	命令描述
turtle.forward(d)	画笔向前移动 d 长度
turtle.backward(d)	画笔向后移动 d 长度
turtle.right(a)	向右旋转角度 a
turtle.left(a)	向做左旋转角度 a
turtle.goto(x,y)	将画笔移动到坐标（x，y）上
turtle.speed()	设置画笔绘制的速度

表 8-1-3　其他简单绘图命令

绘图命令	命令描述
turtle.done()	停留在结束页面
turtle.undo()	撤销上一次动作
turtle.hideturtle()	隐藏图标
turtle.showturtle()	显示图标
turtle.screensize()	屏幕大小

下面，我们利用这些简单的 turtle 命令绘制一些简单的图形。

【例 8-1】绘制一个边长为 200 像素的等边三角形。

```
import turtle
turtle.seth(0)
turtle.fd(100)
turtle.seth(120)
turtle.fd(100)
turtle.seth(240)
turtle.fd(100)
turtle.done()
```

绘制出的图形如图 8-1-2 所示。

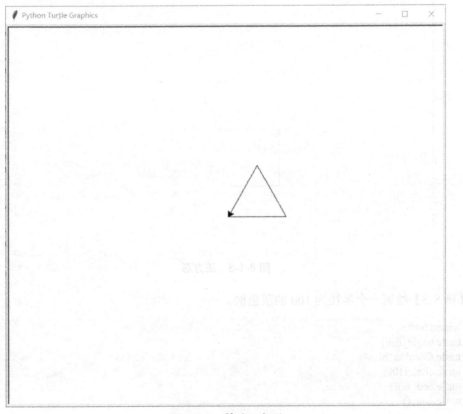

图 8-1-2　等边三角形

【例 8-2】将画笔移动到坐标（-100，-100）上，并绘制一个边长为 100 像素的正方形。

```
import turtle
turtle.penup()
turtle.goto(-100,-100)
turtle.down()
turtle.forward(100)
turtle.right(90)
turtle.forward(100)
turtle.right(90)
turtle.forward(100)
turtle.right(90)
turtle.forward(100)
turtle.done()
```

绘制出的图形如图 8-1-3 所示。

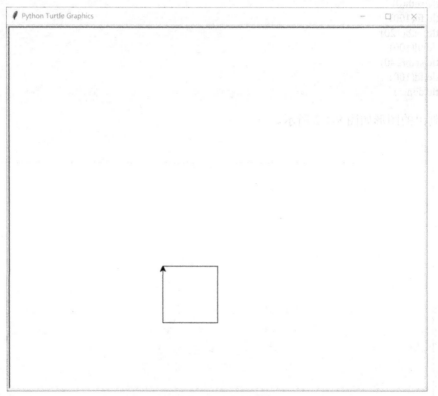

图 8-1-3　正方形

【例 8-3】绘制一个半径为 100 的蓝色圆。

```
import turtle
turtle.begin_fill()
turtle.fillcolor("blue")
turtle.circle(100)
turtle.end_fill()
turtle.done()
```

绘制出的图形如图 8-1-4 所示。

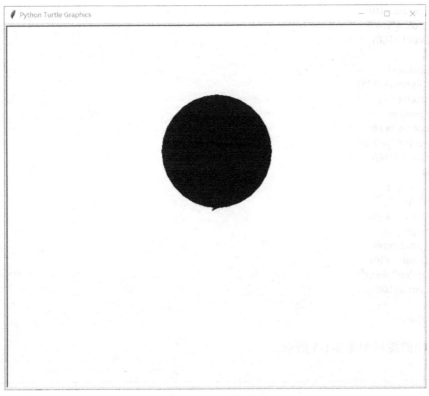

图 8-1-4 蓝色圆圈

【例 8-4】绘制奥运五环。

```
#奥运五环
import turtle
turtle.setup(1.0,1.0)        #设置窗口大小
turtle.title("奥运五环")
#蓝圆
turtle.penup()
turtle.right(90)
turtle.forward(-50)
turtle.left(90)
turtle.forward(-200)
turtle.pendown()
turtle.pensize(10)
turtle.color("blue")
turtle.circle(100)
#黑圆
turtle.penup()
turtle.forward(250)
turtle.pendown()
turtle.pensize(10)
turtle.color("black")
turtle.circle(100)
#红圆
turtle.penup()
turtle.forward(250)
turtle.pendown()
```

```
turtle.pensize(10)
turtle.color("red")
turtle.circle(100)
#黄圆
turtle.penup()
turtle.forward(-275)
turtle.right(-90)
turtle.pendown()
turtle.pensize(10)
turtle.color("yellow")
turtle.circle(100)
#绿圆
turtle.penup()
turtle.left(-90)
turtle.forward(50)
turtle.right(90)
turtle.pendown()
turtle.pensize(10)
turtle.color("green")
turtle.circle(100)

turtle.done()
```

绘制出的图形如图 8-1-5 所示。

图 8-1-5　奥运五环

2. turtle 库中的常用函数

除了上面介绍的 turtle 库中的一些常用的简单的绘图命令，turtle 库中还包含许多个功能函数，主要包含窗体函数、画笔状态函数和画笔运动函数三类。通过使用这三类函数，可以控制海龟移动和绘图，从而绘出图形，在作图的同时，不仅能够通过编写使用代码来实现绘制图画的效果，还可以随着海龟的移动，动态地查看程序代码如何影响到海龟的移动和绘制，从而帮助我们理解代码的逻辑。

我们前面所学的 turtle 常用命令也属于这三种函数中的一种，下面对这三种函数做一个简单的图表归纳，同时也通过一些例子来介绍这些函数的使用方法。

（1）窗体函数

turtle 库的 turtle.setup()函数与窗体有关，如图 8-1-6 所示。

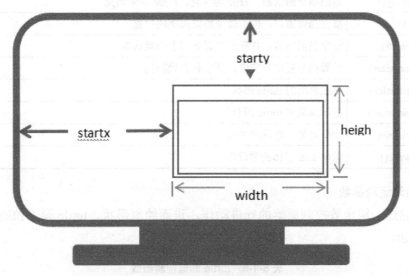

图 8-1-6　turtle 窗体图

turtle.setup(width,height,startx,starty):设置主题窗的大小和位置，其参数及含义如表 8-1-4 所示。

表 8-1-4　turtle.setup 参数及含义

参　数	含　义
width	窗口宽度。如果值是整数，表示的是像素值；如果值是小数，表示窗口宽度与屏幕的比例
height	窗口高度。如果值是整数，表示的是像素值；如果值是小数，表示窗口高度与屏幕的比例
startx	窗口左侧与屏幕左侧的像素距离。如果值是 None，窗口位于屏幕水平中央
starty	窗口顶部与屏幕顶部的像素距离。如果值是 None，窗口位于屏幕垂直中央

（2）画笔状态函数

画笔状态函数及描述，如表 8-1-5 所示。

表 8-1-5　画笔状态函数及描述

函　数	描　述
turtle.penup() turtle.pu() / turtle.up()	提起画笔，与 pendown()配对使用
turtle.pensize(width)/ turtle.width()	设置画笔线条的粗细为指定大小
turtle.pencolor()	设置画笔的颜色
turtle.color()	设置画笔和填充颜色

293

函　　数	描　　述
turtle.begin_fill()	填充图形前，调用该方法
turtle.end_fill()	填充图形结束
turtle.filling()	返回填充的状态，True 为填充，False 为未填充
turtle.clear()	清空当前窗口，但不改变当前画笔的位置
turtle.reset()	清空当前窗口，并重置位置等状态为默认值
turtle.screensize()	设置画布窗口的宽度、高度和背景颜色
turtle.hideturtle()	隐藏画笔的 turtle 形状
turtle.showturtle()	显示画笔的 turtle 形状
turtle.isvisible()	如果可见，则返回 True
turtle.write()	输出 font 字体的字符串

（3）画笔运动函数

turtle 通过一组函数控制画笔的行进动作，进而绘制形状。turtle 画笔控制函数，如表 8-1-6 所示。

表 8-1-6　turtle 画笔控制函数

函　　数	描　　述
turtle.forward(distance)/ turtle.df(diatance)	沿着当前方向前进指定距离
turtle.backward(distasnce)/ turtle.bk(distance)	沿着当前相反方向后退指定距离
turtle.right(angle)	向右旋转 angle 角度
turtle.left(angle)	向左旋转 angle 角度
turtle.goto(x,y)	移动到绝对坐标（x，y）处
turtle.setx(x)	修改画笔的横坐标值为 x，纵坐标不变
turtle.sety(y)	修改画笔的纵坐标值为 y，横坐标不变
turtle.sethesding(angle)/ turtle.seth(angle)	设置当前朝向为 angle 角度，该角度为绝对方向的角度值
turtle.home()	设置当前画笔位置为原点，朝向东
turtle.circle(radius,e)	设置一个指定半径 r 和角度 e 的圆或弧形
turtle.dot(r,color)	绘制一个指定半径 r 和颜色 color 的原点
turtle.undo()	撤销画笔最后一步动作
turtle.speed()	设置画笔的绘制速度，参数为 0~10 之间

【例 8-5】绘制一个红色五角星，设置窗体函数的参数为（650，350，200，200），绘制完成后隐藏画笔 turtle 的形状。

```
import turtle
turtle.setup(650, 350, 200, 200)
```

```
turtle.color("red")
turtle.begin_fill()
turtle.forward(100)
turtle.right(144)
turtle.forward(100)
turtle.right(144)
turtle.forward(100)
turtle.right(144)
turtle.forward(100)
turtle.right(144)
turtle.forward(100)
turtle.end_fill()
turtle.hideturtle()
turtle.done()
```

【例 8-6】绘制直径为 1 的黑色圆点，直径为 5 的蓝色圆点和直径为 20 的红色圆点，设置画笔的前进像素为 50。

```
import turtle
turtle.home()
print(turtle.pensize())
turtle.dot()
turtle.fd(50)
turtle.dot(5, "blue")
turtle.fd(50)
turtle.dot(20,"red")
turtle.fd(50)
turtle.done()
```

绘制出的图形如图 8-1-7 所示。

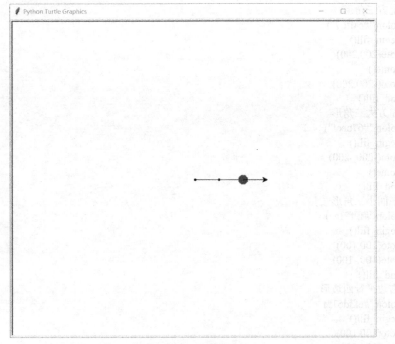

图 8-1-7　绘制点图

【例 8-7】七巧板（见图 8-1-8）是我们童年时常会接触到的用于开发智力和锻炼动手能力、想象力的一种智力游戏玩具，七巧板由七块形状不一、大小不一、颜色不一的小木块组成，用它们可以拼凑成许多不一样的图形。下面我们就来学习如何使用 turtle 库中的函数绘制一个完整的七巧板图形。

图 8-1-8　七巧板玩具

```python
import turtle
turtle.up()
turtle.goto(-200,200)
turtle.down()
turtle.pensize(0)
#绘制上方三角形
turtle.color("#caff67")
turtle.begin_fill()
turtle.goto(200,200)
turtle.home()
turtle.goto(-200,200)
turtle.end_fill()
#绘制左方大三角形
turtle.color("#67becf")
turtle.begin_fill()
turtle.goto(-200,-200)
turtle.home()
turtle.end_fill()
#绘制中间小三角形
turtle.color("#f9f51a")
turtle.begin_fill()
turtle.goto(100,100)
turtle.goto(100,-100)
turtle.end_fill()
#绘制右边平行四边形
turtle.color("#ef3d61")
turtle.begin_fill()
turtle.goto(100,100)
turtle.goto(200,200)
```

```
turtle.goto(200,0)
turtle.end_fill()
#绘制右下三角形
turtle.color("#f6ca29")
turtle.begin_fill()
turtle.goto(200,-200)
turtle.goto(0,-200)
turtle.end_fill()
#绘制下方正方形
turtle.color("#a594c0")
turtle.begin_fill()
turtle.goto(100,-100)
turtle.goto(0,0)
turtle.goto(-100,-100)
turtle.end_fill()
#绘制左下三角形
turtle.color("#fa8ecc")
turtle.begin_fill()
turtle.goto(0,-200)
turtle.goto(-200,-200)
turtle.end_fill()
#绘制完毕
turtle.hideturtle()
turtle.done()
```

绘制出的图形如图 8-1-9 所示。

图 8-1-9　七巧板绘制图

不同绘图函数的相互搭配可以绘制出不同效果的图形，熟练地运行这些函数可以有助于我们后面所要学习的 turtle 库的进阶应用。

【即学即练】

1．绘制叠加的等边三角形，效果图如图 8-1-10 所示。

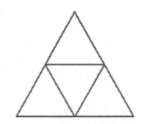

图 8-1-10　叠加的等边三角形

2．绘制一个粉红色的爱心，效果图如图 8-1-11 所示。

图 8-1-11　粉红色的爱心

3．绘制一颗红色的五角星，设置窗口参数为（400，400），将画笔移动到（-100，50）的位置，效果图如图 8-1-12 所示。

图 8-1-12　红色的五角星

8.1.3　turtle 库的进阶应用

1．使用循环语句绘制图形

我们在前面的学习中知道了如何使用 turtle 库中的函数进行简单的图形绘制，但是在编写的代码中有许许多多重复的代码行，太多重复的代码在一定程度上会降低编程的效率。接下来就来学习如何使用循环语句来代替代码中的重复部分。

首先，我们先来看一下用重复语句绘制边长像素为 200 的正方形的代码：

```
import turtle
turtle.forward(200)
```

```
turtle.left(90)
turtle.forward(200)
turtle.left(90)
turtle.forward(200)
turtle.left(90)
turtle.forward(200)
turtle.left(90)
turtle.done()
```

绘制出来的图形如图 8-1-13 所示。

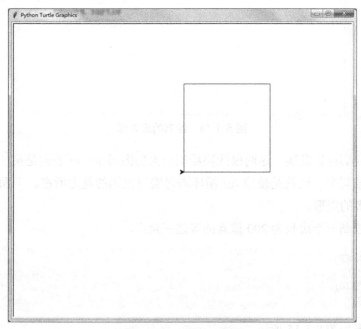

图 8-1-13　绘制正方形

虽然我们使用了重复的语句绘制出了正方形，但是会不会觉得过程过于冗长不够精简呢？没错，事实就是如此，为了简化上面的程序，我们可以使用前面学到的循环知识，通过使用循环语句，完全可以替代上面代码中重复的部分。

循环：循环就是让同一段代码反复执行，通过引入循环机制，减少重复代码出现的次数，但是为了控制循环次数，往往需要使用一个变量来协助完成循环的执行，下面让我们来具体实践一下吧。

【例 8-8】用循环语句绘制一个边长为 200 像素的正方形。

```
import turtle
d=0
for i in range(4):
    turtle.fd(200)
    d=d+90
    turtle.seth(d)
```

绘制的图形显示如图 8-1-14 所示。

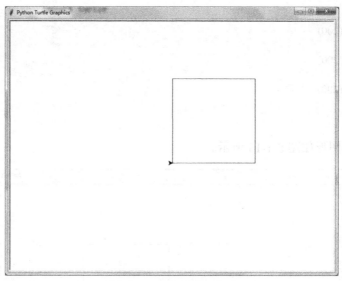

图 8-1-14　绘制的正方形

通过对比我们可以发现，这两段代码绘制出来的图形是一样的但是第二段代码明显比第一段代码简洁得多，这就是使用 for 循环语句编写代码的魅力所在。下面，我们通过循环语句绘制更多的图形。

【例 8-9】绘制一个边长为 200 像素的等边三角形。

```
import turtle as t
for i in range(3):
    t.seth(i*120)
    t.fd(200)
```

绘制的图形如图 8-1-15 所示。

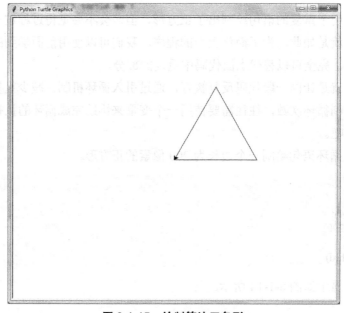

图 8-1-15　绘制等边三角形

【例 8-10】绘制一颗黄色的五角星，并将画布背景设置为黑色。

```
import turtle
turtle.color("yellow")
turtle.begin_fill()
for i in range(5):
    turtle.forward(100)
    turtle.left(72)
    turtle.forward(100)
    turtle.right(144)
turtle.end_fill()
turtle.bgcolor("black")
turtle.done()
```

绘制出的图形如图 8-1-16 所示。

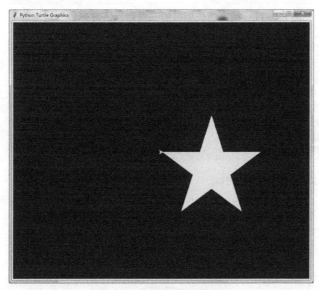

图 8-1-16　黑底黄色五角星

我们不仅可以使用代码绘制单个图形，还可以使用一段代码绘制出多个图形，一次性地绘制多个图形也是 turtle 库绘图的一个独特并且有趣的功能。

【例 8-11】在一张画布上绘制边长相等的三角形、正方形、五边形、六边形及七边形。

```
from turtle import *
for i in range(5):
    penup()
    goto(-200+100*i,-50)
    pendown()
    circle(40,steps=3+i)
done()
```

进行这种绘制多个图形的操作时一定要注意，除了第一个等边三角形，其余的图形都是在前一个图形的基础上多一条边，因此，我们只要掌握好这一点，再结合 for 循环语句就可以绘制出多个多边形，代码运行后绘制出来的图形如图 8-1-17 所示。

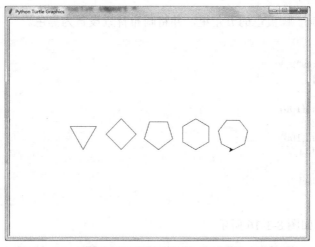

图 8-1-17　绘制边长相等的三角形、正方形、五边形等

【例 8-12】绘制三个同心圆。

```
import turtle
for i in range(3):
    turtle.up()                    #提起画笔
    turtle.goto(0,-50-i*50)        #确定画圆的起点
    turtle.down()                  #放下画笔
    turtle.circle(50+i*50)         #画圆
```

绘制出的图形如图 8-1-18 所示。

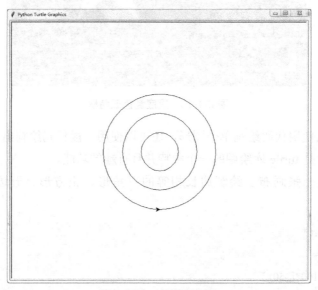

图 8-1-18　绘制同心圆

【例 8-13】我们来绘制小海龟绕圈子的图形（圈子的形状为正方形）。

```
import turtle
t=turtle.Turtle()
for x in range(1,100):
```

```
    t.forward(x)
    t.left(90)
```

其中 t=turtle.Turtle()表示生成了一个海龟对象，这个海龟被命名为：t。绘制出的图形如图 8-1-19 所示。

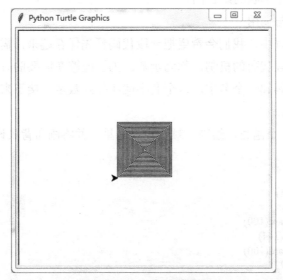

图 8-1-19　正方形螺旋图

【例 8-14】绘制一个小海龟转圈的图形。

```
import turtle
t=turtle.Turtle()
for x in range(1,50):
    t.circle(x)
    t.left(90)
t.down()
```

绘制出的图形如图 8-1-20 所示。

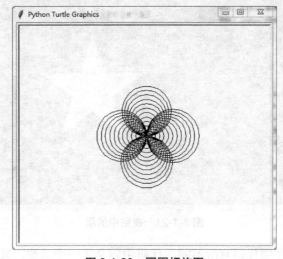

图 8-1-20　圆圈螺旋图

4. def 函数绘图

经过上面的绘制不同图形的学习想必对小海龟绘图有了更加深入的了解了，接下来我们将学习较为复杂的函数绘图，通过定义和调用函数，结合 turtle 库中的一些相应的函数在一张画布上绘制多个形状的组合图。

（1）函数的定义与调用

在程序设计的过程中，我们会希望把一段代码预先保存起来，需要的时候再拿出来使用，这种预先定义一段代码的机制，称为函数。为了能够在需要的时候将指定代码拿出来使用，需要给这段代码起一个名字，这个名字就叫作函数名。接下来就让我们通过定义函数来绘制一颗五角星。

【例 8-15】定义一个函数，绘制一颗黄色五角星，并将画布背景设置为黑色。

```python
import turtle
def drawstar():
    turtle.begin_fill()
    for i in range(5):
        turtle.forward(100)
        turtle.right(144)
        turtle.forward(100)
        turtle.left(72)
    turtle.end_fill()
turtle.bgcolor("black")
turtle.color("yellow")
drawstar()
turtle.done()
```

以上代码绘制出来的图形如图 8-1-21 所示。

图 8-1-21　夜空中的星

这一段代码与前面的代码有所不同，代码中定义了一个函数，其中以 def 开始的代码即为定义的函数，从下一行开始缩进的程序内容即为函数的函数体，也就是当该函数被调用时执行的内容。

（2）使用函数绘制多个图形

一个函数定义完毕后，并不会自动执行，只有在程序中被调用才会执行，但是我们通过执行上面的语句绘制出来一颗星星，如果需要绘制多颗星星就需要使用 goto()函数，下面来试着绘制夜空中的五颗星星。

【例 8-16】绘制五颗黄色的星星，自定义每颗星星的位置，并将画布背景设置为黑色。

```python
import turtle
def drawstar():
    for x in range(-2,3):
        turtle.begin_fill()
        turtle.bgcolor("black")
        turtle.color("yellow")
        turtle.penup()
        turtle.goto(x * 100, x * 100)
        turtle.pendown()
        for i in range(5):
            turtle.forward(50)
            turtle.right(144)
            turtle.forward(50)
            turtle.left(72)
        turtle.end_fill()
drawstar()
```

上面这段代码实现了绘制多颗星星的操作，此处我们使用了函数及两个 for 语句进行绘制，第一个 for 语句所设置的是每颗星星的坐标、颜色及背景画布的颜色。第二个 for 语句则是设置要绘制的每一颗星星的边长及角度参数。绘制出来的效果如图 8-1-22 所示。

图 8-1-22　绘制夜空中的五颗星星

如上所示，借助函数和循环，程序变得更加简洁，与此同时，函数的调用也变得更加灵活方便。这里的 turtle 库是我们在 Python 学习中比较常用的也是经常接触到的一个绘图库，但是，能绘图的工具远不只有这一个，例如 Graphics 图形库，它是在 Tkinter 图形库的基础上建立的，由 graphics 模块组成。由于考试并不涉及这方面的知识，因此我们不对这方面的内容做过多的拓展，有兴趣的同学可以在课后进行更深入的学习与研究。

【即学即练】

1．使用 turtle 库绘制同心圆图形，效果如图 8-1-23 所示。

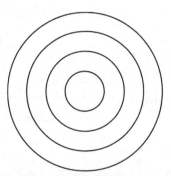

图 8-1-23　绘制同心圆图形

2．使用 turtle 绘制六芒星，效果图如图 8-1-24 所示。

图 8-1-24　六芒星

8.1.4　任务实现

【例 8-17】我们都知道，钢琴键是由白色琴键和黑色琴键组成的，并且经过观察我们可以发现琴键的排列都是有规律的，即三个白键两个黑键和四个白键三个黑键为一组，下面我们来绘制一组简单的钢琴键盘图形。

【任务步骤】

```
import turtle as t
t.setup(500,300)
t.penup()
t.goto(-180,-50)
t.pendown()
def Drawrect():
    t.fd(40)
    t.left(90)
```

```
        t.fd(120)
        t.left(90)
        t.fd(40)
        t.left(90)
        t.fd(120)
        t.penup()
        t.left(90)
        t.fd(42)
        t.pendown()
for i in range(7):
    Drawrect()
t.penup()
t.goto(-150,0)
t.pendown
def DrawRectBlack():
        t.color("black")
        t.begin_fill()
        t.fd(30)
        t.left(90)
        t.fd(70)
        t.left(90)
        t.fd(30)
        t.left(90)
        t.fd(70)
        t.end_fill()
        t.penup()
        t.left(90)
        t.fd(40)
        t.pendown()
DrawRectBlack()
DrawRectBlack()
t.penup()
t.fd(48)
t.pendown()
DrawRectBlack()
DrawRectBlack()
DrawRectBlack()
t.hideturtle()
t.done()
```

【任务分析】

绘制一个琴键的图形之前，我们首先要知道琴键的基本构图，通过搜索琴键的图片我们可以将一组琴键的组成图分为 7 个相同的白色长方形和 5 个相同的黑色长方形，其中黑色长方形覆盖在两个白色长方形中间的上面位置，而且黑色长方形比白色长方形小。

首先我们设置好不同琴键的长宽值，由于绘制的多是相同的图形，所以可以使用循环语句和定义函数来进行绘制。首先要绘制的是 7 个白色长方形，通过定义一个函数，再结合 turtle.fd()函数和 turtle.left()函数就可以进行绘制。接下来绘制 5 个黑色长方形，在绘制完成白色长方形后，要将画笔抬起，移到相应的坐标上再进行绘制，而绘制的方法与绘制白色长方形的方法是一样的，但是需要注意的是，黑色长方形之间要有间隔。设置好琴键绘制的参数之后，可以通过调用参数和使用循环语句绘制出一组完整的钢琴键盘图。

【任务结果】

钢琴键绘制图，如图 8-1-25 所示。

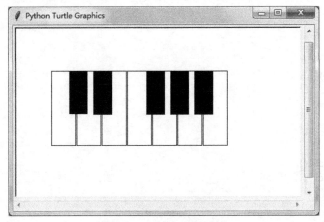

图 8-1-25　钢琴键绘制图

直击二级

【考点】本次任务中，"二级"考试考察的重点在于使用 turtle 小海龟绘图体系内的函数进行图形绘制。

1．使用 turtle 库中的 turtle.circle()函数、turtle.seth()函数绘制一个四瓣花图形，效果如图 8-1-26 所示。

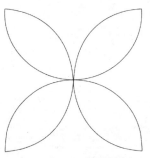

图 8-1-26　四瓣花图形

2．绘制一个边长为 200 的正菱形，菱形的内角均为 90°，效果图如图 8-1-27 所示。

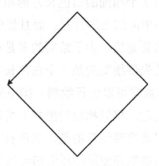

图 8-1-27　正菱形

3．使用 turtle 库的 turtle.fd()函数和 turtle.seth()函数绘制一个像素为 200 的十字形，效果如图 8-1-28 所示。

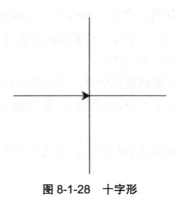

图 8-1-28　十字形

任务二　《红楼梦》分词统计

【任务描述】jieba 分词库是一个 Python 提供的专门用于中文文本分析的库，通过使用库中提供的函数我们可以对文本进行自然语言处理。下面我们将来学习如何使用 jieba 库中提供的函数对《红楼梦》文本进行分词操作。

【任务分析】紧跟以下步伐，可以让我们学得更快哦！
　　（1）打开并读取《红楼梦》文本文件
　　（2）对读取的文本内容进行遍历
　　（3）挑选出符合分词条件的分词并统计分词总数
　　（4）创建排除词库排除不符合分词条件词语
　　（5）输出符合题目要求的分词

8.2.1　初识 jieba 函数库

1．文本分析的概念

文本分析是指对文本的表示及其特征项的选取，文本分析是文本发掘、信息检索的一个基本问题，它把从文本中提取的特征词进行量化来表示文本信息。文本是指书面语言的表现形式，从文学角度来说，通常是具有完整、系统含义的一个句子或多个句子的组合。一个文本可以是一个句子、一个段落或者一篇文章，由于文本是由特定的人编写的，因此文本不可避免地会反映创作者的立场、观点及价值和利益。而文本分析可以起到推断文本提供者的意图和目的。

2．jieba 库简介

在自然语言处理过程中，为了能够更好地处理句子，往往需要把句子拆分成一个一个词语，这样可以更好地分析句子的特性，这个过程就称为分词。由于中文句子并不像英文句子那样自带分隔，并且保存各种各样的词组，从而中文分词具有一定的难度。

因此为了更好地进行中文分词，产生了 jieba 中文分词库，jieba 是 Python 中一个重要的第三方中文分词函数库，"二级"考试中考察的就是学习者掌握处理中文文本的能力，其中，jieba 库支持三种分词模式，分别为

（1）精确模式：试图将句子最精确地切开，适合文本分析。

（2）全模式：把句子中所有的可以成词的词语都扫描出来，速度非常快，但是不能解决歧义。

（3）搜索引擎模式：在精确模式的基础上，对长词再次切分，提高召回率，适合用于搜索引擎分词。

3. jieba 库的安装

jieba 中文分词库与 Python 中的有些库一样，不是系统自带的，使用时需要我们自己手动安装，下面给大家介绍几种安装 jieba 库的方法。

（1）全自动安装：easy_install jieba/pip install jieba/pip3 install jieba，出现了如图 8-2-1 所示的界面即为安装成功。

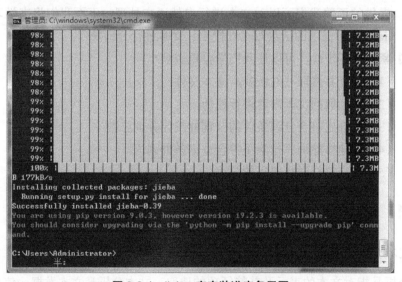

图 8-2-1 jieba 库安装进度条显图

（2）半自动安装：先从 https://pypi.python/org/pypi/jieba/下载安装文件，解压后运行 python setup.py install。

（3）手动安装：将 jieba 目录放置于当前目录或者 site-packages 目录。

8.2.2 jieba 库与中文分词

在初识 jieba 函数库时，我们已经介绍了 jieba 库支持三种分词模式，接下来我们详细

讲解 jieba 三种分词模式中常用的函数库，具体如表 8-2-1 所示。

表 8-2-1   jieba 中文分词库常用函数

函　数	作　用
jieba.lcut(x)	精确模式，返回中文文本 x 分词后的列表变量
jieba.lcut(x,cut_all=True)	全模式，返回中文文本 x 分词后的列表变量
jieba.lcut_for_search(x)	搜索引擎模式，返回中文文本 x 后的列表变量
jieba.add_words(w)	向分词词典中添加新词

1. 精确模式

jieba.lcut(s)是最常用的中文分词函数，把文本精确地切分开，不存在冗余单词（就是切开之后一个不剩地精确组合）。

```
>>>import jieba
>>>s="中国是一个伟大的祖国"
>>>print(jieba.lcut(s))
"""""""
输出结果:["中国","是","一个","伟大","的","国家"]
"""""""
```

2. 全模式

jieba.lcut(s,cut_all=True)用于全模式，把文本所有可能的词语都扫描出来，有冗余。即可能有一个文本，可以从不同的角度来切分，变成不同的词语，在全模式下可以把不同的词语都挖掘出来。

```
>>>import jieba
>>>s="中国是一个伟大的祖国"
>>>print(jieba.lcut(s,cut_all=True))
"""""""
输出结果:["中国","国是","一个","伟大","的","国家"]
"""""""
```

观察上面的输出结果，我们可以发现输出结果存在一定的歧义，"中国是"三个字按照我们自己的理解应该分成"中国"和"是"，但是输出结果将这三个字分成了"中国"和"国是"两个词语输出，证明系统并不能分清三个字到底该如何组合进行输出是正确的，于是系统将两种组合结果都输出来了，这也证实了全模式分词无法解决歧义的现象。

3. 搜索引擎模式

jieba.lcut_for_search(s)返回搜索引擎模式，该模式首先按照精确模式进行分词，然后把比较长的词进行进一步切分获得最终结果。

```
>>>import jieba
>>>s="中华人民共和国是伟大的"
>>>print(jieba.lcut_for_search(s))
"""""""
```

311

输出结果: ['中华', '华人', '人民', '共和', '共和国', ' 中华人民共和国', '是', '伟大', '的']
"""

4. jieba.add_word()函数

在分词的过程中，开发者也可以使用 jieba.add_word()函数将新的词语添加到分词词典中，也可以指定自己自定义的词典，以便包含 jieba 库中没有的词。虽然 jieba 有新词识别能力，但是自行添加新词可以保证更高的正确率。

具体的使用方法如下所示：

```python
import jieba
sentence="王教授是计算机和云计算专业最优秀的老师"
word=jieba.lcut(sentence)
print(word)
print("======分隔线======")
jieba.add_word("王教授")
jieba.add_word("云计算")
word=jieba.lcut(sentence)
print('/'.join(word))
```

输出结果为：

```
['王', '教授', '是', '计算机', '和', '云', '计算', '专业', '最', '优秀', '的', '老师']
======分隔线======
王教授/是/计算机/和/云计算/专业/最/优秀/的/老师
```

通过上面输出的结果我们可以发现，"王教授"和"云计算"两个词被 jieba 进行拆分，进行拆分的句子明显不符合原句的句意，因此，为了保持拆分前后句子的本意不发生变化，我们需要将"王教授"和"云计算"作为新词，使用 jieba.add_word()临时添加。

但是如果加入的新词较多，我们可以使用自定义词典来分词。我们可以在当前路径下创建一个文本文件，自定义名称，存入新词，如图 8-2-2 所示，我们创建了一个名为"worddict.txt"的文本文件，存入图中所示的内容。存入了上面的内容进行保存后，再进行代码编辑：

图 8-2-2　worddict.txt 编写

```
import jieba
sentence="张教授作为一位登山爱好者的同时也是一名优秀的共产党党员"
jieba.load_userdict("worddict.txt")
word=jieba.lcut(sentence)
print('/'.join(word))
```

经过这样编辑后，可以保证拆分的完整性，也能得到编辑者想要的结果，输出的结果为：

张教授/作为/一位/登山爱好者/的/同时/也/是/一名/优秀/的/共产党党员

【例 8-18】对句子"地质学教授王老师曾经坐火车去过西藏布达拉宫"进行以下操作：

（1）对上面句子使用全模式、精确模式和搜索引擎模式进行分词。

（2）向原词典中添加新词，使得分词结果更加准确。

（3）使用函数分辨并输出每一个分词的词性。

```
import jieba
import jieba.posseg as psg
sentence="地质学教授王老师曾经坐火车去过西藏布达拉宫"
seg_list=jieba.cut(sentence,cut_all=True)
print("全模式："+"/".join(seg_list))

seg_list=jieba.cut(sentence,cut_all=False)
print("精确模式 1："+"/".join(seg_list))
seg_list=jieba.lcut(sentence)
print("精确模式 2："+"/".join(seg_list))

seg_list=jieba.cut_for_search(sentence)
print("搜索引擎模式："+",".join(seg_list))
#向分词词典中添加新词
word=jieba.lcut(sentence)
jieba.add_word("地质学教授")
jieba.add_word("西藏布达拉宫")
word=jieba.cut(sentence)
print("添加新词后："+"/".join(word))
#输出每个单词的词性
seg=psg.lcut(sentence)
for i in seg:
    print(i,end="")
```

输出结果为：

全模式：地质/地质学/教授/王老师/老师/曾经/坐火车/火车/去过/西藏/藏布/布达拉/布达拉宫/达拉/宫
精确模式 1：地质学/教授/王老师/曾经/坐火车/去过/西藏/布达拉宫
精确模式 2：地质学/教授/王老师/曾经/坐火车/去过/西藏/布达拉宫
搜索引擎模式：地质,地质学,教授,老师,王老师,曾经,火车,坐火车,去过,西藏,达拉,布达拉,布达拉宫
添加新词后：地质学教授/王老师/曾经/坐火车/去过/西藏布达拉宫
地质学教授/x 王老师/nr 曾经/d 坐火车/n 去过/vq 西藏布达拉宫/x

8.2.3 jieba 库进阶与运用

1. 词性

词性（part-of-speech）是我们在语言学习中会经常接触到的一个词语，词性是最基本的语法范畴，同时也被称为词类，主要用来描述一个词语在文章中的作用。例如，物品的名称都是名词，比如植物、轮船、灰尘、原子等；它们都是一些实际存在的事物；而表示动作的词语被称为动词，比如跑、跳、唱、蹦等；而用来描述实物也就是名词的词语则被称为形容词，比如美丽的、动人的、可爱的等类似的词语。词性实际上被划分为很多种，但是由于存在一个词拥有多种词性的现象，所以要给词语做标注并不容易，而词性标注往往又是自然语言处理中一项非常重要的基础性工作。

表 8-2-2 列举了一部分词性编码及所表示的含义。

表 8-2-2　词性编码及含义

词性编码	含　义
a	形容词
d	副词
n	名词
p	介词
v	动词

不同的语言有不同的词性标注集，在我们要进行词性标注时，必须要先引入词性标注接口，表示引入词性标注接口的语句是 import jieba.posseg as psg。下面我们来进行具体的操作。

```
import jieba.posseg as psg
text="我和妈妈一起去游乐园玩"
seg=psg.lcut(text)
for i in seg:
  print(i,end=" ")
```

输出的结果为：

我/r 和/c 妈妈/n 一起/m 去/v 游乐园/n 玩/v

由上面的输出结果可以看出，"妈妈"和"游乐园"都是名词，"去"和"玩"都是动词，后面的标注为我们做词性的分配提供了很直观的区分，这样也非常有助于我们进行词性的筛选。

2. jieba 库提取关键字

提取关键字顾名思义就是将文章中一些具有特定意义的关键词抽取出来，这样可以更好地帮助我们分析文章的内容。文献初检时期还不支持全文搜索，关键词就成为了搜索文章的词语，直到现在依然可以在论文中看到搜索关键词这一选项。

当在使用 jieba 库提取关键字的时候，我们需要导入 jieba 库中 analyse 模块的 extract_tags 函数，下面对这个函数进行简单的介绍：

```
jieba.analyse.extract_tags(sentence, topK=20, withWeight=False, allowPOS=())
```

函数参数说明：

（1）sentence：为待提取的文本。

（2）topK：为返回几个 TF/IDF 权重最大的关键词，默认值为 20。

（3）withWeight：为是否一并返回关键词权重值，默认值为 False。

（4）allowPOS：仅包括指定词性的词，默认值为空，即不筛选。

【例 8-19】下面就结合《水浒传》中武松打虎文章中的片段，利用 jieba 分词系统中的 extract_tags 函数提取关键词。

```
from jieba import analyse
text='''武松见那大虫复翻身回来，双手轮起哨棒，尽平生气力，只一棒，从半空劈将下来。
只听得一声响，簌簌地，将那树连枝带叶劈脸打将下来。
定睛看时，一棒劈不着大虫；原来打急了，正打在枯树上；把那条哨棒折做两截，只拿得一半在
手里。
那大虫咆哮，性发起来，翻身又只一扑，扑将来，武松又只一跳，却退了十步远。
那大虫恰好把两只前爪搭在武松面前。
武松将半截棒丢在一边，两只手就势把大虫顶花皮胳嗒地揪住，一按将下来。
那只大虫急要挣扎，被武松尽气力捺定，那里肯放半点儿松宽？
武松把只脚望大虫面门上、眼睛里，只顾乱踢。那大虫咆哮起来，把身底下爬起两堆黄泥做了一个
土坑。
武松把大虫嘴直按下黄泥坑里去。那大虫吃武松奈何得没了些气力。
武松把左手紧紧地揪住顶花皮；偷出右手来，提起铁锤般大小拳头，尽平生动，只顾打，打到五六十拳，
那大虫眼里，口里、鼻子里、耳朵里都迸出鲜血来，更动弹不得，只剩口里兀自气喘。
武松放了手，来松树边寻那打折的哨棒，拿在手里；只怕大虫不死，把棒橛又打了一回。
'''
keywords=analyse.extract_tags(text,topK=10,withWeight=True)
print("文章中的关键字:")
for keyword in keywords:
    print("{:<5} weight:{:4.2f}".format(keyword[0],keyword[1]))
```

输出结果为：

```
文章中的关键字:
大虫      weight:0.94
武松      weight:0.66
哨棒      weight:0.27
气力      weight:0.22
顶花皮    weight:0.20
一棒      weight:0.16
揪住      weight:0.14
口里      weight:0.13
翻身      weight:0.13
下来      weight:0.13
```

我们对上面的代码进行一个简单的解析：首先我们在进行关键字的提取之前先要导入 jieba 库中的分析模块 analyse，导入模块之后将原始文本放置进来。然后设置关键词的提取方法，设置其中的参数，其中需要注意的是，基于 TF-IDF 算法进行关键词抽取时，

topK 表示最大抽取数，默认为 20 个，withWeight 表示是否返回关键词权重值，默认为 False。最后将抽取出来的关键词用 for 语句进行便利输出，这样一来，输出的结果就有助于我们进行文本分析。

jieba 库中还有一种称为 TextRank 的抽取关键词的算法，但是在这里就不做过多的介绍了，感兴趣的同学可以在课后对这方面的知识进行更深入的拓展。

8.2.4 任务实现

《红楼梦》以贾、史、王、薛四大家族的兴衰为背景，以贾府的家庭琐事、闺阁闲情为脉络，以贾宝玉、林黛玉、薛宝钗的爱情婚姻故事为主线，通过家族悲剧、女儿悲剧及主人公的人生悲剧，揭示出封建末世危机及人间百态。

《红楼梦》是一本鸿篇巨制，里面出现了几百个各具特色的人物。每次读这本经典作品都会有一个问题，全书哪些人物出场最多呢？一起来用 Python 中 jieba 库回答这个问题吧。

人物出场统计涉及对词汇的统计。中文文章需要分词才能进行词频统计，这需要用到 jieba 库。分词后的词频统计方法与 Hamlet 的英文词频统计方法类似。《红楼梦》的原文文件为红楼梦.txt。

【例 8-20】《红楼梦》人物出场统计。

```python
import jieba
f=open("红楼梦.txt","r",encoding="utf-8")
txt=f.read()
f.close()
words=jieba.lcut(txt)
counts={}
for word in words:
    if len(word)==1:
        continue
    else:
        counts[word]=counts.get(word,0)+1
items=list(counts.items())
items.sort(key=lambda x:x[1],reverse=True)
for i in range(15):
    word,count=items[i]
    print("{0:<10}{1:>5}".format(word,count))
```

【任务分析】

要对《红楼梦》中的人物进行出场次数统计，我们会想到三个步骤：首先打开文件并读取文件内容；其次对文件内容进行分词，并挑选出符合要求的分词；最后对分词个数进行统计，并按照一定的顺序输出。

【任务结果】

宝玉	3770
什么	1622
一个	1438

凤姐	1271
我们	1233
贾母	1209
那里	1185
如今	1013
你们	1007
王夫人	990
说道	983
知道	976
老太太	972
起来	962
姑娘	955

【例 8-21】输出排序前五的单词，排除一些与人名无关的词汇，如"什么""一个"等。

```
import jieba
excludes={"什么","一个","我们","那里","你们","如今",\
            "说道","知道","老太太","起来","姑娘",\
            "这里","出来","他们","众人","自己","一面",\
            "太太","只见","怎么","奶奶","两个","没有",\
            "不是","不知","这个","听见"}
f=open("红楼梦.txt","r",encoding="utf-8")
txt=f.read()
f.close()
words=jieba.lcut(txt)
counts={}
for word in words:
    if len(word)==1:
        continue
    else:
        counts[word]=counts.get(word,0)+1
for word in excludes:
    del(counts[word])
items=list(counts.items())
items.sort(key=lambda x:x[1],reverse=True)
for i in range(5):
    word,count=items[i]
    print("{0:<10}{1:>5}".format(word,count))
```

【任务分析】

题目要求输出排序前五的单词，排除一些与人名无关词汇，我们需要进一步完善代码，增加排除词库 excludes。在添加了排除词库的基础上，按照上面对人物出场次数统计的操作，对文本内容进行读取、分词、排序，将出现频率前五的词汇输出。

【任务结果】

宝玉	3770
凤姐	1271
贾母	1209
王夫人	990
贾琏	658

直击二级

【考点】jieba 是 Python 中一个非常重要的第三方中文分词函数库，在 Python 计算机 "二级"的考试中主要考察学习者掌握处理中文文本的初步能力。

1．以中国共产党第十九次全国代表大会报告中的一句话作为字符串变量 s，编写程序，分别用 Python 内置函数和 jieba 库中已有的函数计算字符串 s 中的中文字符个数及中文词的个数。注意：中文字符中包含中文标点符号（选文已给出）。

> 中国特色社会主义进入新时代，我国社会的主要矛盾已经转化为人民日益增长的美好生活需要和不平衡不充分的发展之间的矛盾。

2．从键盘输入一段文本，保存在一个字符串变量 s 中，分别用 Python 内置函数 format 及 jieba 库中已有函数计算字符串 s 中的中文字符个数和中文词语个数（包含中文标点符号）。

例如，键盘输入：俄罗斯举办世界杯；

屏幕输出：中文字符数为 8，中文词语数为 3。

3．从键盘输入一句话，用 jieba 分词后，将切分的词组在原话中按照逆序的方式输出到屏幕上。词组之间没有空格，示例如下：

输入：我爱妈妈

输出：妈妈爱我

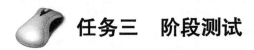

任务三　阶段测试

一、选择题

1．以下关于 turtle 库的描述，正确的是（　　）。

A．在 import turtle 之后就可以用 circle()语句，来画一个圆圈

B．要用 from turtle import turtle 来导入所有的库函数

C．home()函数设置当前画笔位置到原点，朝向东

D．seth(x)是 setheading(x)函数的别名，让画笔向前移动 x

2．以下对 turtle 库最合适的描述是（　　）。

A．绘图库　　　　B．数值计算库　　　　C．爬虫库　　　　D．时间库

3．turtle 库中将画笔移动 x 像素的语句是（　　）。

A．turtle.forwad()　　B．turtle.circle()　　C．turtle.right()　　D．turtle.left()

4．turtle.reset()方法的作用是（　　）。

A．撤销上一个 turtle 动作

B．清空画笔的状态

C．清空 turtle 窗口，重置 turtle 状态为起始状态

D．设置 turtle 图形可见

5．在 turtle 坐标体系中，（0，0）坐标位于窗口的（　　　）。

A．左下角　　　　　　B．正中央　　　　　　C．左上角　　　　　　D．右上角

6．下面关于 jieba 库的描述错误的是（　　　）。

A．jieba 库是一个中文分词工具

B．jieba 库利用基于概率的分词方法

C．jieba 库提供自定义单词的功能

D．jieba 库的分词模式分为模糊模式、精确模式、全模式和搜索引擎模式

7．jieba 库中搜索引擎模式的作用是（　　　）。

A．精确地切开句子，适合文本分析　　　　B．将句子中所有的成分扫描出来

C．对长词再次切分，提高召回率　　　　　D．速度快，消除歧义

8．jieba 库函数 jieba.lcut() 返回值的类型是（　　　）。

A．列表　　　　　　B．迭代器　　　　　　C．字符串　　　　　　D．元组

二、填空题

1．turtle 绘图有三个要素，分别是_____、_____和_____。

2．Python 中用于绘制各种图形、标注文本及放置各种图形用户界面控件的区域称作_____。

3．turtle 函数库主要包含_____、_____和_____三类。

4．turtle 库中设置画布窗口的宽度、高度和背景颜色的函数是_____。

5．以下代码用于绘制一颗五角星，缺失部分的应填的内容是：①：_____，②：_____。

```
from random import *
from math import *
__①__
def main():
    p=turtle()
    p.speed(3)
    p.pensize(5)
    p.pencolor("black")
    p.fillcolor("yellow")
    p.begin_fill()
    for i in range(5):
        p.forward(200)
        p.right(144)
    __②__
    done()
main()
```

6．jieba 是用 Python 实现的中文分词组件。在 Windows 环境下，可执行_____自动安装 jieba，具体格式为_____。

7．在程序中使用 jieba 库的方法前需要先导入 jieba 库，具体格式为_____。

8．jieba 分词模式主要分为三种：＿＿＿＿＿、＿＿＿＿＿、＿＿＿＿＿。

9．jieba 库中的＿＿＿＿＿函数可以向分词词典中添加新词。

10．jieba 库中表示引入词性标注接口的语句是＿＿＿＿＿。

三、操作题

1．使用 turtle 函数库中的 turtle.fd()函数和 turtle.seth()函数绘制嵌套五边形，边长从像素 1 开始，第一条边从 0° 方向开始，边长按照三个像素递增，效果图如图 8-2-3 所示。

图 8-2-3　嵌套五边形

2．使用 turtle 库的 turtle.fd()函数和 turtle.left()函数绘制一个六边形，边长为 100 像素，效果图如图 8-2-4 所示。

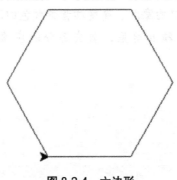

图 8-2-4　六边形

3．使用 turtle 库的 turtle.right()函数和 turtle.fd 函数绘制一个菱形，边长为 200 像素，效果图如图 8-2-5 所示。

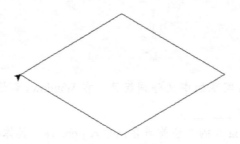

图 8-2-5　菱形

4．用 jieba 分词，计算字符串。

（1）用 jieba 分词，计算字符串 s 中的中文词汇个数，不包括中文标点符号。显示输出分词后的结果，用"/ "分隔，以及中文词汇个数。示例如下：

输入：

工业互联网实施的方式是通过通信、控制和计算技术的交叉应用，建造一个信息物理系统，促进物理系统和数字系统的融合。

输出：

工业/ 互联网/实施/ 的/ 方式/是/ 通过/ 通信/控制/ 和/ 计算技术/的/ 交叉/ 应用/建造/ 一个/ 信息/物理/ 系统/ 促进/物理/ 系统/ 和/数字/ 系统/ 的/融合/

（2）在（1）的基础上，统计分词后的词汇出现的次数，用字典结构保存。显示输出每个词汇出现的次数，以及中文词语的总个数。示例如下：

继续输出：

控制：1

物理：2

通信：1

......

中文词语数是：27

5．对下面这段中文文本进行分词，输出该文本所有可能的分词结果。

txt="中华人民共和国教育考试中心委托专家制定了全国计算机考试二级程序设计考试大纲"

项目九 趣味 Python 项目实训

【知识目标】

➢ 了解实训项目的不同题型

➢ 学习不同题型的解题方法

➢ 锻炼自己灵活的解题思维

【能力目标】

➢ 掌握 PyCharm 不同框架的基本使用

➢ 会通过编写 Python 程序来解决数学问题

➢ 可以使用 Python 语言来编写简单的趣味游戏

➢ 可以在生活的不同领域用 Python 语言来解决实际问题

【情景描述】

在信息化高速发展的今天，不管是在学习中还是在生活中，我们都不可避免地会接触到不同的计算机语言，我们通过一段时间的 Python 语言学习，想必已经充分地了解和感受到了 Python 语言的魅力。通过编辑 Python 语言，我们不仅可以解决一些科目学习中遇到的难题，还可以使生活中的一些复杂问题得到更加方便快捷的优化，在闲余时间，我们还可以利用 Python 自己动手编写许多有趣的小游戏。除此之外，生活中还有很多东西结合 Python 语言后可以变得别样生动有趣。

 任务一 Python 数学天地

【任务描述】本次任务，我们将结合前面所学的知识来解决实际生活中会遇到的数学问题，例如，如何使用 if 语句来判断平闰年和使用函数判断三角形的种类等。

【任务分析】紧跟以下步伐，可以让我们学得更快哦！

（1）理解题意，分析解题思路

（2）选择所要使用的 Python 知识内容

（3）构建解题框架，明确解题流程

（4）将每一步流程通过编写代码展示出来

9.1.1　判断闰年

其实我们在上小学的时候，就已经学习过平、闰年的判断，平年即非整百的年份除以 4 或整百的年份除以 400 不能整除的年份，闰年则相反，平年与闰年最大的区别就在于平年的二月只有 28 天，而闰年的二月相较于平年多了一天，有 29 天，每 4 年中必然有一年是闰年。所以判断平年和闰年的关键就在于掌握它们的定义，下面让我们来学习如何利用已学的知识结合 Python 语言编写程序判断平、闰年。

在编写程序之前我们先来了解判断平年闰年的方法：

（1）非整百的年份除以 4，余数为 0，那么这个年份为闰年；反之为平年。

（2）整百的年份除以 100 和除以 400，余数为 0，那么这个年份为闰年；反之为平年。

在这里我们将会结合之前所学的 if 嵌套和日历模块介绍两种判断平年和闰年的方法。

1.　使用 if 嵌套判断平年和闰年

在前面的学习中我们知道，可以在一个 if 语句中插入多个 if 判断语句，通过 if 嵌套实现多重判断的效果。在进行程序编写之前，我们先来明确一下思路：

（1）首先定义一个变量，将我们需要判断的年份数字赋给这个变量。

（2）利用 if 嵌套语句，层层判断输入的年份是闰年还是平年。

（3）对判断条件进行合理的排序，使最后编写的程序具备循序渐进层层判断的效果。

【例 9-1】使用 if 嵌套判断平年和闰年。

```python
year=int(input("输入一个年份："))
if (year%4)==0:
    if (year%100)==0:
        if (year%400)==0:
            print("%d 是闰年"%(year))
        else:
            print("%d 是平年"%(year))
    else:
        print("%d 是闰年"%(year))
else:
    print("%d 是平年"%(year))
```

输出结果为：

```
输入一个年份：2020
2020 是闰年
```

2.　使用日历模块判断平年闰年

日历模块（calendar）是我们前面在学习模块的时候接触到的一个模块，日历模块中存放的函数都是与日历有关的，年份、月份、星期都是可以使用日历模块中对应的函数进行输出的。而我们这里判断平年和闰年就要使用到日历模块中的 calendar.isleap()函数，实际上，这个函数就是 calendar 库中早就封装好的一个判断闰年的函数，在我们需要判断闰年的时候只需要导入日历模块然后直接引用 calendar.isleap()函数即可，非常方便快捷。

【例 9-2】使用日历模块判断平年和闰年。

```
import calendar
year=int(input("请输入需要判断的年份："))
check_year=calendar.isleap(year)
if check_year==True:
    print("%d 年是闰年"%(year))
else:
    print("%d 是平年"%(year))
```

输出结果为：

```
请输入需要判断的年份：2018
2018 是平年
```

9.1.2 判断三角形类型

众所周知，三角形的类型是丰富多样的，在以往的学习中我们接触到的三角形可以分为不规则三角形和规则三角形两大类。其中，不规则三角形即为边长不相等且没有规律及不同角度组成的简单三角形，根据角度来划分的话它可以简单分为锐角三角形、直角三角形和钝角三角形；而规则三角形即为一些角度或边长存在一定规律或关系的三角形，规则三角形根据边长进行划分可以细分为等边三角形、等腰三角形、等腰直角三角形。

在本次的活动中，我们将学习如何编写一个 Python 程序来判断三角形的类型，在那之前，我们也来做一个简单的拓展，编写一个程序，利用这个程序判断随意给出的三条边是否可以组成三角形，这里我们也需要知道，组成三角形三条边的要素就是：三角形任意两边之和大于第三边，任意两边之差小于第三边。

在进行程序编写之前，我们先来明确一下思路：

（1）在这里先对三角形的类型进行判断。我们可以使用前面所学的函数知识，首先要定义一个函数，在括号中传入所设置的参数和自变量。

（2）其次在函数中我们可以使用多个 if 嵌套的语句进行条件判断，一个条件对应一条语句。

（3）再次判断所给出的三条边是否能组成三角形，再根据不同类型的三角形的特征进行具体的判断。

（4）最后设置好需要判断的三条边的长度，运行程序之后计算机就会将判断好的三角形的类型的结果进行输出，这样一来，一个用于判断三角形类型的程序就写好了。

【例 9-3】判断三角形的类型。

```
def triangle(a,b,c):
```

```
        if a>0 and b>0 and c>0:
            if a+b>c and b+c>a and a+c>b:
                if a==b and b==c:
                    return("这是等边三角形")
                elif a==b or b==c or c==a:
                    return("这是等腰三角形")
                elif a*a+b*b==c*c or b*b+c*c==a*a or a*a+c*c==b*b:
                    return("这是个直角三角形")
                else:
                    return("这是不规则三角形")
            else:
                return("这不是个三角形")
        else:
            return("请输入大于 0 的数字")
print(triangle(4,6,2))
print(triangle(4,5,3))
print(triangle(4,4,4))
print(triangle(4,6,4))
print(triangle(-4,6,2))
```

输出的结果为：

```
这不是个三角形
这是个直角三角形
这是等边三角形
这是等腰三角形
请输入大于 0 的数字
```

9.1.3　求最大公约数和最小公倍数

1. 最大公约数、最小公倍数概念

在数学学习中，约数和倍数都表示一个整数与另一个整数之间的关系，它们都不能单独存在，其中"倍"和"倍数"是两个不同的概念，"倍"是指两个数相除的商，它可以是整数、小数或者分数；而"倍数"只是在数的整除的范围之内，相对于约数而言的一个数字的概念，表示的是一个能被某一个自然数整除的概念。

最大公约数也被称为最大公因数、最大公因子，指两个或多个整数共有约数中的最大一个，例如，数 12 如果能被数 6 整除，12 就叫作 6 的倍数，6 叫作 12 的约数，除了 6，12 的约数还有 1、2、3、4、6、12，同理 18 的约数有 1、2、3、6、9、18，通过观察我们就可以发现 12 和 18 拥有相同的约数 1、2、3、6，这些相同的约数称为 12 和 18 的公约数，在公约数中最大的就是 6，因此 6 也就是 12 和 18 的最大公约数。

公倍数是几个自然数中共有的倍数，叫作这几个数的公倍数，其中最小的一个自然数就叫作这几个数的最小公倍数。例如：3 的倍数有 3、6、9、12、15……，4 的倍数有 4、8、12、16……，其中 3 和 4 共有的倍数有 12、24……，这些共有的倍数称为公倍数，而最小的公倍数为 12，所以 12 称为 3 和 4 的最小公倍数。

在对最大公约数和最小公倍数进行了详细的了解之后，下面我们将介绍两种方法来求两个数之间的最大公约数和最小公倍数。

2. 求最大公约数和最小公倍数

（1）辗转相除法

辗转相除法又名欧几里得算法，是求最大公约数的一种方法，它具体的做法是：用较大的数字除以较小的数字，再用出现的余数（第一余数）去除除数，然后用出现的第二余数去除第一余数，如此反复，直到最后余数为 0 为止。如果是求两个数的最大公约数，那么最后的除数就是这两个数的最大公约数。

【例 9-4】利用辗转相除法求最大公约数和最小公倍数。

```python
a=int(input("请输入第一个数："))
b=int(input("请输入第二个数："))
s=a*b
while a%b!=0:
    a,b=b,(a%b)
else:
    print("这两个数的最大公约数为：%d"%(b))
    print("这两个数的最大公倍数为：%d"%(s//b))
```

输出结果为：

```
请输入第一个数：144
请输入第二个数：60
这两个数的最大公约数为：12
这两个数的最大公倍数为：720
```

（2）更相减损法

更相减损法出自中国古代数学专著《九章算术》，其中的"更相减损数"可以用来求两个数的最大公约数。使用的方法为：任意给定两个正整数，先判断它们是否都为偶数，若是，则用 2 约简；若不是，就以较大的数减较小的数，接着把所得的差与较小的数进行比较，并以大数减小数，一直进行这个操作，直到所得的减数和差相等为止。而将用 2 约简的若干个 2 的积与相等的减数和差中的任意一个数字的乘积就是所求的最大公约数。

【例 9-5】利用更相减损法求最大公约数和最小公倍数。

```python
a=int(input("请输入第一个数："))
b=int(input("请输入第二个数："))
s=a*b
while a!=b:
    if a>b:
        a-=b
    elif a<b:
        b-=a
    else:
        print("这两个数的最大公约数为：%d" % (a))
        print("这两个数的最大公倍数为：%d" % (s // a))
```

输出结果为：

```
请输入第一个数：252
请输入第二个数：36
这两个数的最大公约数为：36
```

这两个数的最大公倍数为：252

直击二级

1．将下面的代码补全，使得程序可以计算 a 中各元素和 b 中元素逐项乘积的累加和。

```
a=[[1,2,3],[4,5,6],[7,8,9]]
b=[3,6,9]
_____
for c in a:
    for j in _____:
        s+=c[j]*b[j]
print(s)
```

2．编写程序，实现将列表 ls=[23，45，87，78，11，67，89，13，243，56，67，311，431，111，141]中的素数去除，并输出除素数后列表 ls 的元素个数。请结合整体框架，补充横线处代码。

```
def is_prime(n):
    _____
ls=[23,45,87,78,11,67,89,13,243,56,67,311,431,111,141]
for i in ls:
    if is_prime(i)==True:
        _____
print(ls)
print(len(ls))
```

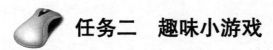

【任务描述】Python 在具备实用性的同时也具备一定的趣味性，我们可以通过编写 Python 程序代码来制作简单有趣的小游戏。本次任务，我们将来学习如何通过使用随机模块来自己制作猜拳小游戏、射击小游戏及使用 turtle 库中的函数绘画出美丽的趣味七巧板图画。

【任务分析】紧跟以下步伐，可以让我们学得更快哦！

（1）明确游戏的操作形式

（2）罗列出游戏的每一步的操作流程

（3）将操作流程转化为代码的形式

（4）运行程序，开始游戏

9.2.1　猜拳游戏

如果问我们童年时期一定玩过什么游戏，那一定就是猜拳了，两个人分别出：石头、剪刀和布，通过"石头克剪刀，剪刀克布，布克石头"的游戏规则来判定两个人谁胜谁负。可是当我们只有一个人的时候，这个游戏似乎就进行不了了，但是不用着急，学习了 Python 语言的我们可以通过编写程序和计算机"一较高下"，是不是听着很有趣呢！让我们一起来学学吧。

在进行程序编写之前，我们先来明确一下思路：

（1）既然是与计算机进行猜拳游戏，那我们可以选择随机出石头、剪刀、布，那么计算机也随机出拳，既然如此，我们在这里必然要导入随机模块，导入的方式为 import random。

（2）设置一个变量，作为玩家进行游戏，并给每一次出拳进行编号，由玩家输入出拳的代号，开始游戏。

（3）使用随机模块中的 randint()函数生成一个指定范围内的整数，并将石头、剪刀、布这些出拳的方式分别赋给对应的数字，经此设定后，计算机也可以随机选择数字，再输出选中的数字对应的出拳方式，这样就可以做到计算机与玩家猜拳 PK 了。

【例 9-6】猜拳游戏。

```
import random
person=input("请输入：石头（0）、剪刀（1）、布（2）: ")
person=int(person)
computer=random.randint(0,2)
if person==0:
    print("玩家：石头")
elif person==1:
    print("玩家：剪刀")
else:
    print("玩家：布")
if computer==0:
    print("电脑：石头")
elif computer==1:
    print("电脑：剪刀")
else:
    print("电脑：布")
#如果出拳一样就是平局
if person==computer:
    print("这一局我们打成平手了呢！")
#玩家：石头    电脑：剪刀
#玩家：剪刀    电脑：布
#玩家：布      电脑：石头
#这三种情况下玩家赢
elif person==0 and computer==1 or person==1 and computer==2 or person==2and computer:
    print("恭喜你，你赢了！")
else:
    print("真遗憾，你输了！")
```

输出结果为：

```
请输入：石头（0）、剪刀（1）、布（2）: 1
玩家：剪刀
电脑：布
恭喜你，你赢了！
```

9.2.2　射击游戏

射击游戏想必每个人都接触过，例如，飞机大战、穿越火线、刺激战场等，这些射击游戏中必然会有的就是游戏玩家（狙击手）及狙击目标，而游戏玩家一定要准备枪支和弹药，但是游戏中在弹尽枪绝的时候狙击手也将不具备攻击能力同时也意味着狙击失败游戏结束。

在本次的活动学习中，我们来制作一个不一样的射击游戏。首先让我们来了解一下游戏规则：现在有 10 个射击目标，10 个目标中会随机设置一个目标作为击中有奖的"彩头"，这 10 个目标可以由玩家自由编号，但是 10 个编号必须是 10 个连续的数字。有奖目标由计算机随机设置，玩家只需要输入需要射击的目标即可，当玩家在 3 枪内射中目标即会获得奖品，若超过 3 枪射中则没有获得奖品的权利。

在进行程序编写之前，我们先来明确一下思路：

（1）既然是计算机随机设置有奖目标，因此必须导入随机模块。

（2）自行设置 10 个目标的编号，引用随机函数设置计算机选择的有奖目标。

（3）输入玩家射击的目标的编号，再通过设置提示来帮助玩家更好地选择正确的目标编号。

（4）通过判断玩家击中有奖目标一共射击的次数判断玩家是否能够获得奖品。

【例 9-7】射击游戏。

```python
import random
print("*****现在有 10 个射击目标，只有一个目标是击中有奖的！*****")
print("*****请你自行为这 10 个目标编号，注意：编号必须是连续的数字*****")
min_target = int(input("请设置射击目标的最小编号:"))
max_arget = int(input("请设置射击目标的最大编号:"))
num = random.randint(min_target, max_arget)
guess = "guess"
print("射击游戏现在开始！")
i = 0
while guess != num:
    i += 1
    guess = int(input("请输入你要射击的目标编号："))
    if guess == num:
        print("恭喜你击中了有奖目标！")
    elif guess < num:
        print("你选择的目标编号过小")
    elif guess > num:
        print("你选择的目标编号过大")
    else:
        print("你选择的目标编号不存在！")
print("你一共射击了%d 次击中目标。" %(i))
if i<=3:
    print("恭喜你！你在三枪内击中目标成功获得奖品*")
else:
    print("很遗憾，你没有在三枪之内击中目标，与奖品失之交臂~")
```

输出结果为：

*****现在有 10 个射击目标，只有一个目标是击中有奖的！*****
*****请你自行为这 10 个目标编号，注意：编号必须是连续的数字*****
请设置射击目标的最小编号:1
请设置射击目标的最大编号:10
射击游戏现在开始！
请输入你要射击的目标编号：3
你选择的目标编号过小
请输入你要射击的目标编号：5
你选择的目标编号过小
请输入你要射击的目标编号：7
你选择的目标编号过大
请输入你要射击的目标编号：6
恭喜你击中了有奖目标！
你一共射击了 4 次击中目标。
很遗憾，你没有在三枪之内击中目标，与奖品失之交臂~

9.2.3　趣味七巧板

七巧板是一种古老的中国传统智力游戏，顾名思义，是由 7 块板组成的，这 7 块板可以随意组成任何形状，例如三角形、平行四边形、不规则多边形等，另外，使用者还可以利用自己的创造性思维来拼出各种人物形状、动物形状及物品形状。

下面，我们就来结合 turtle 库和函数进行绘图，绘制出一幅由七巧板拼出的兔子形状的图画，并给绘制出来的图画进行上色。

在进行程序编写之前，我们先来明确一下思路：

（1）构思好小白兔的绘制草图，身体的各个部位分别绘制成什么形状。

（2）确定小白兔身体要素后进行拆分，绘图的时候分别绘制出小白兔的耳朵、脑袋、身体、 脚、手还有尾巴。

（3）导入 turtle 函数库，方便引用库中的函数。

（4）将我们需要进行绘制的身体的每一个部分都用一个函数来定义。

（5）在定义完所有的图形函数后进行统一调用，运行函数后绘制出一个完整的小白兔的形状。

【例 9-8】趣味七巧板。

```python
import turtle
t=turtle.turtle()
#兔子身体
def body(pencolor1="black",colors2="red",x=0,y=0,a=0):
    #移动画笔
    t.penup()
    t.goto(x,y)
    t.setheading(a)
    t.pendown()
    t.color(pencolor1,colors2)
    t.begin_fill()
    t.forward(200)
    t.left(135)
    t.forward(141.2)
```

```
        t.left(90)
        t.forward(141.2)
        t.end_fill()
#兔子脚
def foot(pencolor1="black",colors2="red",x=0,y=0,a=0):
    t.penup()
    t.goto(x,y)
    t.setheading(a)
    t.pendown()
    t.color(pencolor1,colors2)
    t.begin_fill()
    t.forward(141.2)
    t.left(135)
    t.forward(100)
    t.left(90)
    t.forward(100)
    t.end_fill()
#兔子头
def head(pencolor1="black",color2="pink",x=0,y=0,a=0):
    t.penup()
    t.goto(x,y)
    t.setheading(a)
    t.pendown()
    t.color(pencolor1,color2)
    t.begin_fill()
    for i in range(4):
        t.forward(70.6)
        t.left(90)
    t.end_fill()
#兔子耳朵
def ear(pencolor1="black",colors2="pink",x=0,y=0,a=0):
    t.penup()
    t.goto(x,y)
    t.setheading(a)
    t.pendown()
    t.color(pencolor1,colors2)
    t.begin_fill()
    for i in range(2):
        t.forward(100)
        t.left(45)
        t.forward(35)
        t.left(135)
    t.end_fill()
#兔子尾巴、手
def tail(pencolor1="black",colors2="pink",x=0,y=0,a=0):
    t.penup()
    t.goto(x,y)
    t.setheading(a)
    t.pendown()
    t.color(pencolor1,colors2)
    t.begin_fill()
    t.forward(100)
    t.left(135)
    t.forward(70.6)
    t.left(90)
    t.forward(70.6)
```

```
        t.end_fill()

#调用形状函数
head(color2="#FFFF00",x=141,y=161)
ear(x=150,y=232,a=135)
body(colors2="#00FFFF",y=-120,a=45)
body(x=141,y=161,a=-135)
foot(colors2="#C0C0C0",y=-120)
tail(colors2="#F5F5F5",x=141,y=80,a=-90)
tail(colors2="#FFFFF0",x=-71,y=20,a=-45)
t.hideturtle()
turtle.done()
```

代码运行的效果如图9-2-1所示。这样一来，一个由七巧板拼成的小兔子就画出来了。

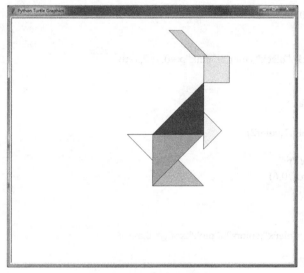

图9-2-1　趣味七巧板

其实，Python是一门使用灵活也非常方便的语言，我们不仅可以用它来编写程序、解决学习中遇到的问题，通过像这样自己动手编写小游戏还可以让我们在课余时间娱乐和放松，让我们的Python学习变得生动有趣，一定程度上在无形中还能帮我们进一步复习巩固Python语言的学习，所以Python语言的魅力会在之后的学习中得到更加充分的展现。

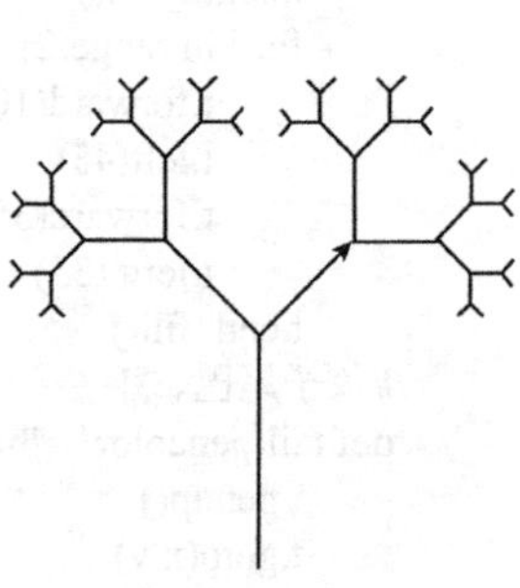

图9-2-2　大树

直击二级

1．动手画大树：使用turtle库绘制树图形，效果图如图9-2-2所示。

2．使用turtle库绘制一颗金色的八角星，要求窗体宽度为600px，高度为500px，顶点的坐标位置为（50，50），八角星的填充色为金色，并将背景画布颜色设置为黑色。

任务三 Python 生活百科

【任务描述】Python 是一门强大的语言，它不仅可以将游戏、数学问题通过代码的形式展现，还可以将生活中的例子转化为一行行代码，让我们在进行某些操作时更加方便快捷。本任务，我们将来学习如何使用函数及异常处理程序来制作生活万年历和计算个人所得税。

【任务分析】紧跟以下步伐，可以让我们学得更快哦！

（1）明确编写程序的思路

（2）制作程序执行的流程图

（3）根据每一个流程步骤选择相应的知识内容进行书写

（4）最后将每一步骤的程序代码进行整合完善

（5）具体操作检验是否可行

9.3.1 生活万年历

日历是日常生活中必然会使用到的物品，通过看日历，我们可以知道年份、月份及具体的日期，但是我们若想知道已经过去的年份中的月份信息就比较麻烦了。所以，我们本次活动中就用 Python 程序来制作一个"生活万年历"，可以通过它轻松地查询某一年某个月的日历，并且还能将这个月的日历完整地打印出来。

在进行程序编写之前，我们先来明确一下思路：

（1）首先判断所要查询的年份是平年还是闰年。

（2）判断所要查询的月份有多少天。

（3）判断好是平年还是闰年后再确定当前年份的天数及特殊月份的天数。

（4）编写主程序，再编写制定日历的形式，并将日期信息按照日历的形式进行输出。

【例 9-9】生活万年历。

```
#判断年份是否为闰年
def is_leap_year(year):
    if (year%4==0 and year%100!=0) or (year%400==0):
        return True
    else:
        return False
#判断月份有多少天
def get_month_day(year,month):
    days=31
    if month in [4,6,9,11]:
        days=30
    elif month == 2:
        if is_leap_year(year):
            days=29
        else:
            days=28
```

```
            return days
#求输入年份和月份日期总天数
def get_days(year,month):
    totaldays=0
    for i in range(1900,year):
        if is_leap_year(i):
            totaldays+=366
        else:
            totaldays+=365
    for i in range(1,month):
        totaldays+=get_month_day(year,i)
    return totaldays
#主程序
if __name__ =='__main__':
    year = input('请输入年份：')
    month = input('请输入月份：')
    try:
        year = int(year)
        month = int(month)
        if month < 1 or month > 12:
            print('月份输入错误，请重新输入')
    except:
        print('年份或月份输入错误，请重新输入')
    print("*****%d 年%d 月*****"%(year,month))
    print('日\t 一\t 二\t 三\t 四\t 五\t 六')
    count = 0
    for i in range((get_days(year,month)%7)+1):
        print('\t',end='')
        count+=1
    for i in range(1,get_month_day(year,month)+1):
        print(i,end='')
        print('\t',end='')
        count+=1
        if count%7 ==0:
            print('/n')
```

输出结果为：

```
请输入年份：2020
请输入月份：2
*****2020 年 2 月*****
日    一    二    三    四    五    六
                                  1    /n
2    3     4     5     6     7     8    /n
9    10    11    12    13    14    15   /n
16   17    18    19    20    21    22   /n
23   24    25    26    27    28    29   /n
```

9.3.2　计算个人所得税

个人所得税是调整征税机关与自然人（居民、非居民）之间在个人所得税的征纳与管理过程中所发生的社会关系的法律规范的总称，缴纳个人所得税是每一位公民应尽的义务。但是社会上存在着多种多样的工薪阶层，有坐拥百万的富豪，有勤勤恳恳的公司白领，也有不辞辛劳的环卫工人……每一个的工资收入有高有低，面对这种情况的时候我们就不能仅仅使用一套税收制度来对所有人进行征税，因此，为了解决这些情况，针对不同工薪阶层的不同税收标准也就应运而生了。

我们假定 3000 元是个人所得税的起征点，当个人的工资超过 3000 元时，我们就要对超出的部分按照一定的税率征收个人所得税，但是在此之前，我们还要根据收入判断工薪阶层，再根据他们实际超出的金额对应税率进行个人所得税征收。表 9-3-1 是一张税率表。

表 9-3-1　税率表

等　级	超过起征点的应纳税的金额（元）	税　率（%）
1	应纳税金额≤500	5
2	500≤应纳税金额<2000	10
3	2000≤应纳税金额<5000	15
4	5000≤应纳税金额<20000	20
5	20000≤应纳税金额<40000	25
6	40000≤应纳税金额<60000	30
7	60000≤应纳税金额<80000	35
8	80000≤应纳税金额<100000	40
9	100000≤应纳税金额	45

【例 9-10】假如一个人的收入是 4500 元，那么他的所得税计算方式如下：

4500−3000=1500

500×5%=25（元）

1000×10%=100（元）

应缴纳的个人所得税=25+100=125（元）

因此，这个人应缴纳的个人所得税为 125 元。这是我们一般常用的数学计算方法，计算相对来说较为费时费力，若是遇上人多的工作情况，想必工作人员单靠这样的计算是无法承担工作的强度的。接下来我们使用 Python 语言来编写一个简单快捷并且可以准确计算税收的程序，通过使用这个程序，我们可以轻轻松松地为不同收入的人计算他们应该缴纳的个人所得税。

具体的代码如下所示：

```
try:
    w=input("您好！请问您的总收入为：")
    w=float(w)
    s=w-3000
    t500=500*0.05
    t3000=t500+(3000-500)*0.01
    t5000=t3000+(5000-3000)*0.15
    t20000=t5000+(20000-5000)*0.2
    t40000=t20000+(40000-20000)*0.25
    t60000=t40000+(60000-40000)*0.3
    t80000=t60000+(80000-60000)*0.35
```

```
        t100000=t80000+(100000-80000)*0.4
        #计算所得税
        if (s<0):
            print("您并不需要缴纳个人所得税")
        elif(s < 500):
            t = s * 0.05
        elif (s<2000):
            t=t500+(s-500)*0.1
        elif (s<5000):
            t=t3000+(s-2000)*0.15
        elif (s<20000):
            t=t5000+(s-5000)*0.2
        elif (s<40000):
            t=t20000+(s-20000)*0.25
        elif (s<60000):
            t=t40000+(s-40000)*0.3
        elif (s<80000):
            t=t60000+(s-60000)*0.35
        elif (s<100000):
            t=t80000+(s-100000)*0.4
        else:
            t=t100000+(s-100000)*0.45
        print("您所需要缴纳的个人所得税为：%.2f 元"%t)
except Exception as e:
    print(e)
```

输出结果为：

```
您好！请问您的总收入为：6500
您所需要缴纳的个人所得税为：275.00 元

您好！请问您的总收入为：15360
您所需要缴纳的个人所得税为：1822.00 元
```

通过这个程序，我们可以轻松地计算不同工薪阶层的工作者应缴纳的个人所得税，与原始的数学计算相比更有效快捷，并且最大程度上保证了计算的正确率。

Python 作为一门动态语言，已经在计算机领域被广泛应用，同时它也是一门在执行时能够改变其结构的语言。它可以引用新的函数、对象甚至代码。Python 语言自身具备的优势使得它在同类的计算机语言中具有被大众乐于接受与使用的魅力。在这里我们学习到的这些知识只是冰山一角，Python 的学习之路是没有止境的，我们可以在学习之余对这门语言进行更加深入的研究。

参考文献

［1］黄锐军．Python 程序设计［M］．北京：高等教育出版社，2018．

［2］黑马程序员．Python 快速编程入门［M］．北京：人民邮电出版社，2018．

［3］刘卫国．Python 语言程序设计［M］．北京：电子工业出版社，2017．

参考文献

[1] 黄锐军. Python 程序设计 [M]. 北京: 高等教育出版社, 201X.
[2] 董付国. Python 程序设计入门 [M]. 北京: 人民邮电出版社, 2018.
[3] 刘浪等. Python 语言程序设计 [M]. 北京: 电子工业出版社, 2017.